U0248133

XINJIANG LINMU ZHONGZHI ZIYUAN BOERTALA MENGGU ZIZHIZHOU FENCE

新疆林木种质资源
博尔塔拉蒙古自治州分册

张新平　胡　茵　主编

甘肃科学技术出版社

图书在版编目(CIP)数据

新疆林木种质资源.博尔塔拉蒙古自治州分册 / 张新平，胡茵主编. -- 兰州 : 甘肃科学技术出版社，2019.12

ISBN 978-7-5424-2726-7

Ⅰ. ①新… Ⅱ. ①张… ②胡… Ⅲ. ①林木—种质资源—博尔塔拉蒙古自治州 Ⅳ. ①S722

中国版本图书馆CIP数据核字(2020)第013538号

新疆林木种质资源　博尔塔拉蒙古自治州分册

张新平　胡　茵　主　编

责任编辑　杨丽丽

封面设计　高　虎　郭　华

版式设计　乌鲁木齐华瑞达文化传媒有限公司

出　版　甘肃科学技术出版社

社　址　兰州市读者大道568号　730030

网　址　www.gskejipress.com

电　话　0931-8121236(编辑部)　0931-8773237(发行部)

京东官方旗舰店　http://mall.jd.com/index-655807.html

发　行　甘肃科学技术出版社　　印　刷　新疆兴华夏彩印有限公司

开　本　889毫米×1194毫米　1/16　　印　张　15.5　　插　页　4　　字　数　415千

版　次　2020年11月第1版

印　次　2020年11月第1次印刷

印　数　1~500

书　号　ISBN 978-7-5424-2726-7　　定　价　320.00元

新疆林木种质资源丛书编委会

主 编 单 位：新疆维吾尔自治区林木种苗管理总站

主 任 委 员：李东升

副主任委员：崔卫东　胡　茵

委　　　员：李　宏　尹林克　王　兵　王自龙　刘　刚

《新疆林木种质资源》（博尔塔拉蒙古自治州分册）编委会

主　　　编：张新平　胡　茵

副　主　编：唐素英　崔卫东

编　　　者：（按姓氏笔画排序）

王　威　王自龙　任姗姗　刘　刚　员纪勇　杜珍珠　杜　研　肖　苗　张新平　张新鹰　胡　茵　唐素英　徐彦军　崔卫东　鲁乙伯

协 作 单 位：石河子大学

博尔塔拉蒙古自治州林业局

博乐市林业局

精河县林业局

温泉县林业局

阿拉山口市林业局

新疆艾比湖湿地国家级自然保护区

新疆甘家湖梭梭林国家级自然保护区

新疆夏尔希里国家级自然保护区

博尔塔拉蒙古自治州哈夏国有林管理局

博尔塔拉蒙古自治州三台国有林管理局

博尔塔拉蒙古自治州精河国有林管理局

博尔塔拉蒙古自治州哈日图热格国有林管理局

序
PREFACE

森林是陆地生态系统的主体，森林生产力的提升和生态功能的发挥首要依靠的是林木种质资源的质量和科学配置，因此，林木种质资源是林业产业和生态事业不可忽视的基础性和战略性资源。世界生物基因资源的90%以上蕴藏在森林生态系统中，林木种质资源是林木遗传多样性的载体，是生物多样性和生态系统多样性的基础和重要组成部分，更是人类赖以生存和发展的重要物质基础，对于发展现代林业、农业、畜牧业等，具有重要的开发和利用价值。

新疆地处中国西北干旱、半干旱地区，具有典型的高山、丘陵、平原、盆地、沙漠、戈壁、冰川、河流、湖泊、湿地、草原与绿洲等多种自然地理类型。丰富多彩的自然地理类型，必然养育着种类繁多的植物种群，在这种特殊的自然地理条件下，蕴藏着适应性不同，又极为丰富的原生林木种质资源，也拥有引种历史悠久、种类繁多的外来植物与树种。据《新疆树木志》统计，新疆野生和引入新疆的乔灌木树种共4纲10亚纲30超目53目75科183属871种59变种，这些丰富的树种资源为新疆乃至全国林业生产发展提供了巨大的物质基础和育种材料，特别是植物抗逆性基因资源是我们农林业应对气候变化需求而开展抗性育种的宝贵基因资源。保护好如此丰富的林木种质资源是林业部门的历史使命，更是林木种苗管理部门义不容辞的责任。

《中华人民共和国种子法》、国务院办公厅《关于加强林木种苗工作的意见》和《关于深化种业体制改革提高创新能力的意见》等，对林木种质资源调查、收集、保存和利用提出了相关要求。特别是党的十八大提出“五位一体”治国方针，阐明了生态文明建设理念，自治区党委、政府做出要加大新疆林木种质资源调查与保护工作力度的重要指示，启动了新疆林木种质资源调查工作。新疆林业厅组织新疆大专院校、科研单位和林业系统人员，积极开展种质资源调查工作，基本摸清新疆林木种质资源的种类和分布概况，编撰了《新疆林木种质资源丛书》。

"丛书"共分15册，分14个地（州、市）和1个胡杨专项。"丛书"详细介绍了每类种质资源的自然分布区域、生物学特性、生态学特性、经济性状、具体的地理位置、适生区域及栽培技术要点；同时又以图文并茂和通俗易懂的方式，对新疆地形地貌、生态气候、森林植被群落类型、各个县市林木种质资源分布进行记载；还进一步按照用材林、经济林、园林绿化、引进树种、珍稀濒危树种、古树名木资源等分类做了详尽介绍。全书从资料收集的齐全性、分类的科学性、使用的方便性等方面，倾注了新疆林业工作者特别是林木种质资源调查队员的艰辛和不朽功绩。为新疆乃至中国林学和植物学的学术发展，为中国林业科研工作者、森林经营管理技术人员及广大林农在林业生产实践中的需要提供了重要的参考资料，具有重要的理论和应用价值 。

在丛书付梓出版之际，我愿意推荐它，以飨读者。

中国工程院 院士

前言
FOREWORD

林木种质资源，即森林植物遗传资源，又称林木基因资源，是以物种为单元的生物系统学等级及不同基因组与基因(载体)组成的遗传多样性资源。林木种质资源包括物种天然的基因资源载体与为挖掘新品种、新类型所收集的育种原始材料基因资源载体。林木种质资源是良种选育的基础材料，是国家重要的生物战略资源。

根据《全国林木种质资源调查收集与保存利用规划(2014—2025年)》(以下简称《规划》)的相关要求，中国将在2020年完成全国林木种质资源普查工作，全面摸清林木种质资源的家底，为林木种质资源收集、保存和利用提供重要依据。

中国新疆地处欧亚大陆腹地，远离海洋，拥有典型的大陆性温带和暖温带荒漠气候。欧亚森林亚区、欧亚草原区、中亚荒漠亚区、亚洲中部荒漠亚区和中国喜马拉雅植物亚区在这里交会，植物区系成分复杂独特，起源古老。特殊的地域特色和地史特色，孕育了丰富多样的木本植物资源，少型科、特有半特有属、单种属或寡种属、古老成分和分类上孤立的孑遗成分以及特有植物成分较多，也是许多木本栽培植物的起源中心和现代分布中心。

新疆又是木本植物资源受威胁最严重的地区之一。一方面，社会经济加速发展造成的资源过度利用、生境丧失与退化、环境污染以及气候变化等因素导致植物多样性严重受损，不少珍稀濒危野生木本植物难见踪迹；另一方面，由于林木新品种和外来引入树种的大面积推广和应用，国外一些机构以科研合作或其他形式不断收集新疆的野生果木种质资源，使许多农家林木品种、传统栽培树种以及栽培果树的近缘种资源面临较大的流失和丧失的风险。

为全面了解和掌握新疆的林木种质资源多样性、受威胁和保护利用现状，提升林木种质资源保护管理和开发利用工作的系统性、科学性和针对性，新疆维吾尔自治区林业厅积极响应国家《规划》任务要求，在国家林业局国有林场和林木种苗工作总站的大力支持下，于2011年和2015年分别发布了《关于开展我区林木种质资源调查试点工作的通知》和《关于继续开展林木种质资源调查工作的通知》(新林传发〔2015〕70号)，及时启动了新疆林木种质资源调查(试点)工作。专门成立了自治区林木种质资源调查试点工作领导小组和技术专家小组。先后组织安排新疆林业规划设计院、新疆农业大学、昌吉州林业局、伊犁州林业局和中国科学院新疆生态与地理研究所等单位承担实施新疆林木种质资源调查工作。

调查对象为新疆维吾尔自治区境内(不包括新疆生产建设兵团辖区范围)自然分布和人工种植的野生林木种质资源、栽培林木种质资源、名木古树资源和珍稀濒危特有保护木本植物的所有个体和群体。调查内容包括林木种质资源物种多样性、地理分布、资源数量与面积,珍稀、濒危、特有及名木古树保护与受威胁现状,林木种质资源保护和开发利用现状等。

林木种质资源调查工作取得了一系列成果:首次完成了新疆林木种质资源的多样性编目;全面获取了野生和栽培林木种质资源数量、地理分布、受干扰或受威胁程度、林木良种繁育和推广应用状况、资源就地和迁地保护管理现状等本底信息;初步分析评价了资源开发利用潜力、面积和种类的总体变化趋势;建成了新疆林木种质资源数据信息管理平台;《新疆林木种质资源丛书》更是新疆本次林木种质资源调查工作的重要成果之一。本次林木种质资源调查的成果将对新疆林木种质资源保护管理、资源可持续利用和现代林木种苗产业发展产生深远的积极影响。

本次林木种质资源调查工作成果的意义在于:为新疆林木种质资源就地保护和迁地保护规划布局提供了科学依据;为研究编定林木种质资源可持续利用发展规划、林木种苗产业发展规划和制定林木种质资源管理政策提供了重要参考;为特色林木种质资源价值评价与发掘选育、有效安全保护与可持续利用奠定了物质基础;为开展林木种质资源动态监测、建立林木种质资源管理信息平台提供了真实数据。新疆是国内为数不多的对林木种质资源开展全面调查的省(区)之一,在履行《种子法》和《规划》方面位于全国的前列。

调查(试点)工作自2011年1月开始,至2017年12月结束,历时7年,是新疆林业系统迄今为止调查范围最广、信息最全、参与人数最多的一次林木种质资源调查。在林木种质资源的外业调查和内业数据分析工作过程中,得到了新疆维吾尔自治区14个地(州、市)林业系统各级领导及林木种苗管理部门的大力支持和积极配合,在各单位种质资源专业调查队和所在地区、州、市、县林业站科研技术人员的共同努力下,使新疆林木种质资源调查工作得以全面顺利完成。在此,感谢国家林业局国有林场和林木种苗工作总站对新疆林木种质资源调查工作的支持!对参与新疆林木种质资源调查工作的全部人员所做出的辛苦工作和巨大奉献致以由衷的谢意!

摘要
ABSTRACT

林木种质资源是遗传多样性的载体，是生物多样性和生态系统多样性的基础，摸清家底、掌握现状才能为林木培育、保护和利用提供依据。

林木种质资源调查以县（市、区）为调查单位。主要目的是掌握林木种质资源现状与动态，建立林木种质资源信息管理系统，为制订种质资源长期保护与利用规划、实现林木种质资源的有效保护和开发、促进林业可持续发展服务。

调查的任务是查清林木种质资源的类别、数量与分布，掌握保护与利用现状的相关信息，分析与评价林木种质资源收集、保存和利用现状，及时、准确、客观地反映林木种质资源的数量、质量及其变化动态，完成对博尔塔拉蒙古自治州各县林木种质资源保存和利用状况的综合评价，为林木种质资源收集、保护与利用的长期规划提供基础。

根据新疆维吾尔自治区林业厅新林造字（2011）281号《关于开展我区林木种质资源调查试点工作的通知》精神，新疆林业规划院成立两个调查组，于2014—2015年开展博尔塔拉蒙古自治州林木种质资源调查工作。其中外业工作跨两个年度：2014年主要开展调查工作，重点完成山区和荒漠区野生林木种质及绿洲区栽培和引进林木种质的调查;2015年春季进行了补充调查。

野生林木种质资源调查选取典型调查线路,采用踏查、样方、样线等方式采集;栽培林木种质资源采取各乡、村、单位全面覆盖的调查方式。

本次调查共填写调查卡片880份,采集标本432份,拍摄照片9820张(约有42G)。调查林木种质共涉及42科99属374种,其中野生林木种159种,栽培林木种219种。

此次调查工作得到了新疆维吾尔自治区林木种苗管理总站、博尔塔拉蒙古自治州林业局、博乐市林业局、精河县林业局和温泉县林业局等单位的指导和大力协助,在外业和内业工作中得到了石河子大学阎平教授、杜珍珠、任珊珊等专家的指导和帮助,在此一并表示感谢。

编 者

2019年6月

CONTENTS 目录

上篇　总　　论

下篇 各 论

上篇　总　论

第一章　自然地理概况

第一节　地理区位

博尔塔拉蒙古自治州，简称“博州”。“博尔塔拉”系蒙古语，意为“青色的草原”。博州是中国西部第一门户，位于新疆西北部，准噶尔盆地西南边缘，地理位置：东经79°53′04″~83°51′09″，北纬44°03′06″~45°23′20″。东部和东北部分别与塔城地区乌苏市、托里县相连，南部与伊犁哈萨克自治州的尼勒克、伊宁、霍城三县相邻，北部和西部以阿拉套山和别珍套山西段山脊为界与哈萨克斯坦接壤，总面积2.7万km^2，约占新疆总面积的1.6%，边境线长372km。博州下辖博乐市、阿拉山口市、精河县、温泉县。

第二节　地形地貌

一、地形

博尔塔拉蒙古自治州西、南、北三面环山，中部是喇叭状的谷地平原，西部狭窄，东部开阔，全州地表像一片海棠叶，东西长315km，南北宽125km。东部艾比湖为地势最低处，海拔189m，是流域的汇水中心，与准噶尔盆地连为一体。最高山峰是北部阿拉套山的主峰厄尔格图尔格山，海拔4569m。地形由东向西呈坡形逐渐增高。全州山地面积约1.03万km^2，约占全州土地总面积的41.3%，西部、南部是北天山西段，走向为西北到东南，自西向东依次有别珍套山、察汗乌逊山、科古尔琴山、婆罗科努山和汗尕山。西北部是天山山系的最北分支阿拉套山。山脊海拔高度南部较高，平均3500m以上，北部较低，在3000m左右。全州谷地面积约0.46万km^2，约占总面积的18.5%，盆地面积约1.00万km^2，约占总面积的40.2%。

二、地貌

全州地貌大致由南北两侧山地、博尔塔拉谷地、艾比湖盆地、湖泊四大地貌单元组成。

博尔塔拉谷地：博尔塔拉谷地受南北两侧别珍套山和阿拉套山深大断裂控制，断裂夹持区为沉陷带，断裂带两侧为基岩山地，有南北两侧山前洪积倾斜平原和博尔塔拉河中游的冲积阶地、漫滩组成的谷地，海拔高度自西部的2000m以上渐次下降到东部的400m以下，由干旱草原、荒漠草原逐步过渡到荒漠，其中有部分农田。谷地北侧的冲积阶地较为发育，地形开阔平坦，土层较厚、质地适中，是博尔塔拉河（以下简称博河）中游最重要的农业区。

艾比湖盆地：艾比湖盆地由沉降构成，第四系厚度较大。南部山前精河至大河沿子为冲积扇连接成的宽阔的山前倾斜平原，是博州重要的灌溉绿洲。平原区主要在精河县东部和中部灌区，盆地由山前洪积冲积平原和冲积湖积平原组成，从属于准噶尔盆地。艾比湖位于盆地北段，是准噶尔盆地西南部的汇水中心。

湖泊：博州境内有大小湖泊5个，面积在400 km^{2}以上的湖泊有艾比湖、赛里木湖。艾比湖为断裂结构的陷落湖，赛里木湖位于天山山系北支婆罗科努山脉最西端，是新疆最大的高山湖泊。

第三节　气候条件

博州地处欧亚大陆腹地，远离海洋，气候属北温带大陆性干旱气候，总的气候特点是：降水量少、蒸发量大，降水时空分布不均匀。春季气温冷暖多变；夏季高温炎热，暴雨、洪水、冰雹频繁；秋季气温相对平稳，晴朗少雨；冬季漫长而寒冷。

博州平原区年平均气温3.7℃~7.4℃，极端最高气温44℃，极端最低气温-36℃，大于等于0℃积温2529℃~4346℃，大于等于10℃积温2022℃~3929℃。各地平均气温分布差异较大，较低的艾比湖盆地气温较高，年平均气温7.5℃~8.5℃。随地势升高，气温逐渐降低，博尔塔拉谷地年平均气温5.5℃~6.5℃，温泉县为3.4℃~4.4℃，海拔2000m以上的山地，年平均气温在0℃以下。无霜期153~195d，东部长，西部短；平原长，山区短。光热资源充足。日照时间长，昼夜温差大，年平均日照数达2710~2870h。博州年平均降雨量199mm，降水时空分布不均匀，主要集中在春夏两季，西部多，东部少，山地多，谷地平原少。据气象站资料统计：温泉县年平均降雨量223mm，博乐市183mm，精河县99mm。降水量少，蒸发量大。博州东部平原年均蒸发量950~2500mm，西部山区年蒸发量在770~950mm。以干旱指数看，山区和博乐市以西河谷地带在7.4以下，博乐市以东平原在10.4以上，精河县为16.3，阿拉山口市为博州最干旱的地方，干旱指数24.1。大风是博州影响较大的灾害天气，平均风速2.2m/s，最大值出现在阿拉山口市，平均风速5.5m/s，大于8级大风天数平均15d，精河县30d，阿拉山口市在166d左右。此外，还有冰雹、干热风、冻害和干旱等。

第四节　水　文

博州水资源丰富，全州水资源总量为23.74亿m^3，人均占有水资源4976m^3。博州境内有大小河流46条，山泉52处，平原泉群17处。境内有博河、精河两大水系。博河是博州最大的河流，年径流量5.77亿m^3；精河次之，年径流量超过4.74亿m^3。年径流量超过1亿m^{3}的还有大河沿子河、阿恰勒河、乌尔达克赛河、哈拉吐鲁克河。全州河流年径流量20.26亿m^3。博州有大小湖泊5个，其中艾比湖水域面积现为550km^2，赛里木湖水域面积为458km^2。

博河水系包括博河主干，博河南岸的乌尔达克赛河、大河沿子河、赛里木湖区，博河北岸的哈拉吐鲁克河、保尔德河等，流域总面积15 393km^2，年平均地表水资源量约19.4亿m^3；精河水系包括精河、托托河以及阿恰勒河，流域总面积约6499 km^2，地表水资源8.17亿m^3。

博河发源于别珍套山和阿拉套山会合处的洪别林达坂，流域面积约11 367km^2，河长252km，东西流向，南岸有乌尔达克赛河、大河沿子河，北岸有哈拉吐鲁克河汇入，流经温泉、博乐注入艾比，年平均径流量4.71亿m^3。

乌尔达克赛河发源于别珍套山没吾斯达坂，流域面积1000km²，全长101km，西南-东北流向，年平均径流量约1.43亿m³。

大河沿子河发源于科古尔琴山和库苏木且克山交界处，流域面积1820km²，全长107km，年平均径流量约1.16亿m³。

阿恰勒河主流发源于科古尔琴山，东支流发源于婆罗科努山，南北流向，山口以上河长55km，集水面积628km²，年平均径流量约1.108亿m³。

哈拉吐鲁克河是博河北岸最大的支流，发源于阿拉套山南坡，南北流向，流域面积229km²，河长54km，年平均径流量1.395亿m³。

保尔德河是博河北岸较大的支流，发源于阿拉套山南坡，南北流向，流域面积342km²，河长42km，年平均径流量0.8036亿m³。

精河发源于婆罗科努山北坡，流域面积2150km²，全长114km，由南而北注入艾比湖，年平均径流量4.723亿m³。

第五节 土 壤

博州土地总面积2.7万km²，土壤划分为15个土类、35个亚类、63个土种，土壤类型主要为棕钙土、灌耕土、荒漠灰钙土（灰漠土）、盐土、草甸土、沼泽土、潮土等。

博乐市土壤分布有明显的垂直地带性和水平地带性，从高到低依次为：高山草甸土、亚高山草甸土，海拔在2500m以上；山地灰褐森林土，海拔在1300~2500m的中山带，分布着针、阔树种；栗钙土、棕钙土，海拔在1200~2000m的低山带和丘陵地区，分布着草原植被；灰棕色荒漠土、荒漠灰钙土，海拔在800~1300m的丘陵地区，分布着荒漠植被；海拔200~1000m的中部绿洲多为黑潮土、灰潮土、脱潮灌耕土、盐潮土、灰漠土、灌耕灰漠土等；冲积扇下部多为盐化草甸土、盐化沼泽土及盐土；博乐河滩主要分布冲积砾石土、草甸沼泽土和盐化草甸土。根据土壤普查，全市农区共划分了灰漠土、灌耕土、潮土、草甸土、沼泽土、盐土等6个土类，14个亚类，24个土属。

精河县土壤垂直分布规律明显，由南向北，由高及低依次分布着高山草甸土、亚高山草甸土、黑钙土、山地草甸土、栗钙土、淡栗钙土、山地棕钙土、灰棕色荒漠土、灰漠土、盐化草甸土、盐土等土壤类型。分布规律主要受地貌、部位及由此而决定的水文地质条件支配：山前冲积洪积扇中部，集中分布着灰棕漠土，在局部低平处有灌耕土存在；冲积扇下部为灌耕土；扇缘地下水溢出带分布着潮土和盐土；冲积平原集中分布着草甸土、潮土、沼泽土、盐土；风沙土集中分布在扇缘下部从沙山子至牛场的乌伊公路两侧；灰漠土绝大部分已演变为灌耕土，仅分布在托里镇永集湖地区。耕地主要是灌耕土和潮土，灌耕土占耕地面积的41%，潮土占44.72%，其次为草甸土和沼泽土；荒漠草原主要为灰棕漠土、盐土、潮土。

温泉县农区土壤可划分为6个土类、17个土属、34个土种，主要有棕钙土、灌耕土、潮土、草甸土、盐土。

第六节 植被与森林资源

一、博州植被概况

博州地区南北部为山地，中部为谷地、平原，其植被受地形和水热条件的影响，形成较为明显的植被垂直分带；尤以山地植被显著。海拔3500m以上为高山冻原带；海拔3000~3500m分布着高山草甸植被带；亚高山草甸森林植被带中，亚高山草甸分布在海拔2800~3000m的山地阳坡，阴坡则呈片状分布着以雪岭云杉为主的森林植被；海拔2400~

2800m生长着亚高山草甸植被；海拔1200~2400m为中山，植被发育较好，覆盖度大；海拔1200m以下主要为前山带和低山丘陵区，植被稀疏。森林主要分布在海拔1600~2600m之间的山地阴坡或沟谷中，雪岭云杉常常形成纯林或与天山桦等组成混交林，伴生植物有欧洲稠李、欧洲山杨、花楸、柳等，林下灌丛较发育，下木主要有谷柳、忍冬、花楸、蔷薇、绣线菊、爬地柏、野山楂等；地被物主要有山芹、禾本科、苔草、乌头、豆科、菊科等，分布范围极广。

山地草原植被带以旱生型的丛生禾草为主，主要植物为冰草、针茅、苔草、蒿、藜等。荒漠平原植被以超旱生灌木、半灌木为主，主要有梭梭、驼绒藜、短叶假木贼、白刺等。冲沟上生长有胡杨、木蓼，驼绒藜、锦鸡儿等。河床迹地上生长有苦杨、密叶杨、河柳、蔷薇、柽柳、铃铛刺、小檗、麻黄、假木贼、锦鸡儿、山蓼、蒿、早熟禾、碱蓬等。

中间平原河谷主要有密叶杨、沙棘、蓝叶柳、锦鸡儿、蔷薇、忍冬等树种。山前荒漠带主要为山蓼、锦鸡儿、刺旋花、柽柳、蒿、苔草等。

博州树种资源较为丰富，主要有乔木108种，灌木135种。全州森林资源总面积为$18.36\times10^4hm^2$，其中天然林面积$17.56\times10^4hm^2$，人造林面积$0.8\times10^4hm^2$，植物类药用资源413种。

二、博州木本植物物种多样性组成分析

根据《新疆植物志》《新疆树木志》等相关资料和2014—2015年进行的林木种质资源调查结果，博州共有野生木本植物159种（含变种，下同），隶属于26科58属，其中裸子植物3科3属8种，被子植物23科55属151种。

（一）博州木本植物科的地理成分分析

根据吴征镒先生对世界种子植物科的分布区类型的划分，现将新疆博州木本植物26科划分为4个分布区类型和2个变型。分析如下：

1.世界分布

博州木本植物中为该分布区类型的有13科，占总科数的50.00%，分别是毛茛科、藜科、蓼科、白花丹科、虎耳草科、蔷薇科、鼠李科、菊科、茄科、旋花科、唇形科、十字花科、松科。

2.泛热带分布

在该区木本植物中，为此分布区类型的有5科，占总科数的19.23%，分别是豆科、白刺科、葡萄科、夹竹桃科、山柑科。

3.北温带分布及其变型

该区木本植物属于北温带分布及其变型的有7科，占总科数的26.92%，说明该区的木本植物温带性质明显。其中北温带广布型有1科，为忍冬科，北温带和南温带间断分布变型有4科，分别是柏科、桦木科、杨柳科、胡颓子科，说明该区木本植物区系与北温带和南温带关系最为密切。欧亚和南美洲温带间断变型分布有2科，为麻黄科、小檗科。

4.欧亚温带

该区木本植物属于欧亚温带分布的有1科，占总科数的3.85%，为柽柳科。

表1-1　博州野生木本植物科的分布区类型

分布区类型	科数	占总科数的百分比(%)	种数	占总种数的百分比(%)
1.世界分布 Cosmoplitan	13	50.00	90	56.60
2.泛热带分布 Pantropic	5	19.23	10	6.29
8.北温带广布 North Temperate	1	3.85	6	3.77
8-4北温带和南温带间断分布	4	15.38	33	20.75
8-5欧亚和南美洲温带间断分布	2	7.69	9	5.66
5.欧亚温带分布	1	3.85	11	6.92
合计Total	26	100	159	100

（二）博州木本植物属的地理成分分析

根据吴征镒先生对中国种子植物属的分布区类型的划分，现将博州木本植物58属划分为8个分布区类型和5个变型。分析如下：

1.世界分布

新疆博州木本植物中为该分布型的有10属，占总属数的17.24%，分别是铁线莲属Clematis、碱蓬属Suaeda、猪毛菜属Salsola、补血草属Limonium、悬钩子属Rubus、黄耆属Astragalus、鼠李属Rhamnus、茄属Solanum、旋花属Convolvuls、蒿属Artemisia。

2.泛热带分布

在该区木本植物中，为此分布型的属有1属，占总属数的1.72%，是山柑属Capparis。

3.北温带分布及其变型

该区木本植物属于北温带分布及其变型的有22属，占总属数的37.93%，说明该区的木本植物具有较明显的温带性质。其中北温带分布型有15属，分别为云杉属Picea、圆柏属Juneperus、驼绒藜属Krascheninnikovia、桦木属Betula、杨属Populus、绣线菊属Spiraea、山楂属Crataegus、花楸属Sorbus、金露梅属Pentaphylloides、蔷薇属Rosa、樱桃属Cerasus、药绿柴属Frangula、葡萄属Vitis、忍冬属Lonicera、绢蒿属Seriphidium，占总属数的25.86%，说明该区的木本植物与北温带关系最为密切。北温带和南温带间断分布变型有5属，分别是地肤属Kochis、柳属Salix、茶藨子属Ribes、稠李属Padus、枸杞属Lycium，占总属数的8.62%，说明该区木本植物区系与北温带和南温带关系较为密切。欧亚和南美洲温带间断变型分布有2属，为麻黄属Ephedra、小檗属Berberis。

4.东亚和北美间断分布

该区木本植物属于这一分布类型的有1属，占总属数的1.72%，为罗布麻属Apocynum。

5.欧亚温带及其变型

该区木本植物属于欧亚温带及其变型的有7属，占总属数的12.07%，分别是柽柳属Tamarix、水柏枝属Myricaria、栒子属Cotoneaster、沙棘属Hippophae、百里香属Thymus、木蓼属Atraphaxi、庭芥属Alyssum。

6.温带亚洲分布

该区木本植物属于这一类型的有3属，占总属数的5.17%，有棘豆属Oxytropis、锦鸡儿属Caragana、亚菊属Ajania。

7.地中海、西亚至中亚分布及其变型

该区木本植物属于这一分布类型及其变型的有12属，多为荒漠植物及盐生植物，占总属数的20.69%，说明该区的木本植物区系与地中海区联系稍为紧密。其中属于地中海、西亚至中亚分布类型的有11属，占总属数的18.97%，分别是梭梭属Haloxylon、假木贼属Anabasis、盐爪爪属Kalidium、盐节木属Halocnemum、盐穗木属Halostachys、沙拐枣属Calligonum、琵琶柴属Reaumuria、石榴属Punica、铃铛刺属Halimodendron、新塔花属Ziziphora、神香草属Hyssopus；属于地中海区至温带、热带亚洲，大洋洲和南美洲间断变型分布的仅有1属，白刺属Nitraria。

8.中亚分布及其变型

该地区木本植物属于这一类型的有2属，占该区植物属的3.45%，其中中亚分布型有1属，白麻属Poacynum；中亚东部分布变型有1属，是戈壁属Iljinia。

表1-2 博州地区木本植物属的分布区类型

分布区类型	属数	占总属数的百分比(%)
1.世界分布 Cosmoplitan	10	17.24
2.泛热带分布 Pantropic	1	1.72
8.北温带分布 North Temperate	15	25.86
8-4北温带和南温带间断分布	5	8.62

分布区类型	属数	占总属数的百分比(%)
8-5欧亚和南美洲温带间断分布	2	3.45
9.东亚和北美间断分布温带分布E. Asia & Trop S.Amer disjuncted	1	1.72
10.欧亚温带分布	6	10.34
10-1地中海区、中亚和东亚间断分布	1	1.72
11.温带亚洲分布 Temp Asia	3	5.17
12.地中海区、西亚至中亚分布 Mediterranea W.Asia to C.Asia	11	18.97
12-3地中海至温带-热带亚洲,大洋洲和或北美南部至南美洲间断	1	1.72
13.中亚分布 M.Asia	1	1.72
13-1中亚东部(亚洲中部中)	1	1.72
合计Total	60	100

三、森林资源类型、数量与分布

根据《中国植被》中植被分类的群落学原则,可将博州的木本植物分为4个植被型8个植被亚型35个主要群系。

Ⅰ.山地针叶林

(一)山地常绿针叶林

1.雪岭云杉群系 Form. Picea schrenkiana:天山山地森林的建群种,在博州主要分布于婆罗科努山、阿拉套山、别珍套山中山及亚高山段,海拔在1500~2700m,常常以针叶纯林或针阔混交林群落形式存在,并常伴生欧亚圆柏、宽刺蔷薇、忍冬等灌木。

Ⅱ.落叶阔叶林

(二)山地小叶林

2.天山桦群系 Form. Betula pendula:主要分布于天山南北坡的阴坡或半阴坡,常与雪岭云杉形成混交林,或位于云杉林缘发展到河谷段。伴生植物种较为丰富,有柳类、蔷薇、忍冬等。

3.小叶桦群系 Form. Betula microphylla:桦木科桦木属落叶乔木,常丛生或有独立主干,主要分布于平原河流湿地或山地河谷林缘,在博乐、温泉等河流沿岸分布。

4.欧洲山杨群系 Form. Populus tremula :分布于天山各地山地林缘和阳坡灌丛,常形成小片纯林,海拔1400~2000m,伴生灌木种为金丝桃叶绣线菊、黑果栒子等。

5.欧洲稠李群系 Form. Padus avium:欧洲稠李常分布于云杉林缘或与天山桦、谷柳等混生于河谷林缘。

(三)河谷林

6.密叶杨群系 Form. Populus laurifolia:密叶杨是天山山地河谷主要建群种之一,主要分布于山地河谷及前山带河谷沿岸,博尔塔拉河、乌尔达克赛河、保尔德河等流域都有其优势群落分布。

7.胡杨群系 Form. Populus alba:天然的胡杨群系主要分布于大河沿子河、精河及其支流一带的河湾阶地和河漫滩上,海拔450~650m,土壤主要为河流两岸形成的灌淤土。

8.蓝叶柳群系 Form. Salix alba:蓝叶柳主要分布于博尔塔拉河、鄂托克赛尔河的上游和中游谷地沿岸。

9.蒿柳群系 Form. Salix viminalis:蒿柳是山地河谷和平原河岸林较为常见的柳属群落,丛生性及适应性强,从荒漠河岸到山地、河谷都有分布。

10.黄果山楂群系 Form. Crataegus chlorocarpa:蔷薇科山楂属落叶小乔木,生态幅较宽,从平原河谷到山地、森林、沟谷都有分布,适应性强。

Ⅲ.灌丛

(四)针叶灌丛

11.欧亚圆柏群系 Form. Juniperus sabina:天山

山地阳坡灌丛的优势群落，主要分布在海拔1000~2800m范围的粗砾质山坡。

（五）落叶灌丛

12.金丝桃叶绣线菊群系Form. Spriaea hypericifolia：天山山地草原带的优势灌丛，分布海拔主要在1000~1600m，常伴生多刺蔷薇、欧亚圆柏等。

13.疏花蔷薇群系Form Rosa laxa：较广泛地分布在平原河谷、绿洲区。

14.多刺蔷薇群系Form. Rosa spinosissima：广泛分布在阳坡灌丛带。

15.宽刺蔷薇群系Form. Rosa platyacantha：分布在阔叶林缘、林下、林中空地。

16.白皮锦鸡儿群系Form. Caragana leucophloea：荒漠草原带的优势灌丛，从东部的温泉到西南部的精河都有广泛分布。

17.银柳群系Form. Salix wilhelmsinan：主要分布在山地河谷沿岸和山地林缘。

18.鬼箭锦鸡儿群系Form. Caragana spinosa：高山和中山草甸带的灌木群落，分布较广。

19.金露梅群系Form. Pentaphylloides fruticosa：主要分布在夏尔希里国家级自然保护区（以下简称夏尔希里保护区）和三台林场等地的山地草原带。

20.黑果栒子群系Form. Cotoneaster melanocarpus：广泛分布在山地草原带。

21.黑果小檗群系Form. Berberis hetropoda：主要分布在博州前山带的山地河谷区域。

22.沙棘群系Form. Hippophae rhamnoides.：河谷地带的优势群落，在温泉、博乐等河谷低地都有分布，常伴生柳属、蔷薇属等。

23.红果小檗群系Form. Salix taraikensis.：天山山地分布最常见的柳属植物，分布海拔较宽，群落种常伴生黄果山楂、绣线菊属、忍冬属植物。

24.树莓群系Form. Rubus idaeus.：常见于山地森林林缘、林中空地，常伴生柳兰、厚叶岩白菜等。

25.天山樱桃群系Form. Rhodococcum vitis-idaea.：常见于前山带的山地阳坡灌丛，在博乐和温泉的山地灌丛带都有分布。

26.水柏枝群系Form. Salix saposhnikovii.：常分布于山地森林带河谷湿地区域，高度0.5m，盖度在50%左右。

27.白花沼委陵菜群系Form. Vaccinium myrtillus.：常见于天山亚高山草甸带，或于山地森林带的林间谷地都有分布。

28.小叶忍冬群系Form. Lonicera microphylla.：主要分布在天山前干旱阳坡，常伴生黑果小檗、欧亚圆柏等。

Ⅳ.荒漠

（六）亚乔木荒漠

29.白梭梭群系Form. Haloxylon persicum.：藜科旱生灌木，主要分布于准噶尔盆地西缘广阔的土质戈壁、轻砾质戈壁、固定沙地等区域，以及新疆艾比湖湿地国家级自然保护区（以下简称艾比湖保护区）、精河流域、托托河沿线沙地，海拔500~800m。

30.梭梭群系Form. Haloxylon ammodendron.：藜科旱生灌木，分布于海拔450~1500m的广大山麓洪积扇和淤积平原、固定沙丘、沙地、沙砾质荒漠、砾质荒漠、轻度盐碱土荒漠。

（七）灌木荒漠

31.刺木蓼群系Form. Atraphaxis spinosa.：分布在精河、博乐等地前山戈壁冲击带下缘。

32.松叶猪毛菜群系Form. Salsola arbuscula.：主要分布在轻砾质戈壁带上，常伴生有补血草、小蓬、假木贼等。

33.绿叶木蓼群系Form. Atraphaxis laetevirens.：分布区域较广，平原区的荒漠草原带、绿洲内小片荒地以及山地阳坡灌丛带均有分布，高度在0.7m，盖度30%左右。

34.泡果沙拐枣群系Form. Calligonum calliphysa.：分布区域以半固定、固定沙地为主，尤以布尔津小片沙丘上居多。

35.白皮沙拐枣群系Form. Calligonum.：蓼科超旱生灌木，主要分布在艾比湖沙漠的沙地，是博州沙生植被的主要建群种，广泛分布在半流动、半固定及固定沙地上，伴生植物主要以沙地麻黄及一些藜科植物为主。

36.蓝枝麻黄群系Form. Ephedra glauca.：主要分

布在前山带荒漠草原区的阳坡，常伴生有黑果小檗、小叶忍冬等。

37. 多枝柽柳群系 Form. Tamarix ramosissima.：分布在荒漠区河漫滩、泛滥带、河岸、湖岸、盐渍化沙土，常形成大片丛林，常伴生有盐爪爪、铃铛刺等。

38. 短穗柽柳群系 Form. Tamarix laxa.：分布在艾比湖周边的荒滩戈壁、沙丘边缘等区域，高度在1.5m左右，常伴生有芦苇、白刺等。

39. 铃铛刺群系 Form. Halimodendron halodendron.：分布范围较广，从荒漠戈壁到沙地、盐碱地等都有分布，侵蚀扩张力强，常形成单优势群落。

40. 膜果麻黄群系 Form. Ephedra przewalskii.：主要分布在临近准噶尔盆地西南缘的冲积扇下缘、荒滩、固定沙地等区域，常伴生有木蓼、猪毛菜等。

（八）半灌木、小半灌木荒漠

41. 琵琶柴群系 Form. Reaumuria songarica.：生于山地丘陵、剥蚀残丘、山麓淤积平原、山前沙砾和砾质洪积扇，常伴生盐爪爪、柽柳等。

42. 戈壁藜群系 Form. Iljinia regelii.：生于海拔500~1600m的山前洪积扇砾石荒漠，在盐生荒漠、河漫滩沙地及干旱山坡也有少数出现。

43. 盐爪爪群系 Form. Kalidium foliatum.：生于洪积扇扇缘地带及盐湖边的潮湿盐土、盐碱地、盐化沙地、砾石荒漠的低湿处，常常形成盐土荒漠及盐生草甸。

44. 假木贼群系 Form. Anabasis aphylla.：生于洪积扇和山间谷地的砾质荒漠、低山草原化荒漠。

45. 博乐绢蒿群系 Form. Halostachys caspica.：生于荒漠半荒漠草原、戈壁及砾质山坡，海拔1000~1500m。

46. 盐节木群系 Form. Halocnemum strobilaceum.：生于洪积扇扇缘低地、冲积平原、盐湖边等地的低洼潮湿盐土、强盐渍化结壳盐土及沙质盐土、盐沼地等，形成盐土荒漠及盐生草丛。

47. 驼绒藜群系 Form. Ceratoides latens.：多见于山前平原、低山干谷、山麓洪积扇、河谷阶地沙丘到山地草原阳坡的砾质荒漠、沙质荒漠及草原地带。

48. 鹰爪柴群系 Form. Convolvulus gortschakovii.：生于准噶尔盆地荒漠前山带。

第二章 社会经济概况

第一节 行政区划

博州总面积2.72万km^2，下辖博乐市、阿拉山口市、精河县、温泉县两县两市27个乡镇，5个区（赛里木湖风景名胜区管理区、阿拉山口综合保税区、五台工业园区〈湖北工业园〉、金三角工业园区、精河工业园区）。博乐市为州府所在地，共有9个乡、7个镇、8个国有农牧场。

第二节 经济水平

博州地形由东向西呈坡形逐渐增高，宜农宜牧、宜林宜渔。主要农作物有棉花、枸杞、小麦、玉米、油葵、甜菜及各类瓜果等。博州经济以农牧业为主，其工业体系也主要是依托农副产品资源，形成的棉纺、制糖（甜菜糖）、酿酒、制药、粮油加工、建材、盐化工、枸杞和卤虫深加工以及进口木材、皮革、废旧金属等加工业体系。

2016年博州生产总值277.19亿元，增长10.1%。其中，地方生产总值234.53亿元，增长13.6%。第一产业增加值44.93亿元，增长4.8%，占地方生产总值的19.1%；第二产业增加值71.93亿元，增长21.3%，占地方生产总值的30.7%；第三产业增加值117.67亿元，增长12.9%，占地方生产总值的50.2%。全社会固定资产投资303.5亿元，比上年增长21.9%。全年对外进出口贸易总额为78.31亿美元，下降18.1%。博州全口径财政收入30.58亿元，比上年增长17.0%。其中地方财政收入23.9亿元，比上年增长210.6%，城镇居民人均可支配收入27 255元，增加2480元；农民人均纯收入13 191元，增加1043元。

第三节 资源开发

博州林木种质资源开发利用的主体为枸杞，其次是苹果、葡萄、沙棘、桑和杏等。枸杞已成为精河乃至博州林果业发展的重要支柱产业。目前，精河县种植枸杞约11 333hm^2，约占新疆枸杞种植面积的

42.5%，产值超5亿元，占全县农业总产值的35%；干果总产量达2.5万t以上，产量占新疆的68%，但限于枸杞加工企业技术落后，仍以经营初级枸杞干为主，精深加工能力欠缺，产业链短。目前，虽然开发了枸杞酒、枸杞蜂蜜、枸杞浓缩汁、枸杞饮料、枸杞红色素、枸杞果酱、枸杞油、枸杞多糖、枸杞粉胶囊、枸杞茶叶、枸杞花粉等10余种深加工产品，但90%以上枸杞仍作为初级干果产品进入市场，只有极少量的枸杞进行精深加工。在枸杞种植方面，优选枸杞新品系1个，收集枸杞品种15个，其中引进新品种6个；建立了采穗圃147hm²，良种繁殖圃18.6hm²，已基本形成了以托里镇为核心，覆盖6个乡镇的产业种植基地。其次，八家户农场万亩苹果生态观光园，葡萄产业基地，依托设施农业发展的桃，产值已超过500万元。博乐市林果种植品种有枸杞、葡萄、苹果、桃、杏等，面积近38hm²，其中枸杞26hm²、苹果2.6hm²、葡萄7.3hm²；林果类特色种植大棚101座，主要用来种植葡萄、桃、樱桃等。温泉县查干屯格乡查干苏木村发展了大果沙棘种植专业合作社。

第四节　土地利用

博州土地总面积248.389 8万 hm²。其中：耕地8.038 6万 hm²，占总土地面积的3.24%；牧草地92.408 0万 hm²，占总土地面积的37.20%；林业用地36.569 4万 hm²，占总土地面积的14.72%（其中有林地6.882 3万 hm²，疏林地0.489 9万 hm²，灌木林地22.968 1万 hm²，苗圃0.011 9万 hm²，未成林造林地1.151 8万 hm²，宜林地4.963 4万 hm²）；工矿用地0.861 6万 hm²，占总土地面积的0.35%；交通用地0.431 6万 hm²，占总土地面积的0.17%；水域13.187 3万 hm²，占总土地面积的5.31%；未利用地96.893 3万 hm²，占总土地面积的39.01%。

第五节　经济与社会发展

博州历史上曾是古丝绸之路新北道的要冲，现在是中国向西开放的前沿、新疆天山北坡经济带的重要组成部分。312国道和第二座亚欧大陆桥横贯全境，境内公路亦纵横交错。铁路东起连云港，经博州境内的阿拉山口西至荷兰的鹿特丹。对内有广阔的内陆腹地，西出有中亚和欧洲庞大的市场。

博州经济发展优势凸显。博州与哈萨克斯坦接壤，边境线长372km，有“西部第一门户”之称，地理位置非常重要，是丝绸之路经济带“中通道”国内外的重要连接点和进出口过货关键节点。第二座亚欧大陆桥纵贯博州全境，中哈输油管道和西气东输二线穿境而过，是两大交通动脉、两大口岸交会处。312国道与219省道、精伊霍铁路与北疆铁路乌精复线在博州交会。阿拉山口口岸是铁路、公路、航空、输油管道4种运输方式兼有的国家重点建设和优先发展一类口岸，近年来，已有渝新欧、汉新欧、蓉新欧、郑新欧等39条经阿拉山口出境至欧洲腹地的“五定班列”开通运营，年开行班次已达1200列，阿拉山口口岸已成为“丝绸之路经济带”通往欧洲最便捷、最稳定的大通道。阿拉山口综合保税区是新疆第1个批准设立、全国第16个综合保税区，也是新疆唯一具有铁路集装箱换装资质的综保区。目前，已入驻各类企业168家。

博州有着富集的非金属矿产资源，石灰石、石英岩、花岗岩、湖盐等都具有储量大、品质优、易开采的特点，风能、太阳能等清洁能源开发前景广阔。博州的农副产品资源十分丰富，是全国重要的优质棉出口基地、“中国枸杞之乡”、国家级冷水鱼良种繁育养殖基地。博州具有“两湖三山”的独特地貌，森林草原、雪山冰川、沙漠戈壁、绿洲湿地、沼泽湖泊一应俱全，先后建立了4个国家级、自治区级自然保护区和1个国家级重点风景名胜区，保护区及景区面积占博州总面积的18%。境内的赛里木湖是国家4A级旅游景区、国家湿地公园，艾比湖是中国西北重要生态屏障。由于长期注重资源和生态保护，博州具有良好的人居环境和旅游业发展潜力。

第三章 博尔塔拉蒙古自治州林木种质资源概况

第一节 林木种质资源多样性

生物多样性是指地球范围内多种多样活的有机体(动物、植物、微生物)有规律地结合所构成的稳定的生态综合体。这种多样性包括动物、植物、微生物的物种多样性、物种的遗传与变异的多样性及生态系统的多样性。植物多样性是生物多样性的基础,自然界中的生物量有95%以上是由植物的光合作用形成的,人和动物的生存都依赖于植物的多样性。木本植物作为生态园林建设和可持续发展的重要物质保障之一,具有巨大的商品和生态公益价值,对保持生态环境平衡有着不可替代的作用。

一、物种组成结构特点

从分类学和系统学角度对博州的林木种质资源物种组成结构特点进行分析。裸子植物按郑万钧系统,被子植物按恩格勒系统排列。

(一)物种组成分析

博州有林木种质资源374种(含变种、亚种和品系,下同),隶属42科99属,裸子植物只有4科7属20种,分别占该地区科、属、种数的9.52%、7.07%、5.35%;被子植物共38科92属354种,分别占该地区科、属、种数的90.48%、92.93%、94.65%(见表3-1)。

表 3-1 博州木本植物资源统计表

类别	科数	占总科数(%)	属数	占总属数(%)	种数	占总种数(%)
裸子植物	4	9.52	7	7.07	20	5.35
被子植物	38	90.48	92	92.93	354	94.65
总计	42	100.00	99	100.00	374	100.00

被子植物在数量上具有绝对优势,说明被子植物对该地区植物的区系组成具有决定性作用。将博州的木本植物与新疆进行比较,总的科、属、种分别占到9.52%、11.29%、9.17%,其中:裸子植物科、属、种分别占80.00%、90.00%、96.77% ,被子植物科、属、种分别占26.92%、11.30%和9.68%,该地区裸子植物科、属、种在新疆所占的比例较高。

博乐市有木本植物资源38科79属206种,分别占博州木本植物资源科、属、种的90.48%、79.80%、55.08%;精河县有木本植物资源34科75属250种,分别占博州木本植物资源科、属、种的80.95%、75.76%、66.84%；温泉县有木本植物资源32科59属129种，分别占博州木本植物资源科、属、种的76.19%、59.60%、34.49%(见表3-2)。

表3-2 博州及各县市种质资源科、属、种(变种、亚种)统计表

县(市)	科数	属数	种(变种、亚种)数
博乐市	38	79	206
精河县	34	75	250
温泉县	32	59	129
博州总计	42	99	374

为了便于统计分析，根据各科包含的种数的不同，把博州木本植物科、属分了5个等级，即含15种以上科(属)、含10~14种的科(属)、含6~9种的科(属)、含2~5种的科(属)和单种科(属)(见表3-3)。

科内种的组成情况：本地区木本植物科所含属数、种数的差异很明显。含15种以上的科有蔷薇科(89)、茄科(45)、杨柳科(42)、藜科(20)、葡萄科(18)，共计214种，占博州木本植物总种数的57.22%，为该区的大科，在该地区的植被组成和群落结构中具有主导作用；含种数10~14种的科有木犀科(13)、豆科(11)、柽柳科(11)和蓼科(10)，共计45种，占博州木本植物总种数的12.03%；含种数6~9种的科有忍冬科(8)、柏科(8)、榆科(8)、鼠李科(7)、胡颓子科(7)、松科(6)和虎耳草科(6)；含种数2~5种的科有麻黄科、胡桃科、桦木科、壳斗科、桑科、毛茛科、小檗科、白刺科、槭树科、杜鹃花科、白花丹科、旋花科、紫葳科、夹竹桃科、唇形科、菊科；仅1种的科有10科，占总种数的2.67%，如银杏科、榛科、山柑科、芸香科、漆树科、卫矛科等。

属内种的组成情况：含15种以上的属有枸杞属(44)、柳属(26)、苹果属(21)、桃属(20)、葡萄属(17)和杨属(16)，共计144种，占博州木本植物总种数的38.50%，为该区的多种属，在该地区的植被组成和群落结构中具有主导作用；含种数10~14种的属只有蔷薇属(13)；含种数6~9种的属有圆柏属、榆属、茶藨属、栒子属、柽柳属和忍冬属；含种数2~5种的属有云杉属、松属、麻黄属、桦木属、桑属、木蓼属和沙拐枣属等，共计131种，占博州木本植物总种数的35.03%；仅1种的有44属，占总种数的11.76%，如银杏属、盐节木属、山柑属、花楸属和岩黄耆属等。

表3-3 博州木本植物科的分级比较

类别	科数	占总科数(%)	属数	占总属数(%)
含15种以上	5	11.90	6	6.06
含10~14种	4	9.52	1	1.01
含6~9种	7	16.67	6	6.06
含2~5种	16	38.10	42	42.42
含1种	10	23.81	44	44.44
合计	42	100.00	99	100.00

(二)生活型谱分析

生活型反映植物演化和生态学、生物学特性的总特征，是植物生态特征多样性的表现。同一种生活型的植物表明彼此有着相似或者相同的环境要求和适应能力。

对博州木本植物资源的生活型进行分类统计(表3-4)发现，该区木本植物的生活型以落叶乔木和落叶灌木占优势，分别为137种和195种，占博州林木种质资源种数的36.63%和52.14%，广布各地。其余依次是木质藤木24种(占6.42%)、常绿乔木10种(占2.67%)、常绿灌木8种(占2.14%)。可知，乔、灌类植物都比较丰富，藤本比较缺乏，多年生植物

在木本植物中占多数，显示了物种形成的年轻成分，是长期适应自然干旱环境的产物。

表3-4 博州木本植物生活型谱统计

生活型	植物种数	占总种数(%)	代表种
常绿乔木	10	2.67	雪岭云杉、樟子松、侧柏、圆柏
落叶乔木	137	36.63	密叶杨、白柳、小叶白蜡、文冠果
常绿灌木	8	2.14	新疆方枝柏、欧亚圆柏、木贼麻黄
落叶灌木	195	52.14	天山樱桃、蓝叶柳、泡果沙拐枣
木质藤本	24	6.42	粉绿铁线莲、五叶地锦、葡萄
合计	374	100	

（三）优良林分

优良林分及优良单株是选育林木新品种的基础材料，是遗传改良的重要物质基础。这次调查共发现68个优良林分。

雪岭云杉优良林共22个，分别是：博乐市11个（三台林场、铁音赛，哈日图热格林场的玉科克、阿尔夏提、米尔其克，夏尔希里保护区的草莓沟、巴格达坂、青稞稞），精河县3个（精河林场的小海子、东吐精、爱门精），温泉县8个（哈夏林场的托斯沟、蒙克沟、哈夏新沟、老场部、科克萨依等）。欧洲山杨优良林分1个（夏尔希里保护区边防四连），欧洲稠李2个（夏尔希里保护区的保尔德宁、哈日图热格林场四号桥），黄果山楂1个（夏尔希里保护区的玉科克），小叶桦1个（哈夏林场的奥尔塔克赛），梭梭5个（精河县的托里、大河沿子、红山嘴、甘家湖保护区、博乐市的哈日图热格林场），欧亚圆柏5个（哈日图热格林场的米尔其克、道兰若尔、博乐37林班、三台林场的克孜里玉、精河县的小海子林场），白皮锦鸡儿3个（博乐市的哈萨克交、精河县小海子林场、温泉县哈夏林场），鳞序水柏枝3个（三台林场老场部、哈日图热格林场云雾山庄、温泉县城郊），蓝叶柳2个（哈日图热格林场桥旁、哈夏林场35林班），黑果枸杞2个（博乐市大莲湖、艾比湖保护区鸟岛），细穗柽柳2个（精河县城郊、艾比湖保护区的桦树林），鬼箭锦鸡儿1个（哈夏林场海生达坂），铃铛刺1个（甘家湖保护区），树莓1个（夏尔希里保护区的赛力克），白花沼委陵菜1个（哈夏林场的别恩切克），小叶金露梅1个（温泉县奥尔塔克赛），大叶绣线菊1个（夏尔希里保护区的草莓沟），盐节木3个（艾比湖保护区的鸭子湾、鸟岛），新疆方枝柏1个（哈夏林场海生达坂），蓝枝麻黄1个（博乐市哈日图热格林场），小叶忍冬2个（哈夏林场的蒙克沟、博乐市青稞稞），谷柳1个（哈夏林场的蒙克沟），大果栒子1个（哈夏林场35林班），刺旋花2个（温泉县博格达山、奥尔塔克赛），全缘叶小檗1个（精河县巴音阿门），黑果栒子1个（温泉县卡里达斯）。

（四）优良单株

根据优势木对比和综合评分法，确定博州有优良单株4株：密叶杨，位于精河县沃依曼托别克；欧洲稠李，位于博乐市哈日图热格林场；天山桦，位于博乐市哈日图热格林场。

表3-5 博州优良单株统计

编号	科	属	种植编号	树种	地点
1	蔷薇科	稠李属	BLZ-BLS-050-T-0057	欧洲稠李	博乐市哈日图热格林场四号桥
2	杨柳科	杨属	BLZ-JH-11-B-0293	密叶杨	精河县沃依曼托别克
3	桦木科	桦木属	BLZ-BLS-10-B-0065	天山桦	博乐市哈日图热格林班标牌沟口

二、珍稀濒危林木树种

珍稀和濒危野生植物资源在中国乃至全世界都有其独特性和重要的生物多样性价值。这些特殊物种对于研究干旱区植物区系的起源、古代植物区系的变迁有着重要的科学价值。

参照《中国生物多样性红色名录·高等植物卷

(2013年8月版)》和IUCN(2016年2月版)物种濒危等级标准,将博州珍稀濒危木本种质资源分为:濒临灭绝(EN)、近危(NT)、易危(VU)和无危(LC)4个等级(见表3-6)。

世界自然保护联盟(IUCN)物种红色名录(2016)已收录博州的珍稀濒危木本植物19种,占博州木本植物总种数的5.08%。隶属于12科13属。其中濒临灭绝(EN)的2种,为银杏和天山桦;近危(NT)的1种,为核桃;无危(LC)的16种,如雪岭云杉、新疆方枝柏和天山花楸等。

表3-6 博州珍稀濒危木本植物汇总表

序号	种名	IUCN物种红色名录(2016)	备注
1	银杏 白果 *Ginkgo biloba* L.	EN	引种
2	雪岭云杉 天山云杉 *Picea schrenkiana* Fisch. et Mey.	LC	
3	红皮云杉 *Picea koraiensis* Nakai	LC	引种
4	青海云杉 *Picea crassifolia* Kom.	LC	引种
5	刺柏 *Juniperus formosana* Hayata	LC	引种
6	圆柏 桧 *Juniperus chinensis* L.	LC	引种
7	欧亚圆柏 *Juniperus sabina* L.	LC	
8	新疆方柏枝 *Juniperus pseudosabina* Fisch.et Mey.	LC	
9	中麻黄 *Ephedra intermedia* Schrenk ex C. A. Mey.	LC	
10	膜翅麻黄 *Ephedra przewalskii* Stapf	LC	
11	白柳 *Salix alba* L.	LC	
12	核桃 胡桃 *Juglans regia* L.	NT	引种
13	天山桦 *Betula tianschanica* Rupr.	EN	
14	疣枝桦 垂枝桦 *Betula pendula* Roth.	LC	引种
15	夏橡 *Quercus robur* L.	LC	引种
16	无花果 *Ficus carica* L.	LC	引种
17	天山花楸 *Sorbus tianschanica* Rupr.	LC	
18	白刺 *Nitraria schoberi* L.	LC	
19	多枝柽柳 *Tamarix ramosissima* Ledeb.	LC	

三、特有林木种质资源

特有植物资源反映分布区的明显特色。这些植物在发生学上多数是较古老原始的类群,是植物区系历史或演化的重要指示,是了解和揭示一个地区气候变迁以及植物区系特点、起源、进化和发展的重要证据。

博州具有显著的生物多样性,是中亚山地孑遗物种的避难所和众多珍稀濒危物种的重要栖息地。博州特有林木种质资源中,有中国特有种15科20属221种;新疆特有种4科4属4种,其科、属、种分别占新疆特有植物(38科119属268种,冯缨2003)的10.52%、3.36%和1.49%;博州特有种3科3属3种,其科、属、种分别占新疆特有植物的7.89%、2.52%和1.12%。可以看出,博州的新疆特有种在科级、属级上所占分类学比例都比较低,博州特有种亦是。这说明了博州特有种的贫乏,与博州的气候环境比较严酷有一定的关系(见表3-7)。

表3-7 博州特有林木种质资源

序号	种名	中国特有	新疆特有	博州特有
1	银杏 白果 *Ginkgo biloba* Linn.	√		
2	青海云杉 *Picea crassifolia* Kom.	√		

序号	种名	中国特有	新疆特有	博州特有
3	刺柏 *Juniperus formosana* Hayata	√		
4	膜果麻黄 *Ephedra prewalskii* Stspf	√		
5	垂柳 *Salix babylonica* Linn.	√		
6	艾比湖小叶桦 Betula microphylla Bge var.ebi-nurica C.Y.Yang.	√	√	√
7	黑果小檗 *Berberis hetropoda* Schrenk	√		
8	杜梨 *Pyrus betulaefolia* Bge.	√		
9	月季 *Rosa chinensis* Jacq.	√		
10	山桃 *Amygdalus davidiana* (Carr.) C.de Vos(Handb.Boom.Heest.ed.	√		
11	桃 *Amygdalus persica* Linn.	√		
12	李子 *Pruhus salicina* Lindl.	√		
13	温泉棘豆 Oxytropis spinifer Vass	√	√	√
14	柠条锦鸡儿 *Caragana korshinskii* Kom.	√		
15	唐古特白刺 *Nitraria tanggutorum* Bobr.	√		
16	精河沙拐枣 Calligonum ebi-nurcum Ivanova ex Soskov	√	√	√
17	文冠果 木瓜 *Xanthoceras sorbifolia* Bge.	√		
18	枣 *Zizyphus jujuba* Mill.	√		
19	小叶白蜡 *Fraxinus sogdiana* Bge.	√	√	
20	连翘 *Forsythia suspehsa* (Thunb.) Vahl	√		
21	雪柳 *Fontanesia fortunei* Carr.	√		

四、重点保护林木种质资源

根据《国家重点保护野生植物名录(1999)》《新疆维吾尔自治区重点保护野生植物名录(2007)》等级标准,将博州重点保护林木种质资源统计如下:

博州有国家重点保护林木种质资源共8种,隶属7科7属。裸子植物3科3属4种;被子植物4科4属4种。其中,国家一级保护植物2种;国家二级保护植物6种。有新疆重点保护林木种质资源共16种,隶属8科10属。裸子植物2科2属6种;被子植物6科6属10种。新疆一级保护植物10种;新疆二级保护植物6种(见表3-8)。

表3-8 博州国家及新疆重点保护林木种质资源

序号	种名	国家	新疆
1	银杏 白果 *Ginkgo biloba* Linn.	1-Ⅰ	
2	欧亚圆柏 新疆圆柏 Juniperus sabina Linn.	2-Ⅱ	1-Ⅱ
3	木贼麻黄 Ephedra equisetina Bge		1-Ⅰ
4	蓝枝麻黄 蓝麻黄 Ephedra glauca Rgl.		1-Ⅰ
5	单子麻黄 Ephedra monosperma Gmel.ex C.A.Mey.		1-Ⅰ
6	中麻黄 *Ephedra intermedia* Schrenk ex C. A. Mey.	2-Ⅱ	1-Ⅰ
7	膜果麻黄 *Ephedra przewalskii* Stapf		1-Ⅰ
8	核桃 胡桃 野核桃 *Juglans regia* Linn.	2-Ⅱ	1-Ⅰ
9	天山桦 *Betula tianschanica* Rupr.		1-Ⅰ
10	梭梭 *Haloxylon ammodendron* (C. A. Mey.) Bge.	2-Ⅱ	1-Ⅰ
11	白梭梭 *Haloxylon persicum* Bge. ex Boiss. et Buhse	2-Ⅱ	1-Ⅰ

序号	种名	国家	新疆
12	准噶尔山楂 *Crataegus songorica* C. Koch.		1-Ⅱ
13	宽刺蔷薇 *Rosa platyacantha* Schrenk		1-Ⅱ
14	玫瑰 *Rosa rugosa* Thunb.	2-Ⅱ	
15	欧洲稠李 Padus avium Mill.Gard.Dict.		1-Ⅱ
16	黄檗 *Phellodendron amurense* Rupr.	1-Ⅱ	
17	尖果沙枣 *Elaeaghus oxycarpa* Schlechtend.		1-Ⅱ
18	大果沙枣 *Elaeagnus moorcroftii* Wall. ex Schlecht.		1-Ⅱ
19	小叶白蜡 *Fraxinus sogdiana* Bge.		1-Ⅰ

注:罗马数字代表批次,希腊数字代表级别。例如1-Ⅰ,表示第一批次一级保护植物。

第二节 野生林木种质资源

野生植物种质资源是人类社会发展的重要物质资源,也是人类赖以生存和发展的物质基础。它是原始品种创新、获得知识产权的重要来源,具有巨大的商品和公益价值。对于野生木本植物进行引种育种和栽培驯化,不仅有利于地区的城市园林绿化建设,也是城市发展的重要战略资源的组成部分。

一、种质资源构成特点

(一)植物类群统计

博州共记录野生木本植物159种(含亚种和变种),隶属26科58属,其中裸子植物有3科3属8种,分别占该地区野生木本植物科、属、种的11.54%、5.17%、5.03%;被子植物23科55属151种,占该地区野生木本植物科、属、种的88.46%、94.83%、94.97%。从科、属、种的组成结构看,被子植物显然占有绝对优势。

表3-9 博州野生木本植物类群统计

植物类群	科数	比例(%)	属数	比例(%)	种数	比例(%)
裸子植物	3	11.54	3	5.17	8	5.03
被子植物	23	88.46	55	94.83	151	94.97
总计	26	100.00	58	100.00	159	100.00

与博州木本植物(42科99属374种)相比,占该区总科数、属数、种数的61.90%、58.59%和42.51%。与新疆野生高等植物(161科877属4081种,新疆植物志编委会,1996)相比,占总科数、属数和种数的16.15%、6.61%和3.90%(见表3-10)。可以看出,与新疆野生种子植物相比,博州野生木本植物所占比例都不高,植物种类相对匮乏。

表3-10 博州野生木本植物类群与博州木本植物类群、新疆野生植物类群的比较

	博州野生木本植物资源			博州木本植物资源			新疆野生高等植物		
植物类群	科	属	种	科	属	种	科	属	种
裸子植物	3	3	8	4	7	20	3	6	22
被子植物	23	55	151	38	92	354	101	717	3775
总计	26	58	159	42	99	374	161	877	4081

(二)科、属的统计分析

把博州野生木本植物科分4个等级,即含15种以上科、含6~14种的科、含2~5种的科和单种科。根据各科所包含的种数从多到少进行排序分析(见表3-11)。

表 3-11　博州野生木本植物科的排序

种树(科数)	科名(属/种)	(种)合计
含15种以上(3科)	藜科(10/19)、杨柳科(2/23)、蔷薇科(10/26)	68
含6~14种(3科)	忍冬科(1/6)、蓼科(2/7)、柽柳科(3/11)	24
含2~5种(17科)	白刺科(1/2)、柏科(1/2)、鼠李科(1/2)、旋花科(1/2)、胡颓子科(2/2)、夹竹桃科(2/2)、桦木科(1/3)、茄科(2/3)、白花丹科(1/3)、毛茛科(1/4)、小檗科(1/4)、唇形科(3/4)、豆科(4/5)、菊科(3/5)、虎耳草科(1/5)、麻黄科(1/5)、忍冬科(1/6)	63
含1种(4科)	松科、榆科、山柑科、木犀科	4

科内种的组成情况:含15种以上的科有3科,分别为藜科(10/19)、杨柳科(2/23)、蔷薇科(10/26),占博州野生木本植物总种数的42.77%;含种数6~14种的有3科,分别为忍冬科(1/6)、蓼科(2/7)、柽柳科(3/11),占博州野生木本植物总种数的15.09%;含种数2~5种的17科,分别为白刺科(1/2)、柏科(1/2)、鼠李科(1/2)、旋花科(1/2)、胡颓子科(2/2)、夹竹桃科(2/2)、桦木科(1/3)、茄科(2/3)、白花丹科(1/3)、毛茛科(1/4)、小檗科(1/4)、唇形科(3/4)、豆科(4/5)、菊科(3/5)、虎耳草科(1/5)、麻黄科(1/5)、忍冬科(1/6),共计69种,占总种数的43.40%;仅1种的有4科,占总种数的2.52%,有松科、榆科、山柑科、木犀科。

对于优势科的数量标准确定,采用总种数(159)除以总科数(26),得到平均每科包含6.12种,所以将科内所含种数在7种以上的确定为博州的优势科。从表3-11可知,博州木本植物资源的优势科有5个,按照种数的多少进行排序,分别是蔷薇科、杨柳科、藜科、柽柳科和蓼科,占博州野生木本植物总种数的54.09%。上述几科在博州的植物区系中起着至关重要的作用。

属内种的组成情况:从属内种的组成来看(表3-12),大于10种的属只有1个,是柳属(*Salix*)(20种,下同)。含5~9种的属依种数多少依次有6个,蔷薇属(*Rosa*)(8)、柽柳属(*Tamarix*)(8)、忍冬属(*Lonicera*)(6)、栒子属(*Cotoneaster*)(6)、茶藨属(*Ribes*)(5)、麻黄属(*Ephedra*)(5)。上述6属占本地区总属数的10.34%,种数却占23.90%,是组成本地区木本植物区系的优势属。其余28属78种,分别占本地区属、种数的48.28%和49.60%。单种属和少种属占重要的地位。

表 3-12　博州野生木本植物属内种组成

类别	属数	占总属数%	种数	占总种数百分比%
含10种以上	1	1.72	20	12.58
含5~9种	6	10.34	38	23.90
含2~4种	28	48.28	78	49.06
含1种	23	39.66	23	14.47
合计	58	100	159	100

二、种质资源分布格局

博州野生林木种质资源主要分布在山地森林、河谷林和荒漠林。山地森林主要位于北面阿拉套山,南面的天山北坡西段。河谷林、荒漠林分布在博尔塔拉河谷地和荒漠戈壁。以下介绍几种常见的野生林木种质资源:

雪岭云杉(天山云杉):在博州主要分布于北部的阿拉套山,南部的婆罗科努山、科尔古琴山、察汗乌逊山、汗尕山,西部的别珍套山的中山及亚高山段,海拔在1500~2700m,常常以针叶纯林或针阔混交林群落形式存在，并常伴生天山桦、欧亚圆柏、宽刺蔷薇、忍冬、柳属等植物种，面积50 324hm²，其中博乐市分布18 452hm²，温泉县分布12 784hm²，精河县分布18 978hm²。

欧亚圆柏（新疆圆柏）：分布在山地干旱山坡、灌丛、林缘，海拔1500~2200m，适宜在针叶林缘阳坡生长。博州市分布面积8818hm²。

桦：主要为天山桦和小叶桦，博州市分布面积1259hm²。

柳：主要为谷柳、银柳、蓝叶柳、蒿柳，分布在山间河流谷地，面积79hm²。

胡杨：主要分布在博乐市贝林乡、精河林场、艾比湖保护区等，面积18 180hm²。

密叶杨：主要分布在精河林场、三台林场、哈夏林场等地，面积1549hm²。

麻黄：博州分布有麻黄142hm²，主要种类有膜果麻黄、蓝枝麻黄、中麻黄等。

梭梭：主要为梭梭、白梭梭，分布在艾比湖保护区、甘家湖保护区、博乐市和精河县荒漠带，面积19 1543hm²。博乐市约为2446hm²，精河县163 172hm²，阿拉山口市28 370hm²。

锦鸡儿：分布于干山坡、山前平原、山前荒漠至山地草原灌丛、山前冲积扇、冲积扇荒漠、山谷、戈壁滩等地，主要在精河林场、博乐市三台林场、哈日图热格林场、温泉县哈夏林场，面积104 764hm²。

沙拐枣：种类有精河沙拐枣、泡果沙拐枣和白皮沙拐枣，主要分布在博州的沙质荒漠、固定沙地，面积103hm²。

柽柳：种类有长穗柽柳、短穗柽柳、多枝柽柳、细穗柽柳、多花柽柳、刚毛柽柳、密花柽柳等，分布在艾比湖保护区、精河县托里镇、茫丁乡，博乐市贝林胡杨林区、三台林场等。

第三节 栽培林木种质资源

一、种质资源构成特点

（一）植物类群统计

栽培木本种质资源是指种植在人工片林、防护林带、城乡园林绿地、四旁绿地和农家院落等处的栽培林木个体及群体。博州栽培木本园林和果树植物品种资源较丰富，是宝贵的种质资源基因库。

（二）植物类群统计

博州栽培木本植物共219种（含变种、变型和品系，下同），隶属30科59属，其中裸子植物有12种，隶属3科6属，占该区栽培总科数、属数、种数的10.00%、10.17%和5.48%；被子植物207种，隶属27科53属，占该区栽培总科数、属数、种数的90.00%、89.83%和94.52%。从科、属、种的组成结构看，被子植物占有绝对优势。与博州木本植物（42科99属374种）相比，占该区总科数、属数、种数的71.43%、59.60%和58.56%（见表3-13和3-14）。

表3-13 博州木本栽培植物类群统计

植物类群	科数	比例（%）	属数	比例（%）	种数	比例（%）
裸子植物	3	10.00	6	10.17	12	5.48
被子植物	27	90.00	53	89.83	207	94.52
总计	30	100.00	59	100.00	219	100.00

表3-14 博州木本栽培植物类群与博州木本植物的比较

	博州栽培木本植物资源			博州木本植物资源		
植物类群	科	属	种	科	属	种
裸子植物	3	6	12	4	7	20
被子植物	27	53	207	38	92	354
总计	30	59	217	42	99	374

(二)科、属的统计分析

根据各科所包含的种数的不同,把博州栽培木本植物科分为5个等级,即含15种以上科、含10~14种的科、含6~9种的科、含2~5种的科和单种科(见表3-15)。

表3-15 博州木本栽培植物科的排序

种树(科数)	科名(属/种)	(种)合计
含15种以上(4科)	蔷薇科(12/62)、葡萄科(2/18)、茄科(1/42)、杨柳科(2/19)	141
含10~14种(1科)	木犀科(5/13)	13
含6~9种(2科)	柏科(2/6)、榆科(1/7)	13
含2~5种(4科)	松科(3/5)、桑科(3/5)、豆科(5/5)、鼠李科(1/5)、槭树科(1/4)、胡颓子科(2/3)、胡桃科(2/3)、忍冬科(1/2)、紫葳科(1/2)、杜鹃花科(1/2)、蓼科(2/2)、桦木科(1/2)、壳斗科(1/2)	42
含1种(10科)	银杏科、榛科、小檗科、虎耳草科、芸香科、漆树科、卫矛科、无患子科、马鞭草科、石榴科	10

科内种的组成情况:含15种以上的有4科,分别为蔷薇科、葡萄科、茄科和杨柳科,共计141种,占该地区总种数的37.70%;含种数10~14种的1科,为木犀科,计13种,占该地区总种数的3.48%;含种数6~9种的2科,有柏科、榆科,计13种,占该地区总种数的3.48%;含种数2~5种的科有松科、桑科、豆科、鼠李科、槭树科等,共计42种,占该地区总种数的11.23%;仅1种的有10科,占总种数的2.67%,如银杏科、榛科、小檗科和芸香科等。

属内种的组成情况:含15种以上的4属,为桃属、苹果属、葡萄属、枸杞属;含种数10~14种的属有1属,为杨属;含种数6~9种的2属,分别为柳属、榆属;含种数2~5种的21属,有云杉属、松属、胡桃属、桦木属等;仅含1种的有30属,有银杏属、落叶松属、枫杨属、榛属、无花果属、木蓼属等。

表3-16 博州栽培木本植物属内种的组成

类别	科数	占总科数%	属数	占总属数%
含15种以上	4	13.33	4	6.90
含10~14种	1	3.33	1	1.72
含6~9种	2	6.67	2	3.45
含2~5种	13	43.33	21	36.21
含1种	10	33.33	30	51.72
合计	30	100.00	58	100.00

二、主要栽培树种资源

博州拥有许多树种资源,为当地的经济效益和社会发展起到积极的作用。因此,可以加大乡土品种的保护和培育,以提高农户的经济收入。

据调查统计,博州主要栽培木本种质资源有131种,隶属21科42属。科、属、种数占博州栽培木本植物资源的26.00%、22.22%和48.19%。依据树种主要资源的用途分为生态防护树种、防风固沙树种、经济林果树种和园林观赏树种4大类。

生态防护树种(品种)18种,隶属3科4属。科、属、种数占博州栽培木本植物资源的10.00%、6.78%和8.22%。有新疆杨、银新杨、青杨、白榆、毛白蜡等。

防风固沙树种(品种)18种,隶属3科4属。科、属、种数占博州栽培木本植物资源的13.33%、10.17%和3.20%。有沙木蓼、柠条锦鸡儿、细枝岩黄耆、红皮沙拐枣。

园林绿化树种(品种)77种,隶属22科43属。

科、属、种数占博州栽培木本植物资源的73.33%、72.88%和35.16%。有红皮云杉、圆柏、龙爪柳、倒榆、山桃、火炬树等。

经济林果树种(品种)29种,隶属10科18属。科、属、种数占博州栽培木本植物资源的33.33%、30.51%和13.24%。有精河枸杞、桃、杏、苹果、葡萄等。

综上所述,博州栽培木本植物种质资源中,园林绿化树种种类最多,所占比例最大,其次为经济林果树种,种数最少的为防风固沙树种。这从一定程度上证明了林果业发展是博州林业发展的重要因素。

表3-17 博州栽培木本植物用途构成

类别	生态防护	防风固沙	园林观赏	经济林果	合计
种数(品种)	18	7	77	29	131
占总比%	13.74	5.34	58.78	22.14	100.00

第四节 收集保存的林木种质资源

收集保存林木种质资源是指种植林木良种基地(包括种子园、采穗圃、母树林、植物园、树木园、优树收集区等)内的林木树种,是从生物多样性、遗传多样性的方面对林木种质资源进行的保护。

统计可知,博州收集保存的木本植物有50种(含变种、变型和品系,下同),隶属8科12属,其中裸子植物有3种,隶属3科3属;被子植物47种,隶属5科9属。从科、属、种的组成结构看,被子植物显然占有绝对优势。

主要保存于博州苗圃、枸杞资源汇集圃等公立或私人苗圃。

第五节 古树名木种质资源

古树名木是自然界和前人留下来的宝贵资源,是重要历史文物的一部分,具有很高的科学和文化价值,记录着千百年来气候、地理、灾害等自然状况,可以追溯时代的变迁。在长期适应自然的过程中,古树名木保存了多样性的物种基因,将为城市生态公益林、庭院风景林和经济林树种的选择提供科学依据和珍贵的基因材料。

根据全国绿化委员会、国家林业局的《全国古树名木普查建档技术规定》,古树名木一般是指在人类历史过程中保存下来的年代久远或具有重要科研、历史、文化价值的树木。古树是树龄在100a以上的树木;古树群是10株以上成片生长的大面积古树。名木是指在历史上或社会上有重大影响的历代中外名人、领袖人物所植或者具有极其重要的历史、文化价值及纪念意义的树木。年龄结构根据《全国古树名木普查建档技术规定》,即国家一级古树树龄500a以上,国家二级古树树龄300~499a,国家三级古树树龄100~299a;名木不受年龄限制,不分等级。

由于20世纪八九十年代的采伐性经营,山区和平原的古树所剩无几,博州的古树名木资源较少。除目前人无法到达的区域外,山区森林资源主要为次生林,林木径级较小,平原河谷残留的个别大树主要为杨柳科的白榆、密叶杨、胡杨等,但可以纳入古树范畴的非常少。本次调查显示,博州有古树6株,其中5株密叶杨,1株胡杨。据资料记载,博州树龄在60~100a的后备古树有310棵,已录入档案150棵;通过专家测定古树树龄,确定保护方案,进行挂牌保护11棵,积极联系认养单位和个人,按照古树名木管理办法与认养单位和个人签订责任书,加强对古树名木的日常管理和保护,使博州的后备古树得到有效保护。

表3-18　博州古树名木资源汇总表

种质编号	种名	拉丁学名	县	小地名	胸径(cm)	树高(m)	年龄(a)	备注
blz-jh-10-B-325	密叶杨	*Populus talassica* Kom.	精河县	东吐精	180	15	80	后备
blz-jh-10-B-326	密叶杨	*Populus talassica* Kom.	精河县	东吐精	182	17	80	后备
blz-jh-10-B-352	胡杨	*Populus euphratica* Oliv..	精河县	乌拉斯台管护站	244	17	150	
blz-wq-01-B-144	密叶杨	*Populus talassica* Kom.	温泉县	胡德海院子	138	19	120	
blz-wq-01-B-144	密叶杨	*Populus talassica* Kom.	温泉县	胡德海院子	102	18	100	
blz-bls-505-T-0027	密叶杨	*Populus talassica* Kom.	博乐市	阿克图别克	177	15	80	后备

第四章　特色林木种质资源评价

第一节　具有遗传价值的特色林木种质资源

一、盐生林木种质资源

中国是世界上受土地盐碱化危害最为严重的国家之一，盐碱地面积约有75万 km^2，占中国土地面积的28.9%，遍及中国17个省、市、自治区。盐碱土因其恶劣的各种理化性质限制了绝大多数植物的生长，耐盐碱植物是目前盐碱土环境中唯一能够生长的特殊植物区系，也是一类极为宝贵的基因资源。耐盐碱植物是盐碱土改良的基础，同时对维持盐碱土生态平衡、遏制土壤沙化有着不可替代的作用。

博州有耐盐碱的林木种质资源38种，其中：栽培的有6种，野生的有32种；乔木8种，灌木30种。

主要的耐盐碱植物有：胡杨、艾比湖小叶桦、白榆、垂榆、欧洲大叶榆、裂叶榆、长枝榆、盐爪爪、尖叶盐爪爪、里海盐爪爪、圆叶盐爪爪、盐节木、盐穗木、驼绒藜、心叶驼绒藜、戈壁藜、木地肤、小叶碱蓬、松叶猪毛菜、木本猪毛菜、盐生假木贼、西伯利亚白刺、唐古特白刺、琵琶柴、多枝柽柳、长穗柽柳、短穗柽柳、刚毛柽柳、多花柽柳、细穗柽柳、密花柽柳、中亚柽柳、铃铛刺、骆驼刺、尖果沙枣、黑果枸杞、宁夏枸杞、精河枸杞。

二、旱生林木种质资源

干旱是对植物生长影响最大的环境因素之一。世界上干旱半干旱区遍及350多个国家和地区，其总面积占陆地总面积的1/3。中国华北、西北、内蒙古和青藏高原绝大部分地区属于干旱半干旱地区，约占土地总面积的45%。干旱缺水已成为制约林业生产发展的重要因素，尤其是在新疆水资源严重短缺的情况下，对于抗旱性林木种质资源的研究显得尤为重要。

博州的旱生林木种质资源有43种，其中：乔木2种，灌木41种；乡土38种，引进5种。

旱生的林木种质资源主要有：沙枣、胡杨、欧亚圆柏、膜果麻黄、蓝枝麻黄、木贼麻黄、单子麻黄、驼绒藜、木地肤、无叶假木贼、短叶假木贼、白垩假木贼、铃铛刺、骆驼刺、刺木蓼、沙木蓼、拳木蓼、琵琶柴、松叶猪毛菜、木本猪毛菜、白皮锦鸡儿、泡果沙拐枣、精河沙拐枣、白皮沙拐枣、乔木状沙拐枣、中亚沙棘、俄罗斯大果沙棘、温泉棘豆、细枝岩黄耆、梭梭、白梭梭、多枝柽柳、长穗柽柳、短穗柽柳、刚毛柽柳、刺旋花、鹰爪柴、毛莲蒿、银叶蒿、灌木亚菊、戈壁绢蒿、柠条锦鸡儿、油柴柳。

三、耐寒林木种质资源

温度是影响植物生长及分布的重要生态因子之一，低温是限制植物自然分布和栽培区带的主要因素。低温冻害影响植物的生长代谢，导致植物受到伤害，严重时还会死亡。研究植物的抗寒性，提高植物抗寒能力是近些年植物抗性机制研究的热点。抗寒植物因其独特的形态和解剖结构而更耐低温，通过光合作用、非气孔调节、光保护机制、保护性物质含量增加等机制来适应低温。研究博州的耐寒树种，揭示并弄清低温环境对植物分布等的影响，并科学有效地应用到林业建设和产业规划，具有重要的指导意义。

博州有耐寒的林木种质资源95种，其中：栽培的有30种，野生的有65种；乔木35种，灌木60种。

耐寒树种主要有：红皮云杉、青海云杉、樟子松、塔柏、杜松、新疆方枝柏、欧亚圆柏、膜果麻黄、蓝枝麻黄、木贼麻黄、单子麻黄、胡杨、新疆杨、钻天杨、箭杆杨、小叶杨、加拿大杨、黑杨、美洲黑杨、青杨、小青杨、俄罗斯杨、银白杨、白柳、旱柳、馒头柳、垂柳、蒿柳、毛枝柳、蓝叶柳、天山柳、齿叶柳、吐伦柳、油柴柳、灌木柳、核桃楸、疣枝桦、小叶桦、天山桦、夏橡、蒙古栎、白榆、垂榆、欧洲大叶榆、裂叶榆、长枝榆、白桑、鞑靼桑、黑桑、刺木蓼、沙木蓼、拳木蓼、驼绒藜、木地肤、无叶假木贼、短叶假木贼、白垩假木贼、西伯利亚铁线莲、粉绿铁线莲、东方铁线莲、准噶尔铁线莲、黑果小檗、紫叶小檗、山柑、黑果茶藨、小叶茶藨、铃铛刺、骆驼刺、琵琶柴、松叶猪毛菜、木本猪毛菜、白皮锦鸡儿、柠条锦鸡儿、泡果沙拐枣、精河沙拐枣、白皮沙拐枣、乔木状沙拐枣、中亚沙棘、俄罗斯大果沙棘、温泉棘豆、细枝岩黄耆、梭梭、白梭梭、多枝柽柳、长穗柽柳、短穗柽柳、刚毛柽柳、刺旋花、鹰爪柴、毛莲蒿、银叶蒿、灌木亚菊、戈壁绢蒿。

四、抗病虫害林木种质资源

博州有抗病虫害的林木种质资源32种，其中：栽培的有4种，野生的有28种；乔木5种，灌木27种。

主要有：新疆杨、密叶杨、小叶杨、黑杨、俄罗斯杨、膜果麻黄、蓝枝麻黄、木贼麻黄、单子麻黄、粉绿铁线莲、东方铁线莲、准噶尔铁线莲、盐爪爪、尖叶盐爪爪、里海盐爪爪、圆叶盐爪爪、盐节木、盐穗木、驼绒藜、心叶驼绒藜、戈壁藜、木地肤、小叶碱蓬、无叶假木贼、短叶假木贼、白垩假木贼、盐生假木贼、黑果枸杞、短穗柽柳、刚毛柽柳、西伯利亚白刺、唐古特白刺。

第二节　具有经济和生态价值的特色林木种质资源

一、具有园林观赏价值的林木种质资源

博州具有园林观赏价值的林木种质资源有110种，其中：栽培的有69种，野生的有41种；乔木60种，灌木50种。

主要的观赏植物有：银杏、日本落叶松、雪岭云杉、青海云杉、红皮云杉、樟子松、圆柏、塔柏、杜松、丹东桧柏、侧柏、欧亚圆柏、胡杨、欧洲山杨、银白杨、白柳、垂柳、馒头柳、龙爪柳、金丝垂柳、蓝叶柳、银柳、黄花柳、鹿蹄柳、核桃楸、白桦、疣枝桦、天山桦、夏橡、蒙古栎、垂榆、圆冠榆、欧洲大叶榆、裂叶榆、长枝榆、中华金叶榆、准噶尔铁线莲、粉绿铁线莲、东方铁线莲、红果小檗、紫叶小檗、大叶绣线菊、多花栒子、大果栒子、红果山楂、准噶尔山楂、黄果山楂、天山花楸、樱桃苹果、红肉苹果、山荆子、王族海棠、北美海棠、红叶海棠、红宝石海棠、宽刺蔷薇、落花蔷薇、尖刺蔷薇、多刺蔷薇、疏花蔷薇、黄刺玫、玫瑰、月季、金露梅、榆叶梅、山桃、杏、西伯利亚杏、紫叶李、天山樱桃、紫叶矮樱、欧洲稠李、紫叶稠李、刺槐、国槐、复叶槭、元宝枫、尖叶槭、茶条槭、文冠果、多枝柽柳、刚毛柽柳、长穗柽柳、尖果沙枣、沙棘、美国白蜡、小叶白蜡、花曲柳、东北连翘、红丁香、紫丁香、白丁香、小叶丁香、暴马丁香、水蜡、雪柳、梓树、黄金树、小叶忍冬、阿尔泰忍冬、刚毛忍冬、金银木、红王子锦带、紫花醉鱼木、红瑞木、灌木亚菊、硬尖神香草、阿尔泰百里香、芳香新塔花。

二、具有经济林果价值的林木种质资源

博州有林果价值的林木种质资源共133种，其中：栽培的有121种，野生的有12种；乔木61种，灌木72种。

博州有经济林果价值的树种主要有：桑属（2种）、核桃属（1种）、茶藨属（5种）、山楂属（4种）、梨属（2种）、苹果属（22种）、悬钩子属（1种）、桃属（19种）、杏属（2种）、李属（3种）、樱桃属（2种）、枣属（5种）、葡萄属（17种）、胡颓子属（2种）、沙棘属（2种）、越橘属（2种）、枸杞属（45种）。

三、蜜源类林木种质资源

蜜源植物是指供蜜蜂采集花蜜及花粉的植物，泛指所有气味芳香能制造花蜜以吸引蜜蜂的显花植物。

博州具有蜜源价值的林木种质资源有178种，其中：栽培的有124种，野生的有54种；乔木64种，灌木114种。

蜜源树种主要有：茶藨属（5种）、绣线菊属（3种）、珍珠梅属（1种）、枸子属（6种）、山楂属（4种）、花楸属（1种）、蔷薇属（13种）、梨属（3种）、苹果属（22种）、悬钩子属（1种）、桃属（19种）、杏属（2种）、李属（4种）、樱桃属（3种）、金露梅属（2种）、稠李属（2种）、锦鸡儿属（3种）、槐属（1种）、岩黄耆属（1种）、紫穗槐属（1种）、刺槐属（1种）、骆驼刺属（1种）、枣属（5种）、胡颓子属（2种）、沙棘属（2种）、枸杞属（45种）、柽柳属（8种）、丁香属（5种）、忍冬属（7种）、新塔花属（1种）、百里香属（2种）、神香草属（1种）、亚菊属（1种）。

四、药用林木种质资源

药用植物资源的开发利用，不但能够充分地、可循环地供给医药市场的需求，保障人民身体健康，还可以活跃和带动当地经济的快速发展。

博州有药用林木种质资源48种，其中：栽培的有14种，野生的有34种；乔木18种，灌木30种。

药用树种主要有：欧亚圆柏、新疆方枝柏、膜果麻黄、蓝枝麻黄、木贼麻黄、单子麻黄、中麻黄、胡杨、白柳、黄花柳、核桃、核桃楸、白桦、疣枝桦、天山桦、白桑、黑桑、准噶尔铁线莲、粉绿铁线莲、无叶假木贼、短叶假木贼、白垩假木贼、盐生假木贼、黑果小檗、红果小檗、黑果茶藨、小叶茶藨、红果山楂、黄果山楂、杜梨、刺槐、国槐、西伯利亚白刺、唐古特白刺、枣、酸枣、葡萄、尖果沙枣、沙棘、东北连翘、紫丁香、黑果枸杞、宁夏枸杞、阿尔泰忍冬、刚毛忍冬、金银忍冬、桃叶卫矛。

五、具有用材价值的林木种质资源

博州具有用材价值的林木种质资源有46种，其中栽培的有41种，野生的有5种，全为乔木。

用材树种主要有：落叶松属（1种）、云杉（3种）、松属（1种）、杨属（14种）、柳属（7种）、桦木属（3种）、榆属（8种）、核桃（2种）、刺槐（1种）、槐（1种）、白蜡树属（5种）。

六、具有香料价值的林木种质资源

博州具有香料价值的林木种质资源有32种，其中：栽培的有16种，野生的有16种；乔木8种，灌木24种。

有香料价值的树种主要有：蔷薇属（13种）、刺槐（1种）、槐（1种）、枣属（5种）、胡颓子属（2种）、丁香属（5种）、新塔花属（1种）、百里香属（2种）、神香草属（1种）、亚菊属（1种）。

七、具有环境修复价值的林木种质资源

林木的净化作用包括对大气污染的净化和对土壤污染的净化。林木在抗生范围内能够吸收镉（Cd）、铜（Cu）、镍（Ni）和锌（Zn）铅（Pb）等有害物质，还具有减轻光化学烟雾污染和净化放射性物质等作用。

博州可用于环境修复的林木种质资源有18种，其中：栽培的有11种，野生的有7种；乔木9种，灌木9种；乡土14种，引进4种。

白榆可用于大气中氯化物的监测；大叶榆对镉（Cd）、铜（Cu）、镍（Ni）和锌（Zn）的吸收能力较强；圆冠榆对铜（Cu）、镍（Ni）、锌（Zn）和铅（Pb）的吸收能力较强；复叶槭可用于大气中氯及氯化物的监测和土壤中铅（Pb）的修复；水蜡对镉（Cd）、铜（Cu）和锌（Zn）的吸收能力较强；沙棘可用于土壤中硝酸铅的监测，富集土壤中的砷（As）、汞（Hg）和铅（Pb）；旱柳是土壤中铅（Pb）的富集植物；欧洲山杨是锌（Zn）和

镉(Cd)富集植物;白桑耐烟尘,抗有毒气体,可富集土壤中的金属镉(Cd);短穗柽柳可富集金属镉(Cd)。

八、防风固沙林木种质资源

博州可用于防风固沙的林木种质资源有20种,其中:栽培的有5种,野生的有15种,乔木1种,灌木19种,全部为乡土树种。

防风固沙林木种质资源主要有:铺地柏、泡果沙拐枣、精河沙拐枣、白皮沙拐枣、乔木状沙拐枣、细枝岩黄耆、沙木蓼、梭梭、白梭梭、多枝柽柳、长穗柽柳、短穗柽柳、铃铛刺、骆驼刺、驼绒藜、木地肤、柠条锦鸡儿、沙棘、油柴柳、尖果沙枣。

第五章　各县市林木种质资源

第一节　博乐市林木种质资源

一、博乐市自然地理

博乐市位于天山北坡西段准噶尔盆地西南部，东部和东北部分别与精河县和塔城地区托里县毗邻，南与伊犁哈萨克自治州霍城县接壤，西与温泉县相接，北以阿拉套山分水岭为界与哈萨克斯坦隔山相望，边境线长119km。地处东经80°39′~82°44′，东西最大长度约164.7km，纬度在北纬44°22′~45°23′，南北最大宽度约117.4km。

博乐市地形可分为山地、平原和丘陵，地貌概括为“三山夹两谷”。北面为阿拉套山，中部为岗吉格山，南面为天山北坡西段库色木契克山和科固尔琴山。阿拉套山和岗吉格山之间为博尔塔拉河谷地，岗吉格山与库色木契克山之间为四台谷地。

博乐市北部是阿拉套山东段及其支脉哈拉吐鲁克山、阿勒坦特布什山、沙拉套山和阔依塔斯山，山势由西向东逐渐降低，一般高度在海拔2500m以上，最高为3781m，东端的阔依塔斯山最低，海拔1000m以下。博乐市南面有沙里切库山、岗吉格山、库色木契克山和科固尔琴山，山势峻峭，平均高度2500~3000m，最高达4178m。水面海拔2072m的赛里木湖坐落在四台谷地西端的山麓上。岗吉格山山体破碎，坡降平缓，一般海拔在1000~2000m，其上有森林分布，山地上分布着冬、夏两季草场，是发展畜牧业的重要场所。3500m以上的山地常年积雪。丘陵主要分布在阔依塔斯、库阿德尔以及博五公路两侧，一般高度在500~1000m，气候干燥，植被稀疏，为春、秋草场。平原分布在博尔塔拉河中、下游阶地上，大河沿子河下游的北侧以及艾比湖西侧，主要为冲积洪积平原、坡积洪积平原及湖积平原；倾斜地分布在前山边缘地带，主要为山前洪积平原，平原海拔高度一般在200~1000m。

博乐市地处内陆，属于大陆性北温带干旱荒漠气候，降水少，蒸发量大，夏季炎热，空气干燥，春季有倒春寒，夏季有干热风和雹灾，春夏多大风，冬季长而寒冷，积雪薄而不稳定，具有春季气温回升快、光热充足、热量丰富、昼夜温差大、无霜期较长等特点。博尔塔拉河、哈拉吐鲁克河、保尔德河贯穿全市，地下水动储量2.89亿 m^3。

博乐市水资源共计15.01亿 m^3，其中地表水径流量12.12亿 m^3，地下水动储量2.89亿 m^3。地表水包括博尔塔拉河河水和境内的山沟山泉水与平原泉群。河流有三条：博尔塔拉河、哈拉吐鲁克河、保尔德河。此外还有长流水山沟26条，山泉49处，径流量共1918万 m^3。博乐市谷地地下水动储量为

5.74亿 m^3,水质良好,适于灌溉,但开采利用量小,潜力很大。

博乐市山地森林优势树种主要为雪岭云杉,其次为天山桦;灌木树种主要有欧亚圆柏、野蔷薇、茶藨子等。河谷林优势树种主要有密叶杨、白榆、河柳、沙棘、柽柳、刺蔷薇等。荒漠林优势树种主要有胡杨、柽柳、梭梭、白梭梭。平原区人工林主要以新疆杨、银白杨、箭杆杨、钻天杨、白榆等树种为主。

二、社会经济概况

博乐市是博尔塔拉蒙古自治州首府,是全州政治、经济、文化中心。全市下辖4镇1乡1个国有林场:小营盘镇、达勒特镇、乌图布拉格镇、青得里镇、贝林哈日莫墩乡、阿热勒托海牧场;辖有5个街道127个行政村。境内有:农五师八十一团场、农五师八十四团场、农五师八十五团场、农五师八十六团场、农五师八十九团场、农五师九十团场、香班哈日根牧场。另有夏尔希里保护区、哈日图热格林场、三台林场、哈夏林场。

博乐市土地总面积为77.82万 hm^2,其中:耕地2.133 3万 hm^2,牧草地0.393 3万 hm^2,未利用地63.113 2万 hm^2,水域0.17万 hm^2,林业用地12.010 2万 hm^2。林业用地中,有林地面积3.024 5万 hm^2;疏林地0.273 4万 hm^2;灌木林地6.996 9万 hm^2,未成林造林地0.082 6万 hm^2,宜林地1.623 2万 hm^2;苗圃96hm^2。森林覆盖率12.87%。

2016年,博乐市实现地方生产总值104.17亿元,增长14.5%。第一产业18.12亿元,增长5.4%;第二产业35.91亿元,增长27.2%;第三产业50.13亿元,增长10.1%。全年实现农、林、牧、渔业总产值31.18亿元,农作物总播种面积6.28万 hm^2,全年粮食总产量32.11万t,年末牲畜存栏40.26万头,规模以上工业企业累计完成工业增加值12.8亿元,社会消费品零售总额30.62亿元,固定资产投资累计完成167.23亿元,人均地方生产总值60 603元,增长15%。

三、林木种质资源概况

博乐市共有林木种质资源38科79属219种,其中:原生林木种质资源25科53属117种,引进栽培树种22科37属102种。另外,乡土树种中有国家珍稀濒危保护植物3种,自治区一级重点保护植物7种,自治区二级重点保护植物5种。

(一)原生林木种质资源

博乐市原生林木种质资源25科53属117种,其中蔷薇科、藜科、柽柳科、杨柳科等树种资源较为丰富。本次调查在博乐市也发现了很多有价值的树种资源,如一枝独秀的天山樱桃。天山樱桃属于蔷薇科樱桃属,不仅是野生珍稀果品资源,也是宝贵的樱桃种质基因材料。天山樱桃枝叶开展,花色艳丽,果实诱人,风味独特,具有很高的观赏价值和食用价值。在夏尔希里保护区发现的大片树莓群落,花繁果茂,是很好的小浆果资源,在博乐市的哈萨克交、哈日图热格林场、夏尔希里保护区等低地丘陵有分布。在哈日图热格林场四号桥发现的成片欧洲稠李,冠形饱满,长势良好,是优质的园林观赏树种资源。此次调查还发现了多种树种资源,如园林观赏价值较高的银柳,春芽、叶片如纯银闪亮;线叶柳叶片如丝,树姿婀娜;蓝叶柳枝红叶蓝绿,适应性极强;红果小檗花果繁密。观赏和生态价值都很高的有鳞序水柏枝、多花栒子、宽刺蔷薇、天山花楸、密花柽柳、细穗柽柳等。

表5-1 博乐市原生林木种质资源表

序号	植物名称	科名	属名	生活型	用途	保护等级
1	雪岭云杉	松科	云杉属	常绿乔木	水源涵养	
2	欧亚圆柏	柏科	圆柏属	常绿灌木	水土保持	自治区重点保护植物Ⅱ
3	新疆方枝柏	柏科	圆柏属	常绿灌木	水土保持	
4	蓝枝麻黄	麻黄科	麻黄属	常绿灌木	药用、防护	自治区重点保护植物Ⅰ
5	单子麻黄	麻黄科	麻黄属	常绿灌木	药用、防护	自治区重点保护植物Ⅰ
6	木贼麻黄	麻黄科	麻黄属	常绿灌木	药用、防护	自治区重点保护植物Ⅰ
7	黑果小檗	小檗科	小檗属	落叶灌木	观赏、防护	

序号	植物名称	科名	属名	生活型	用途	保护等级
8	全缘叶小檗	小檗科	小檗属	落叶灌木	观赏、防护	
9	红果小檗	小檗科	小檗属	落叶灌木	观赏、防护	
10	伊犁小檗	小檗科	小檗属	落叶灌木	观赏、防护	
11	西伯利亚铁线莲	毛茛科	铁线莲属	落叶灌木	观赏	
12	粉绿铁线莲	毛茛科	铁线莲属	落叶灌木	观赏	
13	准噶尔铁线莲	毛茛科	铁线莲属	落叶灌木	观赏	
14	药鼠李	鼠李科	鼠李属	落叶乔木	药用、观赏	
15	驼绒藜	藜科	驼绒藜属	落叶灌木	防护、饲用	
16	木地肤	藜科	地肤属	落叶灌木	防护、饲用	
17	灰毛木地肤	藜科	地肤属	落叶灌木	防护、饲用	
18	小叶碱蓬	藜科	碱蓬属	落叶灌木	防护	
19	梭梭	藜科	梭梭属	落叶灌木	防护、饲用	国家珍稀濒危保护植物
20	白梭梭	藜科	梭梭属	落叶灌木	防护、饲用	国家珍稀濒危保护植物
21	无叶假木贼	藜科	假木贼属	落叶灌木	防护	
22	短叶假木贼	藜科	假木贼属	落叶灌木	防护	
23	白垩假木贼	藜科	假木贼属	落叶灌木	防护	
24	戈壁藜	藜科	戈壁藜属	落叶灌木	防护	
25	松叶猪毛菜	藜科	猪毛菜属	落叶灌木	防护	
26	木本猪毛菜	藜科	猪毛菜属	落叶灌木	防护	
27	盐爪爪	藜科	盐爪爪属	落叶灌木	防护	
28	里海盐爪爪	藜科	盐爪爪属	落叶灌木	防护	
29	圆叶盐爪爪	藜科	盐爪爪属	落叶灌木	防护	
30	盐穗木	藜科	盐穗木属	落叶灌木	防护	
31	拳木蓼	蓼科	木蓼属	落叶灌木	防护	
32	扁果木蓼	蓼科	木蓼属	落叶灌木	防护、观赏	
33	绿叶木蓼	蓼科	木蓼属	落叶灌木	防护、观赏	
34	泡果沙拐枣	蓼科	沙拐枣属	落叶灌木	防护、观赏	
35	簇枝补血草	白花丹科	补血草属	落叶灌木	观赏、药用	
36	天山桦	桦木科	桦木属	落叶乔木	防护、观赏	自治区重点保护植物 I
37	小叶桦	桦木科	桦木属	落叶乔木	防护、观赏	
38	胡杨	杨柳科	杨属	落叶乔木	防护、观赏	国家珍稀濒危保护植物
39	欧洲山杨	杨柳科	杨属	落叶乔木	防护、观赏	
40	密叶杨	杨柳科	杨属	落叶乔木	防护	
41	白柳	杨柳科	柳属	落叶乔木	防护、观赏	
42	米黄柳	杨柳科	柳属	落叶灌木	防护、观赏	
43	蓝叶柳	杨柳科	柳属	落叶乔木	防护、观赏	
44	吐兰柳	杨柳科	柳属	落叶灌木	防护、观赏	
45	齿叶柳	杨柳科	柳属	落叶灌木	防护	
46	疏齿柳	杨柳科	柳属	落叶灌木	防护	
47	天山柳	杨柳科	柳属	落叶灌木	防护、观赏	
48	耳柳	杨柳科	柳属	落叶灌木	防护、观赏	
49	黄花柳	杨柳科	柳属	落叶乔木	防护、观赏	
50	谷柳	杨柳科	柳属	落叶乔木	防护	
51	蒿柳	杨柳科	柳属	落叶灌木	防护、观赏	

序号	植物名称	科名	属名	生活型	用途	保护等级
52	银柳	杨柳科	柳属	落叶乔木	防护、观赏	
53	线叶柳	杨柳科	柳属	落叶灌木	防护、观赏	
54	毛枝柳	杨柳科	柳属	落叶灌木	防护	
55	长穗柽柳	柽柳科	柽柳属	落叶灌木	防护、观赏	
56	短穗柽柳	柽柳科	柽柳属	落叶灌木	防护、观赏	
57	细穗柽柳	柽柳科	柽柳属	落叶灌木	防护、观赏	
58	多枝柽柳	柽柳科	柽柳属	落叶灌木	防护、观赏	
59	密花柽柳	柽柳科	柽柳属	落叶灌木	防护、观赏	
60	鳞序水柏枝	柽柳科	水柏枝属	落叶灌木	防护	
61	宽苞水柏枝	柽柳科	水柏枝属	落叶灌木	防护	
62	琵琶柴	柽柳科	琵琶柴属	落叶灌木	防护	
63	白榆	榆科	榆属	落叶乔木	防护	
64	小叶茶藨	虎耳草科	茶藨属	落叶灌木	食用、观赏	
65	黑果茶藨	虎耳草科	茶藨属	落叶灌木	食用、观赏	
66	金丝桃叶绣线菊	蔷薇科	绣线菊属	落叶灌木	防护、观赏	
67	大叶绣线菊	蔷薇科	绣线菊属	落叶灌木	防护、观赏	
68	多花栒子	蔷薇科	栒子属	落叶灌木	防护、观赏	
69	大果栒子	蔷薇科	栒子属	落叶灌木	防护、观赏	
70	黑果栒子	蔷薇科	栒子属	落叶灌木	防护、观赏	
71	少花栒子	蔷薇科	栒子属	落叶灌木	防护、观赏	
72	梨果栒子	蔷薇科	栒子属	落叶灌木	防护、观赏	
73	金露梅	蔷薇科	金露梅属	落叶灌木	防护、观赏	
74	小叶金露梅	蔷薇科	金露梅属	落叶灌木	防护、观赏	
75	白花沼委陵菜	蔷薇科	沼委陵菜属	落叶灌木	防护、观赏	
76	宽刺蔷薇	蔷薇科	蔷薇属	落叶灌木	观赏	自治区重点保护植物Ⅱ
77	落花蔷薇	蔷薇科	蔷薇属	落叶灌木	观赏	
78	疏花蔷薇	蔷薇科	蔷薇属	落叶灌木	观赏	
79	腺毛蔷薇	蔷薇科	蔷薇属	落叶灌木	观赏	
80	多刺蔷薇	蔷薇科	蔷薇属	落叶灌木	观赏	
81	腺齿蔷薇	蔷薇科	蔷薇属	落叶灌木	观赏	
82	尖刺蔷薇	蔷薇科	蔷薇属	落叶灌木	观赏	
83	天山樱桃	蔷薇科	樱桃属	落叶灌木	观赏、食用	自治区重点保护植物Ⅱ
84	欧洲稠李	蔷薇科	稠李属	落叶乔木	观赏、防护	自治区重点保护植物Ⅱ
85	黄果山楂	蔷薇科	山楂属	落叶乔木	防护、观赏	
86	红果山楂	蔷薇科	山楂属	落叶乔木	防护、观赏	
87	准噶尔山楂	蔷薇科	山楂属	落叶乔木	防护、观赏	自治区重点保护植物Ⅰ
88	树莓	蔷薇科	悬钩子属	落叶灌木	食用、观赏	
89	天山花楸	蔷薇科	花楸属	落叶乔木	观赏	
90	新疆小叶白蜡	木犀科	白蜡树属	落叶乔木	防护、观赏	自治区重点保护植物Ⅰ
91	白皮锦鸡儿	豆科	锦鸡儿属	落叶灌木	防护、蜜源	
92	铃铛刺	豆科	盐豆木属	落叶灌木	防护	
93	骆驼刺	豆科	骆驼刺属	落叶灌木	防护	
94	唐古特白刺	白刺科	白刺属	落叶灌木	防护、食用	
95	西伯利亚白刺	白刺科	白刺属	落叶灌木	防护、食用	

序号	植物名称	科名	属名	生活型	用途	保护等级
96	药鼠李	鼠李科	鼠李属	落叶灌木	防护、药用	
97	沙棘	胡颓子科	沙棘属	落叶乔木	食用、观赏	
98	尖果沙枣	胡颓子科	胡颓子属	落叶乔木	防护、蜜源	自治区重点保护植物Ⅱ
99	阿尔泰忍冬	忍冬科	忍冬属	落叶灌木	观赏	
100	异叶忍冬	忍冬科	忍冬属	落叶灌木	观赏	
101	小叶忍冬	忍冬科	忍冬属	落叶灌木	观赏	
102	刚毛忍冬	忍冬科	忍冬属	落叶灌木	观赏	
103	截萼忍冬	忍冬科	忍冬属	落叶灌木	观赏	
104	新疆忍冬	忍冬科	忍冬属	落叶灌木	观赏	
105	罗布麻	夹竹桃科	罗布麻属	落叶灌木	防护、药用	自治区重点保护植物Ⅰ
106	毛莲蒿	菊科	蒿属	落叶灌木	防护、药用	
107	戈壁绢蒿	菊科	绢蒿属	落叶灌木	防护、药用	
108	黑果枸杞	茄科	枸杞属	落叶灌木	防护、食用	
109	宁夏枸杞	茄科	枸杞属	落叶灌木	食用、药用	
110	光白英	茄科	茄属	落叶灌木	观赏	
111	鹰爪柴	旋花科	旋花属	落叶灌木	防护	
112	刺旋花	旋花科	旋花属	落叶灌木	防护、观赏	
113	芳香新塔花	唇形科	新塔花属	落叶灌木	观赏、药用	
114	阿尔泰百里香	唇形科	百里香属	落叶灌木	观赏、芳香	
115	拟百里香	唇形科	百里香属	落叶灌木	观赏、芳香	
116	硬尖神香草	唇形科	神香草属	落叶灌木	观赏、芳香	

(二)栽培观赏林木种质资源

博乐市引进园林绿化栽培树种22科37属71种,其中:裸子植物7种,隶属3科4属;被子植物64种,隶属18科33属。

表5-2　博乐市观赏林木种质资源表

序号	植物名称	科名	属名	生活型	用途
1	青海云杉	松科	云杉属	常绿乔木	独赏树
2	红皮云杉	松科	云杉属	常绿乔木	独赏树
3	樟子松	松科	松属	常绿乔木	独赏树
4	塔柏(刺柏)	柏科	圆柏属	常绿乔木	独赏树
5	丹东桧柏	柏科	圆柏属	常绿乔木	独赏树
6	侧柏	柏科	侧柏属	常绿乔木	独赏树
7	银杏	银杏科	银杏属	落叶乔木	独赏树
8	蒙古栎	壳斗科	栎属	落叶乔木	独赏树
9	夏橡	壳斗科	栎属	落叶乔木	独赏树
10	榛子	榛科	榛属	落叶乔木	食用
11	核桃楸	胡桃科	胡桃属	落叶乔木	独赏树
12	黑桑	桑科	桑属	落叶乔木	行道树
13	白桑	桑科	桑属	落叶乔木	行道树
14	啤酒花	桑科	葎草属	落叶灌木	垂直绿化、酿酒
15	白桦	桦木科	桦木属	落叶乔木	独赏树
16	箭杆杨	杨柳科	杨属	落叶乔木	防护
17	小叶杨	杨柳科	杨属	落叶乔木	防护
18	黑杨	杨柳科	杨属	落叶乔木	防护

序号	植物名称	科名	属名	生活型	用途
19	青杨	杨柳科	杨属	落叶乔木	防护
20	金丝垂柳	杨柳科	柳属	落叶乔木	庭荫树
21	龙爪柳	杨柳科	柳属	落叶乔木	庭荫树
22	旱柳	杨柳科	柳属	落叶乔木	庭荫树
24	圆冠榆	榆科	榆属	落叶乔木	庭荫树
25	裂叶榆	榆科	榆属	落叶乔木	行道树
26	欧洲大叶榆	榆科	榆属	落叶乔木	行道树
27	金叶榆	榆科	榆属	落叶乔木	行道树
28	垂榆	榆科	榆属	落叶乔木	行道树
29	兴山榆	榆科	榆属	落叶乔木	行道树
30	黄刺玫	蔷薇科	蔷薇属	落叶灌木	丛植
31	玫瑰	蔷薇科	蔷薇属	落叶灌木	孤植、丛植
32	海棠果	蔷薇科	苹果属	落叶乔木	独赏树
33	王祖海棠	蔷薇科	苹果属	落叶乔木	独赏树
34	红叶海棠	蔷薇科	苹果属	落叶乔木	独赏树
35	红宝石海棠	蔷薇科	苹果属	落叶乔木	独赏树
36	北美海棠	蔷薇科	苹果属	落叶乔木	独赏树
37	苹果	蔷薇科	苹果属	落叶乔木	独赏树
38	山荆子	蔷薇科	苹果属	落叶乔木	独赏树
39	紫叶李	蔷薇科	李属	落叶乔木	独赏树
40	李子	蔷薇科	李属	落叶乔木	独赏树
41	西伯利亚杏	蔷薇科	杏属	落叶乔木	独赏树
42	榆叶梅	蔷薇科	桃属	落叶灌木	孤植、丛植
43	山桃	蔷薇科	桃属	落叶乔木	独赏树
44	紫叶稠李	蔷薇科	稠李属	落叶乔木	独赏树
45	准噶尔山楂	蔷薇科	山楂属	落叶乔木	防护、观赏
46	山楂	蔷薇科	山楂属	落叶乔木	食用、观赏
47	珍珠梅	蔷薇科	珍珠梅属	落叶灌木	丛植、带植
48	文冠果	无患子科	无患子属	落叶乔木	独赏树
49	元宝枫	槭树科	槭树属	落叶乔木	独赏树
50	尖叶槭	槭树科	槭树属	落叶乔木	独赏树
51	茶条槭	槭树科	槭树属	落叶乔木	独赏树
52	桃叶卫矛	卫矛科	卫矛属	落叶乔木	独赏树
53	黄金树	紫葳科	梓树属	落叶乔木	独赏树
54	梓树	紫葳科	梓树属	落叶乔木	独赏树
55	黄檗	芸香科	黄檗属	落叶乔木	独赏树
56	红丁香	木犀科	丁香属	落叶灌木	丛植、片植
57	紫丁香	木犀科	丁香属	落叶灌木	孤植、丛植
58	小叶丁香	木犀科	丁香属	落叶灌木	丛植、片植
59	暴马丁香	木犀科	丁香属	落叶乔木	独赏树
60	毛白蜡	木犀科	白蜡树属	落叶乔木	行道树
61	美国白蜡	木犀科	白蜡树属	落叶乔木	行道树
63	水蜡树	木犀科	女贞属	落叶灌木	绿篱
64	三刺皂荚	豆科	皂荚属	落叶乔木	独赏树

序号	植物名称	科名	属名	生活型	用途
65	紫穗槐	豆科	紫穗槐属	落叶灌木	防护
66	红王子锦带	忍冬科	锦带属	落叶灌木	孤植、丛植
67	紫花醉鱼木	马钱科	醉鱼草属	落叶灌木	丛植、带植
68	五叶地锦	葡萄科	地锦属	落叶灌木	垂直绿化
69	葡萄	葡萄科	葡萄属	落叶灌木	食用观赏
70	山葡萄	葡萄科	葡萄属	落叶灌木	观赏
71	火炬树	漆树科	盐肤木属	落叶乔木	独赏树

（三）林果林木种质资源

博乐市栽培经济林果树种7科11属26种。

表5-3 博乐市引进经济林树种表

	植物名称	科名	属名	生活型
1	新帅	蔷薇科	苹果属	落叶乔木
2	红富士	蔷薇科	苹果属	落叶乔木
3	红星	蔷薇科	苹果属	落叶乔木
4	寒富	蔷薇科	苹果属	落叶乔木
5	杏	蔷薇科	杏属	落叶乔木
6	李子	蔷薇科	李属	落叶乔木
7	桃	蔷薇科	桃属	落叶乔木
8	蟠桃	蔷薇科	桃属	落叶乔木
9	油桃	蔷薇科	桃属	落叶乔木
10	蓝莓（北陆）	杜鹃花科	越橘属	常绿灌木
11	蓝莓（伯克利）	杜鹃花科	越橘属	常绿灌木
12	麻叶枸杞	茄科	枸杞属	落叶灌木
13	小麻叶枸杞	茄科	枸杞属	落叶灌木
14	黑果枸杞	茄科	枸杞属	落叶灌木
15	灌木樱桃	蔷薇科	樱桃属	落叶乔木
16	大果沙棘	胡颓子科	沙棘属	落叶小乔木
17	无花果	桑科	无花果属	落叶小乔木
18	金利源大枣	鼠李科	枣属	落叶小乔木
19	红提葡萄	葡萄科	葡萄属	藤本
20	夏黑葡萄	葡萄科	葡萄属	藤本
21	金手指	葡萄科	葡萄属	藤本
22	克瑞森	葡萄科	葡萄属	藤本
23	红地球	葡萄科	葡萄属	藤本
24	奥古斯特	葡萄科	葡萄属	藤本
25	淑女红	葡萄科	葡萄属	藤本
26	信农乐	葡萄科	葡萄属	藤本

第二节　精河县林木种质资源

一、精河县自然地理

精河县隶属于博尔塔拉蒙古自治州，位于新疆维吾尔自治区准噶尔盆地西南缘，天山支脉婆罗科努山北麓，东距乌鲁木齐423km，东邻乌苏市，南邻伊宁县和尼勒克县，西邻博乐市，北邻托里县，地理坐标东经81°46′~83°51′，北纬44°00′~45°10′，东西长166km，南北宽约130km。全县总面积10 761.11km²。

精河县地势南高北低，自南向北呈扇坡面。南部山地面积462 876hm²，占总面积的41%；艾比湖为最北，湖面面积56 448hm²，占总面积的5%。全县平均海拔400m左右。中部山前为冲积洪积倾斜平原，地形由南向北倾斜，地形平坦、开阔，多为戈壁、沙漠，其次是耕地。主要农区地处东起托托、西至五台的天山北麓冲积洪积扇群组成的山前倾斜平原，而且主要集中在扇形下部扇缘地带。

精河县北部为冲积洪积平原，地形平坦、开阔，大部分地下水位偏高，多为盐碱沼泽地带。艾比湖在扇形下缘最北，湖面海拔189m。南部为山区，属婆罗科努山及其支脉，从西南、南部到东南部主要有喀拉套山、科古尔琴山、腾格尔达板山、夏尔尕孜尔山和黑山等。

精河县属典型的北温带大陆性干旱气候，日照充足，冬夏冷热悬殊，干燥少雨，多大风。年均日照时数为2709.6h。平原地区年均气温7.2℃，最高43.1℃，最低-41.0℃。精河县热量丰富，年大于等于0℃、10℃、20℃的平均积温分别为4021℃、3582℃和2130℃。历年平均无霜期171d，最长194d，最短135d。平原地区降水在北疆是最少的，年降水量由西向东逐渐增加，历年平均为90.9mm；高山地带，年降水量可达700mm。由于冬季空气湿度大，夏季炎热、干燥，蒸发量主要集中在4—9月，蒸发量为1423.9mm。平原地区年平均风速5.7m/s。县境各地盛行风向差异很大，艾比湖保护区全年盛行西北风，中部平原地区全年盛行南风，其次为北风。

精河县有河流、湖泊、山溪和泉水以及广布在山区、平原的地下水，地表水平均年径流量8.964亿m³，地下水动储量3.174 3亿m³(其中重复量1.645 9亿m³)。县境内地表水资源合计为9.23亿m³，另加境外来水1.25亿m³，全县实际地表水资源总量为10.48亿m³，水资源总量相对丰富。但季节上分布不均，洪水水量占很大比重，中部水资源丰富，东西部相对不足。河流主要有精河、大河沿子河、阿恰勒河、托托河等，湖泊有艾比湖、查干淖尔、哈尔淖尔、迭兰淖尔和闹尔淖尔(亦称小海子)。

精河县植被由于受到地理位置和地带性气候、水文、土壤等因素的影响，形成了山区到平原荒漠的特有植被生态系列。高山植被带：分布在2400m以上，主要植物是矮蒿、细叶蒿、黑穗苜蓿、珠芽蓼、早熟禾、垫状施苔花、碱蓬、鸢尾，另外还分布有欧亚圆柏等，是精河县的重要牧场。山地针叶林带：分布在海拔2100~2800m，林木组成为云杉纯林，有少量疣皮桦、欧洲山杨等阔叶树散生，下木主要有谷柳、忍冬、栒子、绣线菊。低山灌木草原带：分布在海拔800~1900m，植被以蒿类、禾类针茅为主，交错分布有圆柏、蔷薇、水柏枝、柽柳等。山麓砾质荒漠植被带：分布在海拔400~800m的南戈壁，主要有梭梭、沙拐枣、麻黄，水蚀冲刷沟上生长有木蓼、锦鸡儿等，河床迹地上生长有河柳、蔷薇、水柏枝、柽柳等。绿洲人工阔叶林带：一般在海拔220~500m，主要是人工营造的农田防护林、用材林、经济林、薪炭林，树种有杨、榆、沙枣及经济林枸杞、葡萄、苹果等。荒漠灌木林带：一般在海拔190~250m，主要是呈块状或条状分布在艾比湖之滨平原的天然胡杨林及荒漠灌木林，主要树种有胡杨、梭梭、白梭梭、柽柳、盐穗木、木蓼、铃铛刺、骆骆刺等，草本有芨芨草、蒿草类、甘草、罗布麻、苦豆子等。

二、社会经济概况

精河县全县辖4镇1乡1农场：精河镇、托里镇、大河沿子镇、托托镇、茫丁乡、八家户农场,有55个行政村,40个农牧业生产队。

精河县土地总面积为111.872 1万 hm²,耕地6.382 3万hm²,园地0.196 7万 hm²,林地29.938 7万 hm²,草地52.912 9万 hm²,城镇村及工矿用地0.848 2万 hm²,交通运输用地0.376 9万 hm²,水域及水利设施用地12.816 0万 hm²,其他土地8.399 2万 hm²。其中:有林地面积2.595 2万 hm²;疏林地0.134 6万 hm²;灌木林地12.577万 hm²;未成林造林地1.02万 hm²;宜林地12.744 1万 hm²;苗圃3hm²。森林覆盖率13.58%。

精河县2016年地方生产总值达到29.99亿元,地方财政收入1.6亿元,其中:一般预算收入首次突破亿元大关,达1.0003亿元;全社会固定资产投资总额达10.2亿元,完成社会消费品零售总额3.3亿元;农牧民人均纯收入达7560元,城镇居民可支配收入达1.4万元。

三、林木种质资源概况

经调查,精河县共有林木种质资源34科75属248种。其中:原生林木种质资源21科41属92种,引进栽培树种21科44属73种,林果树品种83个。另外,精河县有国家珍稀濒危保护植物3种,自治区一级重点保护植物5种,自治区二级重点保护植物5种。

(一)原生林木种质资源

精河县原生林木种质资源21科41属92种,其中麻黄科、藜科、蓼科、柽柳科、杨柳科、蔷薇科等树种资源较为丰富,在防风固沙、耐盐抗旱、保持水土等方面发挥着不可忽视的环境功能和屏障作用。本次调查中,在艾比湖保护区发现“梭梭王”“胡杨王”。白梭梭高度可达5m,冠径3cm,是梭梭、白梭梭的种质基因库;胡杨林发现的最粗的胡杨胸径200cm,冠幅有16m。这里还分布着特有种艾比湖小叶桦,精河沙拐枣。白麻和罗布麻资源丰富。由于艾比湖特殊的地理位置和环境条件,这里的荒漠旱生树种和盐生树种种类繁多,资源蕴藏丰富,是选育防风固沙树种和盐碱地改良树种的天然资源库。

表5-4 精河县原生林木种质资源表

序号	植物名称	科名	属名	生活型	用途	保护等级
1	雪岭云杉	松科	云杉属	常绿乔木	水源涵养	
2	欧亚圆柏	柏科	圆柏属	常绿灌木	水土保持	自治区重点保护植物Ⅱ
3	膜翅麻黄	麻黄科	麻黄属	常绿灌木	药用、防护	自治区重点保护植物Ⅰ
4	蓝枝麻黄	麻黄科	麻黄属	常绿灌木	药用、防护	国家珍稀濒危保护植物
5	中麻黄	麻黄科	麻黄属	常绿灌木	药用、防护	国家珍稀濒危保护植物
6	黑果小檗	小檗科	小檗属	落叶灌木	观赏、防护	
7	全缘叶小檗	小檗科	小檗属	落叶灌木	观赏、防护	
8	红果小檗	小檗科	小檗属	落叶灌木	观赏、防护	
9	西伯利亚铁线莲	毛茛科	铁线莲属	落叶灌木	观赏	
10	东方铁线莲	毛茛科	铁线莲属	落叶灌木	观赏	
11	粉绿铁线莲	毛茛科	铁线莲属	落叶灌木	观赏	
12	准噶尔铁线莲	毛茛科	铁线莲属	落叶灌木	观赏	
13	新疆鼠李	鼠李科	鼠李属	落叶灌木	观赏	自治区重点保护植物Ⅱ
14	驼绒藜	藜科	驼绒藜属	落叶灌木	防护、饲用	
15	心叶驼绒藜	藜科	驼绒藜属	落叶灌木	防护、饲用	
16	小叶碱蓬	藜科	碱蓬属	落叶灌木	防护	
17	梭梭	藜科	梭梭属	落叶灌木	防护、饲用	国家珍稀濒危保护植物
18	白梭梭	藜科	梭梭属	落叶灌木	防护、饲用	国家珍稀濒危保护植物
19	无叶假木贼	藜科	假木贼属	落叶灌木	防护	

序号	植物名称	科名	属名	生活型	用途	保护等级
20	短叶假木贼	藜科	假木贼属	落叶灌木	防护	
21	白垩假木贼	藜科	假木贼属	落叶灌木	防护	
22	盐生假木贼	藜科	假木贼属	落叶灌木	防护	
23	戈壁藜	藜科	戈壁藜属	落叶灌木	防护、饲用	
24	松叶猪毛菜	藜科	猪毛菜属	落叶灌木	防护	
25	盐爪爪	藜科	盐爪爪属	落叶灌木	防护	
26	尖叶盐爪爪	藜科	盐爪爪属	落叶灌木	防护	
27	里海盐爪爪	藜科	盐爪爪属	落叶灌木	防护	
28	盐节木	藜科	盐节木属	落叶灌木	防护	
29	盐穗木	藜科	盐穗木属	落叶灌木	防护	
30	刺木蓼	蓼科	木蓼属	落叶灌木	防护	
31	绿叶木蓼	蓼科	木蓼属	落叶灌木	防护、观赏	
32	白皮沙拐枣	蓼科	沙拐枣属	落叶灌木	防护	
33	泡果沙拐枣	蓼科	沙拐枣属	落叶灌木	防护	
34	精河沙拐枣	蓼科	沙拐枣属	落叶灌木	防护	自治区重点保护植物Ⅱ
35	刺山柑	山柑科	山柑属	落叶灌木	药用、观赏	自治区重点保护植物Ⅱ
36	艾比湖小叶桦	桦木科	桦木属	落叶乔木	防护、观赏	
37	天山桦	桦木科	桦木属	落叶乔木	防护、观赏	自治区重点保护植物Ⅰ
38	白榆	榆科	榆属	落叶乔木	行道树	
39	胡杨	杨柳科	杨属	落叶乔木	防护、观赏	国家珍稀濒危保护植物
40	米黄柳	杨柳科	柳属	落叶灌木	防护、观赏	
41	蓝叶柳	杨柳科	柳属	落叶灌木	防护、观赏	
42	齿叶柳	杨柳科	柳属	落叶灌木	防护	
43	蒿柳	杨柳科	柳属	落叶灌木	防护、观赏	
44	银柳	杨柳科	柳属	落叶乔木	防护、观赏	
45	戟柳	杨柳科	柳属	落叶乔木	防护	
46	油柴柳	杨柳科	柳属	落叶灌木	防护、观赏	
47	长穗柽柳	柽柳科	柽柳属	落叶灌木	防护、观赏	
48	短穗柽柳	柽柳科	柽柳属	落叶灌木	防护、观赏	
49	细穗柽柳	柽柳科	柽柳属	落叶灌木	防护、观赏	
50	多枝柽柳	柽柳科	柽柳属	落叶灌木	防护、观赏	
51	多花柽柳	柽柳科	柽柳属	落叶灌木	防护、观赏	
52	密花柽柳	柽柳科	柽柳属	落叶灌木	防护、观赏	
53	刚毛柽柳	柽柳科	柽柳属	落叶灌木	防护、观赏	
54	鳞序水柏枝	柽柳科	水柏枝属	落叶灌木	防护	
55	宽苞水柏枝	柽柳科	水柏枝属	落叶灌木	防护	
56	琵琶柴	柽柳科	琵琶柴属	落叶灌木	防护	
57	金丝桃叶绣线菊	蔷薇科	绣线菊属	落叶灌木	防护、观赏	
58	大果栒子	蔷薇科	栒子属	落叶灌木	防护、观赏	
59	黑果栒子	蔷薇科	栒子属	落叶灌木	防护、观赏	
60	少花栒子	蔷薇科	栒子属	落叶灌木	防护、观赏	
61	梨果栒子	蔷薇科	栒子属	落叶灌木	防护、观赏	
62	宽刺蔷薇	蔷薇科	蔷薇属	落叶灌木	观赏	

序号	植物名称	科名	属名	生活型	用途	保护等级
63	落花蔷薇	蔷薇科	蔷薇属	落叶灌木	观赏	
64	疏花蔷薇	蔷薇科	蔷薇属	落叶灌木	观赏	
65	腺毛蔷薇	蔷薇科	蔷薇属	落叶灌木	观赏	
66	黄果山楂	蔷薇科	山楂属	落叶乔木	防护、观赏	
67	天山花楸	蔷薇科	花楸属	落叶乔木	观赏	
68	新疆小叶白蜡	木犀科	白蜡树属	落叶乔木	行道树	自治区重点保护植物Ⅰ
69	鬼箭锦鸡儿	豆科	锦鸡儿属	落叶灌木	防护、药用	
70	白皮锦鸡儿	豆科	锦鸡儿属	落叶灌木	防护、蜜源	
71	铃铛刺	豆科	盐豆木属	落叶灌木	防护	
72	骆驼刺	豆科	骆驼刺属	落叶灌木	防护、蜜源	
73	唐古特白刺	白刺科	白刺属	落叶灌木	防护、食用	
74	西伯利亚白刺	白刺科	白刺属	落叶灌木	防护	
75	尖果沙枣	胡颓子科	胡颓子属	落叶乔木	防护、独赏树	自治区重点保护植物Ⅱ
76	阿尔泰忍冬	忍冬科	忍冬属	落叶灌木	观赏	
77	异叶忍冬	忍冬科	忍冬属	落叶灌木	观赏	
78	小叶忍冬	忍冬科	忍冬属	落叶灌木	观赏	
79	刚毛忍冬	忍冬科	忍冬属	落叶灌木	观赏	
80	截萼忍冬	忍冬科	忍冬属	落叶灌木	观赏	
81	罗布麻	夹竹桃科	罗布麻属	落叶灌木	防护、药用	自治区重点保护植物Ⅰ
82	大叶白麻	夹竹桃科	白麻属	落叶灌木	防护、纤维	
83	毛莲蒿	菊科	蒿属	落叶灌木	防护、药用	
84	伊塞克蒿	菊科	蒿属	落叶灌木	防护	
85	灌木亚菊	菊科	亚菊属	落叶灌木	防护、观赏	
86	黑果枸杞	茄科	枸杞属	落叶灌木	防护、食用	
87	宁夏枸杞	茄科	枸杞属	落叶灌木	食用、药用	
88	紫枸杞	茄科	枸杞属	落叶灌木	食用、药用	
89	黄枸杞	茄科	枸杞属	落叶灌木	食用、药用	
90	雪青枸杞	茄科	枸杞属	落叶灌木	食用、药用	
91	刺旋花	旋花科	旋花属	落叶灌木	防护、观赏	
92	芳香新塔花	唇形科	新塔花属	落叶灌木	观赏、芳香	

(二)栽培林木种质资源

1.经济林树种引进与保存情况

精河县光热资源丰富,林果经济林树种资源非常丰富。这里是“中国枸杞之乡”,素有“红玛瑙”之称的精河枸杞是精河县独具特色的优势支柱产业。此外,还引进栽培有苹果、葡萄、桃、枣、李等果树品种65个。全县的林果面积在9333.34hm²以上,其中仅枸杞的种植面积就在9133.33hm²,主要集中在托里镇。精河枸杞被国家工商总局授予为“原产地证明商标”和“新疆著名商标”等称号,枸杞初加工、深加工产业不断发展,研发出枸杞酒、枸杞多糖、枸杞籽油、枸杞浓缩汁、枸杞饮料、枸杞叶茶等10余种产品,市场销售良好。此外,八家户农场利用地缘优势发展林果产业,葡萄、苹果、桃等优势产业效益较为显著。桃盛园基地具有发展现代设施农业的有利条件,发展设施农业桃树大棚48座;引进优质桃树新品种,发展早、中、晚16个品种桃树,实现5—12月持续产桃,且最大寿桃达1.1kg。

表5-5　精河引进经济林品种表

树种	序号	品种名	树种	序号	品种名	树种	序号	品种名
枸杞	1	中国枸杞1401		23	蒙杞1号	桃	45	毛桃
	2	宁杞7号		24	精杞1101		46	春蜜
	3	蒙杞0901		25	黑果枸杞(青海)		47	春瑞
	4	精杞1201		26	精杞1018		48	小黄桃
	5	宁杞1号		27	宁杞菜1号		49	甜春雪
	6	精杞1号		28	宁杞5号		50	出圃
	7	精杞1202		29	宁杞7号		51	夏之梦
	8	蒙杞扁果		30	精杞0802		52	红甘露
	9	精杞4号1005		31	精杞0803		53	大白桃
	10	精杞1203		32	精杞0804		54	中华福桃
	11	精杞1204		33	精杞6号		55	中华寿桃
	12	精杞5号0502		34	精杞7号		56	润红
	13	精杞1205	苹果	35	新帅		57	金秋
	14	大叶圆果1206		36	新冠		58	霜红
	15	精杞2号		37	海棠果		59	中蟠桃
	16	黄果枸杞		38	冬果	枣	60	赞新枣
	17	白刺枸杞		39	寒富		61	骏枣
	18	宁杞4号		40	脆心一号		62	酸枣
	19	精杞3号0601		41	国光	李	63	李
	20	梨果		42	黄元帅	核桃	64	厚皮核桃
	21	大麻叶		43	新红	梨	65	秋子梨
	22	精杞1207	无花果	44	无花果			

2.园林绿化树种

2013年，精河县以创建国家级园林县城为契机，以县城街道绿化为骨架，以公园、广场、居民区、单位庭院绿化为重点，选择引进适宜当地气候环境的树种进行栽植。先后从本地和外省引进各类园林绿化树种64种，县城建成区绿地面积已达153.14hm²，绿化率37.28%，人均公共绿地面积14.75m²。

表5-6　精河县观赏林木种质资源表

序号	植物名称	科名	属名	生活型	用途
1	青海云杉	松科	云杉属	常绿乔木	独赏树
2	樟子松	松科	松属	常绿乔木	独赏树
3	油松	松科	松属	常绿乔木	独赏树
4	日本落叶松	松科	落叶松属	落叶乔木	独赏树
5	圆柏	柏科	圆柏属	常绿乔木	独赏树
6	杜松	柏科	圆柏属	常绿乔木	独赏树
7	侧柏	柏科	侧柏属	常绿乔木	独赏树
8	银杏	银杏科	银杏属	落叶乔木	独赏树
9	核桃	胡桃科	胡桃属	落叶乔木	独赏树
10	枫杨	胡桃科	枫杨属	落叶乔木	独赏树
11	白桑	桑科	桑属	落叶乔木	行道树
12	沙地桑	桑科	桑属	落叶乔木	行道树
13	无花果	桑科	无花果属	落叶乔木	食用

序号	植物名称	科名	属名	生活型	用途
14	枣	鼠李科	枣属	落叶乔木	食用、观赏
15	酸枣	鼠李科	枣属	落叶乔木	砧木
16	沙木蓼	蓼科	木蓼属	落叶灌木	防护、观赏
17	乔木状沙拐枣	蓼科	沙拐枣属	落叶灌木	防护
18	银新杨	杨柳科	杨属	落叶乔木	行道树
19	钻天杨	杨柳科	杨属	落叶乔木	防护
20	美洲黑杨	杨柳科	杨属	落叶乔木	防护
21	垂柳	杨柳科	柳属	落叶乔木	独赏树
22	圆冠榆	榆科	榆属	落叶乔木	庭荫树
23	金叶榆	榆科	榆属	落叶乔木	行道树
24	兴山榆	榆科	榆属	落叶乔木	行道树
25	香茶藨	虎耳草科	茶藨属	落叶灌木	孤植、丛植
26	日本绣线菊	蔷薇科	绣线菊属	落叶灌木	丛植、片植
27	白玉堂	蔷薇科	蔷薇属	落叶灌木	孤植、丛植
28	灌木樱桃	蔷薇科	樱桃属	落叶灌木	孤植、丛植
29	长梗郁李	蔷薇科	樱桃属	落叶灌木	孤植、丛植
30	海棠果	蔷薇科	苹果属	落叶乔木	独赏树
31	王祖海棠	蔷薇科	苹果属	落叶乔木	独赏树
32	山荆子	蔷薇科	苹果属	落叶乔木	独赏树
33	樱桃苹果	蔷薇科	苹果属	落叶乔木	独赏树
34	红肉苹果	蔷薇科	苹果属	落叶乔木	独赏树
35	李子	蔷薇科	李属	落叶乔木	
36	秋子梨	蔷薇科	梨属	落叶乔木	
37	杜梨	蔷薇科	梨属	落叶乔木	观赏、药用
38	桃	蔷薇科	桃属	落叶乔木	
39	山桃	蔷薇科	桃属	落叶乔木	观赏
40	蟠桃	蔷薇科	桃属	落叶乔木	
41	尖叶槭	槭树科	槭树属	落叶乔木	行道树
42	复叶槭	槭树科	槭树属	落叶乔木	行道树
43	桃叶卫矛	卫矛科	卫矛属	落叶乔木	行道树
44	黄金树	紫葳科	梓树属	落叶乔木	独赏树
45	黄檗	芸香科	黄檗属	落叶乔木	独赏树
46	紫丁香	木犀科	丁香属	落叶灌木	孤植、丛植
47	小叶丁香	木犀科	丁香属	落叶灌木	孤植、丛植
48	暴马丁香	木犀科	丁香属	落叶灌木	独赏树
49	美国白蜡	木犀科	白蜡树属	落叶乔木	行道树
50	披针叶白蜡	木犀科	白蜡树属	落叶乔木	行道树
51	水蜡树	木犀科	女贞属	落叶灌木	绿篱
52	雪柳	木犀科	雪柳属	落叶灌木	丛植、片植
53	东北连翘	木犀科	连翘属	落叶灌木	孤植、丛植
54	柠条锦鸡儿	豆科	锦鸡儿属	落叶灌木	防护
55	三刺皂荚	豆科	皂荚属	落叶乔木	独赏树
56	紫穗槐	豆科	紫穗槐属	落叶灌木	防护
57	刺槐	豆科	刺槐属	落叶乔木	独赏树

序号	植物名称	科名	属名	生活型	用途
58	国槐	豆科	槐属	落叶乔木	独赏树
59	细枝岩黄耆	豆科	岩黄耆属	落叶灌木	防护、观赏
60	金银木	忍冬科	忍冬属	落叶灌木	孤植、丛植
61	五叶地锦	葡萄科	地锦属	落叶灌木	垂直绿化
62	葡萄	葡萄科	葡萄属	落叶灌木	食用、观赏
63	火炬树	漆树科	盐肤木属	落叶乔木	独赏树
64	红瑞木	山茱萸科	梾木属	落叶灌木	孤植丛植

第三节　温泉县林木种质资源

一、温泉县自然地理

温泉县位于新疆维吾尔自治区西北部，为博尔塔拉蒙古自治州最西端的一个县，系北疆西部的边境县之一。温泉县北部和西部以阿拉套山的分水岭与哈萨克斯坦相邻；南部以天山支脉的别珍套山和察罕乌孙山的分水岭与霍城县相邻；东部与博乐市接壤。地理位置介于东经79° 53′~81°46′，北纬44° 40′~45°18′之间，东西长148.7km，南北宽71.21km。

温泉县属北天山槽褶带的一部分，博尔塔拉断凹西部，地质构造线的发育方向受纬向构造控制，呈东西向。县内南、西、北三面环山，地势西高东低，南北两侧向中间倾斜。中间是谷地平原，自西向东逐渐开阔。

温泉县山地（含丘陵）面积为4146.60km²，占全县总面积的70.5%，主要山脉有阿拉套山、别格怎山、鄂托克塞尔山、沙里切库山及汗吉尕山。中部平原以博尔塔拉河为界，北侧为阿拉套山山前洪积平原，南侧为汗吉尕山山前洪积平原，全县平原总面积538.10km²。博尔塔拉河上游出口处为峡谷，至中游方具河漫滩及阶地，形成窄条状低位差耕地的槽形谷。峡谷处多为巨砾石；河漫滩多为卵砾石。

温泉县境内气候不一，气温东高西低，降水量、日照均西多东少，县内东部地区≥0℃的积温多年平均数为3321℃，≥10℃的积温多年平均数为2824℃；西部地区≥0℃的积温多年平均数为2529℃，≥10℃的积温多年平均数为2202℃。平原地区年平均降水量为190~210mm，山区的年平均降水量为450mm左右。

温泉县境内分布的主要河流有博尔塔拉河、鄂托克赛尔河、阿尔夏提河、米尔其克河，均为山区河流。其中鄂托克赛尔河、阿尔夏提河、米尔其克河最终均汇入博尔塔拉河。河流的主要补给来源有降雨、冰雪水、泉水。全县地表水总量为8.00亿~8.38亿 m³。博尔塔拉河发源于空郭罗鄂博山洪林达坡，自西向东流经温泉县，长150km，集水面积2206km²，年平均流量10.07m³/s，多年平均流量3.18亿 m³。境内博尔塔拉河两侧共有山溪水75条，其中26条汇入博尔塔拉河，其余49条山溪水量为3.227亿 m³/a。另外还分布有上百处泉水，县内地下水年平均补给量为3.117亿 m³。

温泉县植被资源受气候海拔等因素的影响。山地森林一般分布在海拔1700~2700m，由于整个林区高山部分终年受到冰雪水侵蚀，大部分岩石裸露形成陡壁尖峰，低山部分则受到强烈干旱风吹蚀，多见槽等明显风蚀痕迹。乔木树种以雪岭云杉为主，是林区的绝对优势树种，分布在海拔1700~2700m，其中海拔1800~2500m的林区云杉生长良好。其他乔木树种还有少量的山杨、柳等树种。下木主要有欧亚圆柏、蔷薇等，主要分布在森林中上部，其他均分布在沟溪两旁及低海拔的采伐迹地、宜林荒山地，局部形成灌木林地。林下一般以散生状态分布。

中间平原河谷主要有密叶杨、沙棘、蓝叶柳、锦鸡儿、蔷薇、忍冬等树种，山前荒漠带主要为山蓼、锦鸡儿、刺旋花、柽柳、蒿、苔草等。

二、社会经济概况

温泉县辖3镇3乡2个国有农牧场：博格达尔镇、哈日布呼镇、安格里格镇、查干屯格乡、扎勒木特乡、塔秀乡、呼和托哈种畜场、昆得仑牧场，4个街道70个行政村。此外，还有哈日图热格林场、哈夏林场。

温泉县土地总面积为58.817 3万 hm^2。其中：耕地2.914 6万 hm^2，牧草地37.553 4万 hm^2，工矿用地0.252万 hm^2，交通用地0.172万 hm^2，未利用地12.437 4万 hm^2，林业用地5.487 9万 hm^2。林业用地中，有林地1.262 6万 hm^2，疏林地0.081 9万 hm^2；灌木林地3.394 2万 hm^2，未成林造林地0.049 2万 hm^2，宜林地0.596 1万 hm^2，苗圃20hm^2。森林覆盖率7.92%。

温泉县2016年生产总值22.68亿元，比上年增长8.2%。按产业划分，第一产业增加值6.66亿元，增长4.5%；第二产业3.92亿元，增长5.3%；第三产业8.60亿元，增长11.4%。农林牧渔业总产值12.4亿元，增长5.88%；农林牧渔服务业产值0.9亿元，下降56.08%。农作物总播种面积3.93万 hm^2，年末牲畜存栏头数44.6万头（只），增长6.9%。工业增加值14 953万元，比上年增长3%。全社会固定资产投资17.39亿元，增长11.2%。

三、林木种质资源概况

经调查，温泉县有木本植物资源32科59属129种，其中：原生林木种质资源25科53属71种；引进栽培树种22科32属58种。另外，温泉县有国家珍稀濒危保护植物1种，自治区一级重点保护植物4种，自治区二级重点保护植物2种。

（一）原生林木种质资源

温泉县有原生林木种质资源25科53属71种，其中麻黄科、藜科、柽柳科、杨柳科、蔷薇科等树种资源较为丰富。

表5-7 温泉县原生林木种质资源表

序号	植物名称	科名	属名	生活型	用途	保护等级
1	雪岭云杉	松科	云杉属	常绿乔木	水源涵养	
2	欧亚圆柏	柏科	圆柏属	常绿灌木	水土保持	自治区重点保护植物Ⅱ
3	新疆方枝柏	柏科	圆柏属	常绿灌木	水土保持	
4	木贼麻黄	麻黄科	麻黄属	常绿灌木	药用	自治区重点保护植物Ⅰ
5	蓝枝麻黄	麻黄科	麻黄属	常绿灌木	药用	自治区重点保护植物Ⅰ
6	单子麻黄	麻黄科	麻黄属	常绿灌木	药用	自治区重点保护植物Ⅰ
7	黑果小檗	小檗科	小檗属	落叶灌木	观赏、药用	
8	西伯利亚铁线莲	毛茛科	铁线莲属	落叶灌木	观赏、药用	
9	东方铁线莲	毛茛科	铁线莲属	落叶灌木	观赏、药用	
10	粉绿铁线莲	毛茛科	铁线莲属	落叶灌木	观赏、药用	
11	准噶尔铁线莲	毛茛科	铁线莲属	落叶灌木	观赏、药用	
12	驼绒藜	藜科	驼绒藜属	落叶灌木	防护、饲用	
13	无叶假木贼	藜科	假木贼属	落叶灌木	生态防护	
14	刺木蓼	蓼科	木蓼属	落叶灌木	生态防护	
15	绿叶木蓼	蓼科	木蓼属	落叶灌木	防护、观赏	
16	天山桦	桦木科	桦木属	落叶乔木	防护、观赏	自治区重点保护植物Ⅰ
17	小叶桦	桦木科	桦木属	落叶乔木	防护、观赏	
18	白榆	榆科	榆属	落叶乔木	防护	
19	密叶杨	杨柳科	杨属	落叶乔木	防护	
20	胡杨	杨柳科	杨属	落叶乔木	防护	国家珍稀濒危保护植物
21	伊犁柳	杨柳科	柳属	落叶乔木	防护	
22	蓝叶柳	杨柳科	柳属	落叶灌木	防护、观赏	

序号	植物名称	科名	属名	生活型	用途	保护等级
23	疏齿柳	杨柳科	柳属	落叶灌木	防护、观赏	
24	谷柳	杨柳科	柳属	落叶乔木	防护	
25	银柳	杨柳科	柳属	落叶乔木	防护、观赏	
26	鹿蹄柳	杨柳科	柳属	落叶乔木	防护、观赏	
27	灌木柳	杨柳科	柳属	落叶灌木	防护、观赏	
28	萨彦柳	杨柳科	柳属	落叶灌木	防护、观赏	
29	鳞序水柏枝	柽柳科	水柏枝属	落叶灌木	防护、观赏	
30	宽苞水柏枝	柽柳科	水柏枝属	落叶灌木	防护、观赏	
31	小叶茶藨	虎耳草科	茶藨属	落叶灌木	食用、观赏	
32	天山茶藨	虎耳草科	茶藨属	落叶灌木	食用、观赏	
33	红花茶藨	虎耳草科	茶藨属	落叶灌木	食用、观赏	
34	黑果茶藨	虎耳草科	茶藨属	落叶灌木	食用、观赏	
35	高茶藨	虎耳草科	茶藨属	落叶灌木	食用、观赏	
36	金丝桃叶绣线菊	蔷薇科	绣线菊属	落叶灌木	观赏、防护	
37	大果栒子	蔷薇科	栒子属	落叶灌木	观赏、食用	
38	黑果栒子	蔷薇科	栒子属	落叶灌木	观赏、食用	
39	少花栒子	蔷薇科	栒子属	落叶灌木	观赏、食用	
40	梨果栒子	蔷薇科	栒子属	落叶灌木	观赏、食用	
41	小叶金露梅	蔷薇科	金露梅属	落叶灌木	观赏、防护	
42	白花沼委陵菜	蔷薇科	沼委陵菜属	落叶灌木	生态、观赏	
43	宽刺蔷薇	蔷薇科	蔷薇属	落叶灌木	观赏	
44	落花蔷薇	蔷薇科	蔷薇属	落叶灌木	观赏	
45	疏花蔷薇	蔷薇科	蔷薇属	落叶灌木	观赏	
46	腺毛蔷薇	蔷薇科	蔷薇属	落叶灌木	观赏	
47	伊犁蔷薇	蔷薇科	蔷薇属	落叶灌木	观赏	
48	黄果山楂	蔷薇科	山楂属	落叶乔木	观赏、食用	
49	准噶尔山楂	蔷薇科	山楂属	落叶乔木	观赏、食用	
50	树莓	蔷薇科	悬钩子属	落叶灌木	食用、观赏	
51	天山花楸	蔷薇科	花楸属	落叶乔木	观赏	
52	新疆小叶白蜡	木犀科	白蜡树属	落叶乔木	防护、观赏	自治区重点保护植物Ⅰ
53	鬼箭锦鸡儿	豆科	锦鸡儿属	落叶灌木	防护、药用	
54	白皮锦鸡儿	豆科	锦鸡儿属	落叶灌木	防护、蜜源	
55	温泉棘豆	豆科	棘豆属	落叶灌木	防护	
56	铃铛刺	豆科	盐豆木属	落叶灌木	防护	
57	西伯利亚白刺	白刺科	白刺属	落叶灌木	防护、药用	
58	沙棘	胡颓子科	沙棘属	落叶乔木	食用、生态	
59	尖果沙枣	胡颓子科	胡颓子属	落叶乔木	防护、蜜源	自治区重点保护植物Ⅱ
60	阿尔泰忍冬	忍冬科	忍冬属	落叶灌木	观赏	
61	异叶忍冬	忍冬科	忍冬属	落叶灌木	观赏	
62	小叶忍冬	忍冬科	忍冬属	落叶灌木	观赏	
63	刚毛忍冬	忍冬科	忍冬属	落叶灌木	观赏	
64	截萼忍冬	忍冬科	忍冬属	落叶灌木	观赏	
65	新疆忍冬	忍冬科	忍冬属	落叶灌木	观赏	
66	银叶蒿	菊科	蒿属	落叶灌木	观赏、药用	

序号	植物名称	科名	属名	生活型	用途	保护等级
67	灌木亚菊	菊科	亚菊属	落叶灌木	观赏	
68	宁夏枸杞	茄科	枸杞属	落叶灌木	食用、药用	
69	光白英	茄科	茄属	落叶灌木	观赏	
70	刺旋花	旋花科	旋花属	落叶灌木	生态防护、观赏	
71	芳香新塔花	唇形科	新塔花属	落叶灌木	观赏、药用	

(二)栽培林木种质资源

1.引进园林观赏树种

温泉县引进园林绿化栽培树种22科37属71种。

表5-8　温泉县观赏林木种质资源表

序号	植物名称	科名	属名	生活型	观赏价值
1	青海云杉	松科	云杉属	常绿乔木	独赏树
2	樟子松	松科	松属	常绿乔木	独赏树
3	日本落叶松	松科	落叶松属	常绿乔木	独赏树
4	侧柏	柏科	圆柏属	常绿灌木	独赏树
5	日本小檗	小檗科	小檗属	落叶灌木	片植色块
6	黑桑	桑科	桑属	落叶乔木	行道树
7	疣枝桦	桦木科	桦木属	落叶乔木	行道树、片植
8	新疆杨	杨柳科	杨属	落叶乔木	行道树
9	加拿大杨	杨柳科	杨属	落叶乔木	行道树
10	黑杨	杨柳科	杨属	落叶乔木	行道树
11	小青杨	杨柳科	杨属	落叶乔木	行道树
12	垂柳	杨柳科	柳属	落叶乔木	庭荫树
13	龙爪柳	杨柳科	柳属	落叶乔木	庭荫树
14	旱柳	杨柳科	柳属	落叶乔木	庭荫树
15	圆冠榆	榆科	榆属	落叶乔木	行道树
16	裂叶榆	榆科	榆属	落叶乔木	行道树
17	垂榆	榆科	榆属	落叶乔木	行道树
18	多花蔷薇	蔷薇科	蔷薇属	落叶灌木	孤植、丛植
19	玫瑰	蔷薇科	蔷薇属	落叶灌木	丛植
20	月季	蔷薇科	蔷薇属	落叶灌木	丛植
21	灌木樱桃	蔷薇科	樱桃属	落叶灌木	独赏树
22	长梗郁李	蔷薇科	樱桃属	落叶灌木	丛植
23	海棠果	蔷薇科	苹果属	落叶乔木	独赏树
24	王祖海棠	蔷薇科	苹果属	落叶乔木	独赏、行道
25	红叶海棠	蔷薇科	苹果属	落叶乔木	独赏、行道
26	山荆子	蔷薇科	苹果属	落叶乔木	独赏树
27	樱桃苹果	蔷薇科	苹果属	落叶乔木	独赏树
28	榆叶梅	蔷薇科	桃属	落叶灌木	孤植、丛植
29	准噶尔山楂	蔷薇科	山楂属	落叶乔木	独赏树
30	复叶槭	槭树科	槭树属	落叶乔木	行道树
31	茶条槭	槭树科	槭树属	落叶乔木	行道树
32	桃叶卫矛	卫矛科	卫矛属	落叶乔木	独赏树
33	梓树	紫葳科	梓树属	落叶乔木	独赏树
34	黄檗	芸香科	黄檗属	落叶乔木	行道树

序号	植物名称	科名	属名	生活型	观赏价值
35	紫丁香	木犀科	丁香属	落叶灌木	丛植
36	暴马丁香	木犀科	丁香属	落叶乔木	独赏树
37	毛白蜡	木犀科	白蜡树属	落叶乔木	行道树
38	美国白蜡	木犀科	白蜡树属	落叶乔木	行道树
39	披针叶白蜡	木犀科	白蜡树属	落叶乔木	行道树
40	花曲柳	木犀科	白蜡树属	落叶乔木	行道树
41	水蜡树	木犀科	女贞属	落叶灌木	丛植
42	紫穗槐	豆科	紫穗槐属	落叶灌木	丛植
43	刺槐	豆科	刺槐属	落叶乔木	独赏树
44	金银木	忍冬科	忍冬属	落叶灌木	独赏树
45	紫花醉鱼木	马钱科	醉鱼草属	落叶灌木	丛植
46	五叶地锦	葡萄科	地锦属	落叶灌木	垂直绿化
47	火炬树	漆树科	盐肤木属	落叶乔木	孤植、丛植
48	红瑞木	山茱萸科	梾木属	落叶灌木	孤植、丛植
49	石榴	石榴科	石榴属	落叶灌木	独赏树

2.引进经济林树种

温泉县栽培经济林果树种2科5属10种。

表5-9　温泉县引进经济林树种表

序号	植物名称	科名	属名	生活型	适生性
1	苹果	蔷薇科	苹果属	落叶乔木	较强
2	红元帅	蔷薇科	苹果属	落叶乔木	较强
3	黄元帅	蔷薇科	苹果属	落叶乔木	较强
4	秋立木八棱海棠	蔷薇科	苹果属	落叶乔木	较强
5	欧洲李	蔷薇科	李属	落叶乔木	较强
6	李子	蔷薇科	李属	落叶乔木	强
7	樱桃李	蔷薇科	李属	落叶乔木	较强
8	秋子梨	蔷薇科	梨属	落叶乔木	较强
9	杏	蔷薇科	杏属	落叶乔木	较强
10	俄罗斯大果沙棘	胡颓子科	沙棘属	落叶灌木	强

第四节　阿拉山口市林木种质资源

一、阿拉山口市自然地理

阿拉山口市位于新疆博尔塔拉蒙古自治州东北部，介于阿拉套山与巴尔鲁克山之间，北邻哈萨克斯坦，东邻塔城地区托里县，南依艾比湖，西接博乐市。距州府博乐市79km，距自治区首府乌鲁木齐市500km，距相邻的哈萨克斯坦多斯特克口岸12km，边境线长26.3km。阿拉山口市行政区域界线走向为：自中哈国界喀拉达坂起，向东南经1506.2、1370.1、1279高程点和苏金赛达坂至吐孜萨依沟，沿吐孜萨依沟向南至北纬44°54′08″、东经82°29′39″，然后向东偏北至北纬45°01′56″、东经82°52′08″，再折向东南过200高程点后向南经北纬40°51′12″、东经83°15′16″至奎屯河，沿奎屯河向东北至博尔塔拉蒙古自治州与伊犁哈萨克自治州（塔城地区乌苏市）行政区域界线。

阿拉山口市日照时间长，热量丰富。2016年大风天气94d；降水量208.2mm；平均气温9.3℃。阿拉山口市是新疆九大风口之一，风能资源总储藏量为约15 457兆瓦，已成为北疆地区重要的清洁能源基地。境内石灰岩、石英岩、湖盐、芒硝等非金属矿产资源丰富，是新疆品质最好、最大的石灰石加工产业基地和重要的建材基地。

二、社会经济概况

阿拉山口市总面积1204km^2，规划城市建设面积42.5 km^2，下辖1镇1街（艾比湖镇和阿拉套街道办事处）、2个社区、5个村委会。常住人口1.1万人，流动人口3.2万人，居住着汉、蒙古、哈萨克、维吾尔、回等25个民族。

1990年6月，经国家批准，始建阿拉山口口岸。1991年7月，铁路口岸临时过货营运；1992年12月，向第三国开放；1995年12月，开放公路口岸；2003年，被国家列为重点建设和优先发展口岸；2006年7月，中哈原油管道一期工程建成运营；2010年7月，博乐阿拉山口机场建成通航（距离阿拉山口50km）；2011年5月30日，国务院正式批准设立阿拉山口综合保税区，是新疆首个、也是中国第16个综合保税区，成为中国西部战略性矿产资源的储备加工基地、新疆对外贸易的先导区；2012年12月，国务院批准设立阿拉山口市，由博尔塔拉蒙古自治州管辖；2013年，阿拉山口市各机构组建和人员配备全面完成，形成了"一市一委一区"（阿拉山口市、阿拉山口口岸管理委员会、阿拉山口综合保税区）"三位一体"的管理架构。

阿拉山口市是新疆唯一的以对外贸易为主的县市，阿拉山口口岸是中国西北地区最宽、最平坦的口岸，被誉为中国向西开放的"桥头堡"，是中国唯一集铁路、公路、管道、航空四种运输方式为一体的国家一类陆路口岸。东起江苏连云港，西至荷兰鹿特丹的第二亚欧大陆桥即从这里驶出中国，每年来口岸考察、观光旅游的人员达30余万人次。

2016年，阿拉山口市完成地方生产总值61.6亿元，同比（下同）增长25%，其中：第二产业完成14.07亿元，增长26.8%；第三产业完成47.56亿元，增长24.8%。全社会固定资产投资26.35亿元，增长26.4%；一般公共预算收入2.74亿元，增长21.43%；招商引资到位资金23.57亿元，完成目标任务的102.5%。全年接待游客26万人次，增长130%，实现旅游总收入2.34亿元。交通运输、住宿餐饮、金融和其他服务业实现增加值24亿元，占地区生产总值的39%。

阿拉山口市地处中国向西开放的陆桥经济带和国际贸易大通道最前沿，是"丝绸之路经济带"上的重要节点和新疆对外开放的重要门户，担负着国家及新疆向西开放，尤其是发展同中亚、西亚和欧洲国家贸易往来的重要战略任务。截至2015年，口岸累计过货2.83亿t，其中，进口原油10 135.6万t、金属矿石5945.4万t、钢材3574.2万t，三项物资占通关过货总量的69.4%，累计进出口贸易额1343.17亿美元，海关税收入库1027.71亿元。口岸过货量、贸易额、海关税收三项数据分别占新疆口岸总量的38.6%、26.2%和60.8%，已发展成为中国过货量最大、发展速度最快的第一陆路口岸和新疆"由交通末端变为对外开放前沿"无可替代的龙头口岸。经过26年的建设发展，阿拉山口市基础设施逐步完善，通关过货能力不断增强，国际物流网初步形成，经济建设和社会各项事业快速发展，社会大局和谐稳定，已发展成为集通关、贸易、物流、加工、仓储、金融、旅游等功能于一体的沿边新兴口岸城市。

三、生态建设概况

阿拉山口市年均降水量仅有110mm，蒸发量却达4018mm，生态环境十分脆弱。自口岸设立以来，当地政府始终想方设法改善局部生态环境，于2004年实施了阿拉山口供水与生态建设工程，年引水量达2411万m^3。设市之后，阿拉山口市深入实施"生态立市"战略，于2017年启动了精河—阿拉山口供水项目，建成后年输水量可达5870万m^3。多年来的绿化造林也显露成效，目前阿拉山口市已有国家级公益林8946.67hm^2，实施人工造林471.8hm^2，绿化面积达600多hm^2。生态环境的改善不仅使阿拉山口市的大风天气显著减少，也为艾比湖水域面积的恢复做出了积极贡献。这片苍茫的戈壁滩上绿意已现，阿拉山口市再也不是昔日寸草不生的荒凉模样。在戈壁、在风口，一座充满希望的新城正在崛起。

坚持"生态立市"，生态保护得到加强，启动自治区园林城市创建活动，大力实施环保绿化、公益林封育等生态环境综合治理工程，植树造林160余hm^2，推进实施景观绿化升级改造工程，完成景观改造84万m^3，城区绿化覆盖率达24.5%。阿拉山口市 还启动了封育实施方案以及供水、防洪、水土保持、湿地开发利用和保护专项规划编制工作。严守水资源"三条红线"，实施道路防护林节水灌溉改造工程。严格项目审批和准入，严格落实节能减排各项措施，积极推进绿色、循环和低碳发展。

四、林木种质资源概况

阿拉山口市建于荒漠戈壁，市区种植树种较为单一，以白榆和沙枣为主。近些年还引种了红皮云杉、樟子松、小叶白蜡、胡杨、复叶槭、长枝榆、山楂、红叶李、榆叶梅、紫丁香、红丁香等，此外对于红叶海棠、紫叶稠李、桑树、火炬等树种的引种培育工作有待进一步验证。野生木本树种主要有梭梭、琵琶柴、白皮锦鸡儿、单子麻黄、刺木蓼、短叶假木贼、白垩假木贼、松叶猪毛菜、木本猪毛菜、戈壁藜等。

第六章 林木种质资源保护管理现状

第一节 林木种质资源保护管理机构

一、博州林木种质资源保护机构

1.新疆艾比湖湿地国家级自然保护区管理局

隶属于自治州林业局，相当于副县级，全额拨款事业单位。内设办公室、资源保护管理科、科研宣教科、经营管理科、护林防火科、野生动植物救护中心6个科，列全额事业编制25名。

2.新疆甘家湖梭梭林国家级自然保护区管理局精河管理分局

新疆甘家湖梭梭林国家级自然保护区是根据新疆维吾尔自治区编委新编字{83}41号文批准，成立于1983年，2001年6月经国务院国办发【2001】45号文批准为国家级自然保护区。精河管理分局，隶属于自治州林业局，相当于副县级，全额拨款事业单位。内设办公室、资源保护管理科、野生动物救护中心、经营管理科4个科，列全额事业编制15名。保护区有正式职工20名。

3.博尔塔拉蒙古自治州公益林和国有林场管理站(天然林保护管理中心、森林公园管理中心)

隶属于自治州林业局管理，相当于副县级，全额拨款事业单位。内设综合科、财务科2个科。列全额事业编制8名。负责编制天然林中长期发展规划，组织天然林管理、培育，组织指导、监督森林分类及国家重点公益林建设，指导国有林场、自然保护区森林公园的建设，监督天然林保护分类经营资金及其他有偿资金的管理和使用。林区内森林资源丰富，野生动植物种类繁多，自然景观优美，以森林为主体的原始生态群落构成的旅游资源十分丰富。林区总经营面积46万hm^2，活立木蓄积量909万m^3。林区总人口1300人，职工310人。

4.新疆夏尔希里自然保护区管理站

新疆夏尔希里自然保护区于2000年6月经自治区人民政府新政函【2000】130号文件批准成立。自然保护区管理站相当于科级，全额拨款事业单位，隶属于自治州林业局管理列全额事业编制15名，下分玉科克、赛里克、保尔德、巴格达坂、江巴斯5个管护站。

5.博尔塔拉蒙古自治州绿化委员会办公室

相当于科级，全额拨款事业单位，隶属于自治州林业局，列全额事业编制3名。

6.博尔塔拉蒙古自治州护林防火指挥部办公室(野生动植物保护管理办公室)

相当于科级，全额拨款事业单位，隶属于自治州林业局，列全额事业编制5名。

7.博尔塔拉蒙古自治州林业管理站（林木种苗管理站、林业技术推广站）

相当于科级，全额拨款事业单位，隶属于自治州林业局。列全额事业编制4名。主要职责：宣传贯彻国家、自治区有关植树造林、防沙治沙、退耕还林、林果业发展、林木种苗等方面的法律、法规；拟订博州“三北”防护林工程、防沙治沙工程、退耕还林工程、特色林果业基地、生物质能源基地、碳汇造林工程等林业生态工程总体规划并组织实施；拟定自治州有关林木种苗工作的规程、标准、技术细则及林木种苗发展建设规划并监督实施；负责博州林木种苗的生产、经营、执法和质量管理；负责审报博州林木种苗工程项目及项目的检查验收工作；承担林木种苗质量检验员的培训及林木种苗质量检验员证件的发放工作；承担林业先进适用技术的推广、示范及应用等工作。

8.博尔塔拉蒙古自治州苗圃

差额拨款事业单位，隶属自治州林业局，列差额事业编制17名。主要职责：负责培育优良林木新品种、林木种苗储藏供应、林木良种引进驯化等工作。

9.博尔塔拉蒙古自治州三台林场（三台森林资源管理站）

三台林场建于1957年7月，隶属于博州林管站、农牧局、农林局。1980—1984年划归天西林业局管辖，1983年改为经营性林场，1984年6月交博州林业局管理。1998年被国家认定为国家级贫困林场。林场场部设在博尔塔拉蒙古自治州首府城市博乐市。2012年10月，名称改为博尔塔拉蒙古自治州三台国有林管理局，相当于科级，自收自支事业单位，隶属于自治州林业局，列自收自支事业编制54名。

10.博尔塔拉蒙古自治州精河林场（精河森林资源管理站）

精河林场始建于1958年，当时称巴音那木森林经营所，隶属精河县。2012年10月，林场名称改为博尔塔拉蒙古自治州精河国有林管理局，相当于科级，自收自支事业单位，隶属于自治州林业局，列自收自支事业编制33名。

11.博尔塔拉蒙古自治州哈日图热格林场（哈日图热格森林资源管理站）

哈日图热格林场始建于1956年，当时称博乐山区林场，由博乐林管站管辖。1958年改名为哈日图热格林场。1980年以前先后隶属博州林管站、农牧局、博州农林局，1980年5月—1984年5月由天西林业局管辖。从1984年6月至今归博尔塔拉蒙古自治州林业局管辖。2012年10月林场名称改为博尔塔拉蒙古自治州哈日图热格国有林管理局，相当于科级，自收自支事业单位，隶属于自治州林业局，列自收自支事业编制31名。

12.博尔塔拉蒙古自治州哈夏林场（哈夏森林资源管理站）

哈夏林场始建于1958年，隶属温泉县。1960年改名为哈夏林场，由事业单位转为企业单位，以生产木材为主，隶属博州农业局。1980—1984年划归天山林业局管辖，是以森林采伐为主的经营性林场。1984年年底交博州林业局领导。2012年10月林场名称改为博尔塔拉蒙古自治州哈夏国有林管理局，相当于科级，自收自支事业单位，隶属于自治州林业局，列自收自支事业编制26名。

二、博乐市林木种质资源保护机构

博乐市林业和畜牧兽医局为全市林业行政主管部门。林业局直属单位有：博乐市资源林政办公室（绿化办）、博乐市退耕退牧办公室。

1.博乐市资源林政办公室（挂博乐市绿化办）

主要职责：制定博乐市森林资源调查的规划、标准、规程、工作制度；组织指导森林资源调查、动态监测和评价工作；指导、监督森林资源的管理使用和林政执法工作；组织编制审核全市采伐限额并监督执行；监督林木、木材的凭证采伐与运输；组织指导林地、林权管理并依法审核报批征用、占用林地行为；负责森林资源有偿使用并监督林地合理开发利用。

2.博乐市退耕退牧办公室

主要职责：贯彻执行退耕还林、退牧还草工程的政策法规；全市退耕还林、退牧还草工程总体规划、年度建设计划、实施方案、作业设计等的制订、评审、审报、变更、检查验收及政策落实和补助资金兑现工作；相关信息管理系统的建立和资料的整理、汇总、上报、建档工作等。

三、精河县林木种质资源保护机构

精河县林业和畜牧兽医局为全县林业行政主管部门。

1.精河县绿化办（县防沙治沙办公室）

全额拨款事业单位，机构规格相当于股级，隶属精河县林业畜牧兽医局，核定全额事业编制2名。

2.精河县森林和草原防火指挥部办公室（县野生动植物保护站）

全额拨款事业单位，机构规格相当于股级，隶属精河县林业和畜牧兽医局，核定全额事业编制3名。

3.精河县林业工作站（县林木种苗管理站）

全额拨款事业单位，机构规格相当于副科级，隶属精河县林业和畜牧兽医局，核定全额事业编制21名。

4.精河县试验苗圃

全额拨款事业单位，主要业务：林木种子产量预报，种苗病虫害防治，种子采收，种苗供应与贮藏、经营、购销等。

5.精河县枸杞开发管理中心（县林果业管理办公室）

全额拨款事业单位，机构规格相当于副科级，隶属精河县林业和畜牧兽医局，核定全额事业编制8名。主要职责：从事枸杞改良、繁育新品种、引进推广、栽培技术模式化、病虫害综合防治等工作；协调政府主管部门，协调和管理精河县枸杞生产、营销、加工、科研等活动，起到联系科研、生产、加工、销售、市场、农户、企业之间的桥梁和纽带作用，促进信息交流、经验推广与广泛协作，提高精河枸杞的整体效益；开发建立和管理精河县枸杞信息网，向海内外宣传精河枸杞品牌。

5.精河县荒漠次生林管理站

全额拨款事业单位，机构规格相当于正科级，隶属精河县林业和畜牧兽医局，核定全额事业编制11名。

四、温泉县林木种质资源保护机构

温泉县林业和畜牧兽医局为全县林业行政主管部门。

1.温泉县次生林管理站

主要职责：负责河谷次生林、荒漠灌木林资源的保护、培育和发展；宣传与贯彻执行有关森林和野生动物资源保护的法律、法规和各项方针、政策；组织开展管辖林区植树造林、封山育林、森林抚育等林业生产工作；负责管理辖区林政执法、森林防火、有害生物防治、野生动植物保护、森林资源调查等工作。

2.温泉县林业工作站

主要职责：配合林业行政主管部门开展资源调查、造林检查验收、林业统计、森林资源消长和野生动植物物种变化情况；协助林业行政主管部门管理林木采伐的伐区调查设计,并参与监督伐区作业和伐区验收工作；配合林业行政主管部门和乡镇人民政府做好森林防火、森林病虫害防治工作；依法保护、管理森林和野生动植物资源，依法保护湿地资源。

第二节　林木种质资源就地保护现状

一、多种形式实施博州森林种质资源就地保护

博州林业用地面积共565万 hm^2，其中：平原林地346万 hm^2、山区林地219万 hm^2，山地活立木蓄积量1200万 m^3，已初步形成以农田林网化为骨架，以绿洲边缘防风固沙林为裙带，以天然荒漠林为前锋，以山地森林为水源涵养地的绿色屏障，区域内生态状况明显改善，绿洲内部生态趋于稳定，绿洲外部生态治理步伐加快，荒漠化扩张速度减缓，抵御自然灾害的能力显著提高。

1.公益林保护工程

博州共有生态公益林面积53.7万 hm^2，占全州林地面积的99.83%。生态公益林中，重点公益林面积32万 hm^2，占生态公益林总面积的59.52%，全部为国家级公益林；一般公益林面积21.7万 hm^2，占生态公益林总面积的40.48%。

2.天然林保护工程

为应对山区天然林资源过度消耗引起的生态恶化的状况，切实保护好天然林资源，加大生态环境建设力度，全州4个国有山区林场和夏尔希里自然保护区在2010年开始纳入天然林保护工程，使11.9万 hm^2 的山区森林资源得到全面保护，有效使用天保工程资金7481.53万元，山区天然林得到很好的保护，森林结构和生态功能逐渐向良性结构发展。

3.退耕还林工程

博州"十二五"期间保存合格面积0.96万 hm^2，2010—2014年完成发放完善政策补助资金6340.053万元。退耕还林成果项目：薪炭林建设573 hm^2，特色养殖棚圈建设52 630 m^2，特色林果业建设727 hm^2，林下种植2111 hm^2，围栏1209 hm^2，补植补造2293 hm^2。项目总投资6948.9707万元，中央投1783.276万元，农民自筹5165.6947万元。工程涉及21个乡、205个村队、4108户、4万余人，为改善环境和农牧民致富做出了积极贡献。

4.三北防护林工程

在平原农区实施"三北"防护林及高标准林网化工程。现全州人工林保存面积已达2.14万 hm^2（不含退耕还林），在北疆地区率先实现农田林网化。围绕"三北"防护林体系建设，狠抓了一批具有带动全局和显著生态效益的重点工程。启动精河万亩生态林建设项目、省道S205线建设项目、工业园区绿化建设项目等一批重点造林工程。

二、自然保护区和森林公园

在艾比湖流域典型生态区域建立4个自然保护区，总面积3271.8 km^2，占全州土地面积的12.1%，使全州85%的陆地生态系统类型、野生动物种群和高等植物群落得到有效保护。

1.艾比湖湿地国家级自然保护区

艾比湖湿地国家级自然保护区（以下简称艾比湖保护区）位于东经82°36′~83°50′；北纬44°37′~45°15′，东西长102.63km，南北宽72.3km，面积311 045 hm^2，其中水域面积为45 168.1 hm^2。保护区以艾比湖湖体为核心，包括四周的湖滨地带，东以乌苏市、精河县界线为界，北以博州的精河县、塔城地区的托里县地界为界，南部则以312国道、北疆铁路为界，西部则为博乐市和阿拉山口市的荒漠林区。艾比湖保护区地跨新疆博州的精河县、博乐市、阿拉山口口岸管理区的部分行政区域。

艾比湖保护区内有野生植物52科191属385种，其中濒危植物物种32种，保护物种66种，主要是具有较高药用价值的肉苁蓉、锁阳、罗布麻、枸杞、甘草等。从种的数量上看，占优势的科是藜科（26属49种）、十字花科（18属26种）、菊科（13属15种）、蓼科（4属17种）、柽柳科、禾本科、豆科等。优势树种为：梭梭、胡杨、柽柳。有胡杨、艾比湖沙拐枣、艾比湖桦等国家重点保护植物12种。艾比湖保护区是中国内陆荒漠物种最为丰富的区域，植物种类占中国荒漠植物种类的62%。

2.夏尔希里国家级自然保护区

夏尔希里国家级自然保护区位于中哈边界中方一侧，地处新疆博尔塔拉蒙古自治州境内北部山区，北以阿拉套山脊为界与哈萨克斯坦共和国接壤，东南部为阿拉山口市，西与西南与哈日图热格林场相邻。地理位置:东经84°37′09″~82°33′7″，北纬45°07′43″~45°23′15″，东西长66km，南北宽25km，面积314 km^2，由西部的保尔德河区（西段）、东部的江巴斯区（东段）和连接两个区域的边境廊道中段3个部分组成。夏尔希里自然保护区位于阿拉套山南坡，山脉呈北东东走向，地形北高南低，由西北向东南倾斜。最高峰海拔3670m，最低处则为310m。保护区内独具特色的地质构造演化和阶梯状的多重复杂的地质构造，为气候类型和生物、土壤多样性的存在奠定了基础，也为火山地貌、花岗岩地貌、第四纪古冰川遗迹以及生物多样性的科学考察与研究，提供了不可多得的天然实验室。

夏尔希里保护区植被是中国内陆植被的重要组成部分，其植被的发生、形成与夏尔希里保护区的环境密不可分。地处中国西北部的夏尔希里保护地区正好位于欧亚大陆中心，自然地理几经变迁，造成了各个植物区系的接触、混合和特化，受中亚、蒙古、西伯利亚的影响，过渡明显，生物种群多样，植被组成从低等植物到高等植物，种类多样。夏尔希里自然保护区内共有维管束植物81科517属1680种（含亚种、变种），其中蕨类植物9科4属23种，裸子植物3科3属9种，被子植物69科500属1648种。保护区有红门兰、斑叶兰等珍稀兰科植物以及蒙古黄芪、雪莲、紫草、梭梭、甘草、肉苁蓉等国家重点保护植物60余种，还蕴藏着繁多的食用、药用、观赏、芳香、固沙、蜜源、纤维植物等植物资源，其中有许多种类是重要的生物物种基因库。

3. 哈日图热格森林公园

哈日图热格森林公园位于博乐市北部的阿拉套山南麓，是一块美丽富饶的宝地。哈日图热格森林公园成立于1994年，2000年被自治区林业厅批准为区级森林公园，2004年被批准为国家级森林公园。公园面积268.48km²，森林覆盖率为45.1%。公园位于中亚植物区系与蒙古植物区系的交汇处，森林资源丰富，保存完好，野生植物种类达1000余种。哈日图热格森林公园属森林峡谷类型，主要植物群落有雪岭云杉、天山桦、黄果山楂、欧洲稠李、密叶杨、黑果小檗、野蔷薇等。

4. 博州精河森林公园

博州精河森林公园地处自治区西北部，位于准噶尔盆地西南的精河县茫丁乡境内，县城东南35km，海拔1600m~2000m，地理坐标为东经82°30′~83°40′，北纬44°03′~44°24′。森林公园总面积1076.42km²，森林覆盖率18.2%。森林公园属中亚山地植被区系，主要乔木树种为雪岭云杉，仅在河谷等个别地区有少许密叶杨和天山桦。因本区缺乏前山带，且受艾比湖干旱气候的影响，针叶林下限上升到海拔2100m以上，呈窄带状分布，垂直带600m左右。乔木林多分布在阴坡、半阴坡，在阳坡仅有小面积不连片的分布。林下水分少，不少林分几乎无下木，主要的下木有忍冬、栒子、野蔷薇、天山花楸、欧亚圆柏、茶藨子、锦鸡儿等。公园还分布着党参、贝母、肉苁蓉、锁阳、甘草等重要的药用植物。

5. 三台森林公园

三台森林公园于2006年被自治区林业厅批准晋升为自治区级森林公园。公园位于博乐市以南60km的天山的婆罗科努尔山北麓西段，北与伊犁哈萨克自治州毗邻，东距精河县60km，西与赛里木湖风景名胜区相接。森林公园规划面积370.26km²，地理坐标为东经80°45′~82°30′，北纬44°14′~44°32′

第三节 林木种质资源异地保护现状

一、新疆精河枸杞开发管理中心

新疆精河枸杞开发管理中心建设规模23.1hm²，分为基础设施、新品种引种、品种汇集等13个功能区。精河县从20世纪80年代末就开始了枸杞种质资源收集工作，现枸杞种质资源建设面积达到了1.87hm²，收集和保存了4个种类的枸杞，36个品种（系），8923株，使很多濒危、稀有枸杞资源得到有效保护。其中，精河原有3个种类中的26个品种（系），引进宁夏、内蒙古、青海10个优良品种。目前需要进行以下工作：对枸杞种质资源建设的各项工作进行完善，填补自治区林果业枸杞资源的空白。

1986年，精河县组建了枸杞种质资源收集小组，优选出精杞1号优良品种，建立了部分品系资源档案。2005年，精河县枸杞开发管理中心成立以后，加大了种质资源的收集管理、实验研究、品种选育、示范推广的力度，选育出精杞2号优良品种，选出优良品系24个，引进10个优良品种，承担了国家、自治区科研项目12个，是新疆唯一的枸杞种质资源汇集中心。

枸杞开发管理中心是从事枸杞资源实验研究、种质资源保存、品种选育、优良品种示范推广的基础，是精河枸杞赖以生存的根本。精河县依托枸杞种质资源汇集圃基地，已培育出精杞1号、精杞2号2个优良品种，组建了17人的精河枸杞研究队伍，配套了先进实用新技术。在管理形式上，以个人承包、单位监管的形式进行生产管理工作，提高了管理效果，简化了管理步骤，创新了管理模式。

枸杞开发管理中心汇集枸杞资源品种（品系）22种1000余份，为社会提供数字化、标准化的数据，鉴定评价枸杞资源300余份。引进了宁杞7号、扁果、0901三个枸杞新品种（系）15 000株。目前已收集了5个枸杞品（种）系的生产各阶段的图片及数据资料，为下一步品种的审定做好前期的各项工作。该中心进一步扩大新品种精杞2号苗木繁育规模，基地内建立了1.33hm²枸杞采集圃，1hm²枸杞资源圃，10.13hm²苗木繁育圃，完成了枸杞嫩枝育苗大棚110座，年繁育优质枸杞苗木310万株。

二、苗圃

随着林业生态建设任务的逐年扩大，博州在种苗生产基地建设上，继续巩固发展国有苗圃育苗生产基地建设，初步形成了以国有苗圃、个体苗圃为主体，社会育苗为补充的苗木生产体系。2016年博州各县市共有195个苗圃，其中：国营苗圃3个，博乐市2个、精河县1个；个体苗圃192个，博乐市105个、精河县69个、温泉县18个，总面积506.43hm²，总产量175.88万株，出圃量2387.33万株，留床苗251万株。

1.博州苗圃（国有苗圃）

始建于1955年，位于博乐市向阳路16号，目前在编在职人员6人，工程师1人，高级工3人，中级工2人，种苗质量检验员2人，技术员1人。苗圃占地面积10.66hm²，主要树种有白蜡树、榆树等。年生产能力为13万株苗木，苗圃育苗全部用于城乡绿化造林（工程造林或城乡绿化等）。2014年育苗数量1.5万株；2015年育苗数量1.5万株；2016年育苗数量1.5万株。

2.博乐市林业局苗圃

位于博乐市北京路，在职员工8名，主要经营苗木种植。

3.博乐市百合花卉苗木繁育中心（博乐市优质苗木繁育中心）

隶属博乐市林业局，法人代表是邱新国，占地6.67hm²，是以博乐区域优势市场资源为依托，引进、开发和培育苗木新品种，具有生产经营和科研合作相结合的示范性苗木、花卉良种生产繁育基地。

4.博乐市绿博苗圃

成立于2002年，注册资金15万元，占地3.33hm²，是博州最大的苗圃之一。该苗圃地处博乐市北环路旁，以经营生态和园林绿化树种为主。

5.温泉县绿林苗圃中心

位于博格达尔镇新街西路17号，主要提供树苗种植，兼营园艺植物种植。

6.精河县国有苗圃

始建于1984年，位于精河县团结南路40号。苗圃目前在编在职人员10人，中级职称3人，初级职称2人，种苗质量检验员4人，技术员5人。苗圃占地面积174.67hm²，其中主要树种面积：白蜡树1.33hm²，榆树1hm²，杨树3hm²，银杏树1.33hm²，枸杞2.67hm²，风景树1.33hm²。年生产能力为300万株苗木，全部用于工程造林、退耕还林、农田防护林、平原绿化造林（工程造林或城乡绿化等）。2014年育苗数量100万株；2015年育苗数量120万株；2016年育苗数量130万株。

下篇 各 论

第七章 防护林种质资源

第一节 山地天然林种质资源

雪岭云杉 天山云杉 *Picea schrenkiana* Fisch et Mey.

松科 Pinacea

云杉属 *Picea* A. Dietr.

种质类型:野生种。

形态特征:常绿针叶乔木,树皮暗褐色,成块片状开裂;老枝短,近平展,树冠圆柱形或窄尖塔形;一二年生小枝下垂,呈淡黄灰色或黄色,老枝呈暗灰色。小枝基部宿存芽鳞排列较松,叶辐射斜上伸展,四棱状条形,长2~3.5cm,横切面菱形,四面均有气孔线。球果成熟前暗紫色,少绿色,椭圆状圆柱形或圆柱形,长8~10cm;种子斜卵圆形,长3~4mm。花期5—6月,球果9—10月成熟。

生态习性:雪岭云杉是新疆常绿针叶林的主要组成成员,在新疆天山有广泛的分布,向西至西天山,向东达巴里坤山海拔1200~3000m地带,天山北坡及伊犁谷地与天山南坡及西昆仑山、小帕米尔山地也有分布。雪岭云杉常在不同立地条件(如海拔、地形、坡向、气候、土壤)上形成不同林型的纯林,对水分要求较高,是一种抗旱性不太强的树种,在天山北坡中部及西部伊犁地区的湿润阴坡及峡谷中生长良好。天山南坡因受干热气候的影响,气候干燥、土壤瘠薄,因而垂直分布比北坡为高,仅分布在海拔2200~3500m地带的山谷及湿润的阴坡。俄罗斯、哈萨克斯坦等国也有分布。

分布地点:在博州主要分布在海拔1500~2800m的中山带的阴坡、半阴坡和沟谷带,是山地森林的建群种和优势种。分布于北部阿拉套山,南部婆罗科努山、科古尔琴山、察汗乌逊山、汗尕山,西部别珍套山的中山及亚高山段,海拔1500~2700m,常常以针叶纯林或针阔混交林群落形式存在,并常伴生有天山桦、欧亚圆柏、宽刺蔷薇、忍冬、柳等植物属种。在精河县主要分布于精河林场的大海子、小海子、巴音阿门、爱门精、东图精、乌图精等沟系,主要有雪岭云杉纯林、雪岭云杉—天山桦混交林、雪岭云杉-藓类植物等林型，以纯林形式为主；海拔主要在1700~2500m。在博乐市主要分布于夏尔希里保护区、哈日图热格林场和三台林场，在温泉县主要分布在哈夏林场和温泉县北部山区。

种质编号：BLZ-BLS-09-B-0098、BLZ-BLS-11-T-0147、BLZ-BLS-09-T-0166、BLZ-BLS-11-B-312、BLZ-JH-10-B-332、BLZ-JH-10-T-0301、BLZ-JH-11-B-0305、BLZ-WQ-01-B-0219、BLZ-WQ-10-T-0242、BLZ-WQ-10-T-0230等。种质资源材料26份。

保护利用现状：主要为原地保护，为水源涵养林主体种。有少量引种，在公园绿地进行异地保护。

繁殖方式：种子繁殖，种子于9—10月初成熟后即可采种。应选择生长旺盛、无病虫害的健壮母树采集球果。播种前，采用风选和水选对种子进行精选，沙埋播种。5月中旬进行播种，雪岭云杉属耐阴树种，幼苗阶段需要一定的荫蔽条件，可以搭棚遮阴，待苗床的云杉幼苗全部出齐后，逐渐增加幼苗光照。二年生幼苗可进行移植，3~4a苗高至20cm左右，逐渐可出圃造林。

应用前景：雪岭云杉作为新疆天山地区森林植被的主体，不仅在山地水源涵养、水土保持、维护生态系统平衡中发挥着重要的作用，而且作为天山山地主要的生态系统类型，在保障社会经济持续健康发展进程中具有不可替代的作用。雪岭云杉是天山地区的主要造林树种，其树形高大，木材优良，材质细密、坚韧、纹理直，耐久用，是良好的用材树种，也是优良的城市绿化和观赏树种。

新疆方枝柏 *Juniperus pseudosabina* Fisch. et Mey.

柏科 Cupressaceae

圆柏属 *Juniperus* Linn.

种质类型：野生种。

形态特征：常绿灌木。匍匐灌木，枝干弯曲或直，沿地面平铺或斜上伸展，皮灰褐色，裂成薄片脱落，侧枝直立或斜伸，高3~4m；小枝直或微呈弧状弯曲，方圆形或四棱形。鳞叶交叉对生，排列较疏或紧密；刺叶仅生于幼树或出现在树龄不大的树上，近披针形。雌雄同株，球果卵圆形或宽椭圆状卵圆形，熟时浅黑褐色或蓝黑色，被或多或少的白粉，有1粒种子。新疆方枝柏的鳞叶小枝四棱形，很明显；鳞片叶的背腺很明显；球果黑色被白粉；种子较小、较圆、较光滑。易与昆仑方枝柏区分。

生态习性：生于中山、亚高山至高山带林缘，灌丛和石坡，海拔1500~3000m，常自成群落。喜光、抗寒，耐干燥瘠薄，是山区珍贵的保土树种。

分布地点：在博乐市的哈日图热格林场、夏尔希里保护区和温泉县的哈夏林场都有分布。

种质编号：BLZ-BLS-011-T-0008、BLZ-BLS-11-T-0173、BLZ-BLS-408-T-0099、BLZ-WQ-01-T-0263。种质资源材料4份。

保护利用现状：原地保存，水土保持。

繁殖方式：种子繁殖、扦插繁殖。

应用前景：水土保持树种。枝干匍匐，景致优美，可作观赏树种。宜孤植、丛植于庭院。

欧亚圆柏 叉子圆柏 *Sabina vulgaris* Ant. var. *vulgaris*

柏科 Cupressaceae

圆柏属 *Juniperus* Linn.

种质类型：野生种。

形态特征：常绿灌木。匍匐状，高不及1m，稀灌木或小乔木；枝密，斜上伸展，枝皮灰褐色，裂成薄片脱落。叶二型：刺叶常生于幼树上，稀在壮龄树上与鳞叶并存；鳞叶交互对生，斜方形或菱状卵形。雌雄异株，稀同株；雄球花椭圆形或矩圆形；雌球花曲垂或初期直立而后俯垂。球果生于向下弯曲的小枝顶端，熟前蓝绿色，熟时褐色至紫蓝色或黑色，多少有白粉，具1~4(5)粒种子。

生态习性：生于干旱山坡、灌丛、林缘，海拔1200~2800m。喜光、抗寒、抗烟尘，适应性强，能耐干旱瘠薄土壤。

分布地点：在博州山区分布较为普遍，哈日图热格林场、哈夏林场、三台林场、精河林场都有分布。在平原绿洲也有引种栽培，长势良好，如博乐市南城绿地。

种质编号：BLZ-BLS-10-T-0021、BLZ-BLS-10-T-0079、BLZ-BLS-10-T-0054、BLZ-BLS-10-T-0064、BLZ-JH-01-T-0304、BLZ-JH-01-T-0041、BLZ-WQ-06-T-149、BLZ-WQ-10-T-0029、BLZ-WQ-06-T-0218等。种质资源材料14份。

保护利用现状：原地保存，水土保持。有引种，在公园、道路绿地等有栽培。

繁殖方式：种子繁殖。也可以采用嫩枝扦插进行繁殖，扦插苗在拱棚内越冬，第二年春季即可定植在大田里。

应用前景：是山区珍贵的水土保持树种，也可作为防风固沙绿化树种。枝干遒劲多姿，浓疏相间，用作庭园观赏亦具特色。

欧洲山杨 *Populus tremula* Linn.

杨柳科 Salicaceae

杨属 *Populus* Linn.

种质类型：野生种。

形态特征：大乔木，高10~20m。树皮灰绿色，光滑，树干基部为不规则浅裂或粗糙，树冠圆形。枝圆筒形，灰褐色。叶近圆形，先端圆形或短尖，基部截形、圆形或浅心形，边缘有明显的疏波状浅齿或圆齿；叶柄侧扁。雄花序轴有短柔毛，苞片褐色，掌状深裂；雌花序长4~6cm，果序长达10cm，蒴果细圆锥形，2瓣裂。花期4月，果期5月。

生态习性：生于山地林缘，阳坡灌丛，常呈群落分布，阿尔泰山在海拔1000~2000m，天山海拔1400~2400m。欧洲山杨生长快，20年生树高10~12m，50年生树高15~25m，50年以后生长缓慢至停滞。寿命80~90a,少100~150a。根蘖苗寿命短。种子也有淡红色和淡黄色之分,发红者为雄性。喜光,抗寒、抗旱、抗尘埃和烟尘。浅根系,根蘖力特强,对土壤条件要求不严,但最好在湿润、肥沃的沙壤土上。

分布地点:哈日图热格林场和夏尔希里保护区有分布。

种质编号:BLZ-BLS-050-T-0072、BLZ-BLS-408-T-0136、BLZ-BLS-9-B-0124。种质资源材料3份。

保护利用现状:原地保存,水土保持。

繁殖方式:可采用种子繁殖和扦插育苗两种方式。

应用前景:该树种具有生长迅速、材性好、抗病虫害能力强等优良特性,是营造用材林、防护林的优良树种;同时,由于该树种具有秋叶变红的特性,近年来又被作为彩叶树种广泛应用于风景林区、城乡绿化及绿色通道建设中,开发应用前景十分广阔。

伊犁柳 *Salix iliensis* Regel

杨柳科 Salicaceae

柳属 *Salix* Linn.

种质类型:野生种。

形态特征:大灌木,树皮深灰色。小枝淡黄色。叶椭圆形、倒卵状椭圆形、阔椭圆形或倒卵圆形,先端短尖,基部楔形或宽楔形,全缘,稀有不规则的疏齿。花先叶或与叶近同时开放;雄花序无梗;雌花序具短梗和小叶;苞片倒卵状长圆形,先端钝,暗棕色至近黑色;子房长圆锥形,密被灰绒毛。蒴果。花期5月,果期6月。

生态习性:生于雪岭云杉林缘、疏林、混交林及山地河岸边。

分布地点:在博州主要分布于博乐市的阿尔夏提森林公园、温泉县的哈夏林场。

种质编号:BLZ-BLS-10-B-0084、BLZ-BLS-10-T-0081、BLZ-WQ-06-T-0267、BLZ-WQ-06-T-0269。种质资源材料4份。

保护利用现状:原地保存,河谷林。

繁殖方式:种子繁殖和扦插育苗。

应用前景:生态绿化和观赏树种。

小叶桦 *Betula microphylla* Bge.

桦木科 Betulaceae

桦木属 *Betula* Linn.

种质类型:野生种。

形态特征:小乔木;树皮灰白色;枝条灰色或灰褐色;小枝黄褐色,密被短柔毛和黄的树脂腺体。叶菱形、菱状倒卵形,顶端锐尖或钝,基部楔形,边缘不规则的粗重或单锯齿;花序矩圆状圆柱形;果苞两面疏被短柔毛,边缘具纤毛,基部楔形,上部具3裂片,中裂片矩圆形或披针形,侧裂片卵形或矩圆形,直立或微开展。小坚果卵形,两面密被短柔毛,膜质翅与果近等宽。

生态习性:生于山地林缘、疏林或混交林、河谷岸边、荒漠沼泽湿地。海拔450~1200m。

分布地点:在博州的哈日图热格林场、夏尔希里保护区、三台林场,精河县精河林场、哈夏林场都有分布。

种质编号：BLZ-BLS-09-T-0108、BLZ-BLS-10-B-56、BLZ-BLS-11-T-0143、BLZ-JH-10-T-0315、BLZ-wk-06-T-0130、BLZ-WQ-06-T-0229。种质资源材料6份。

保护利用现状：原地保存。

繁殖方式：种子繁殖，当地未见引种培育。

应用前景：小叶桦比较喜湿，适应性较强，是平原、河谷湿地的优良绿化树种。

天山桦 *Betula tianschanica* Rupr.

桦木科 Betulaceae

桦木属 *Betula* Linn.

种质类型：野生种。

形态特征：乔木；树皮淡黄褐色或黄白色；枝条灰褐色或暗褐色，被或疏或密的树脂状腺体或无腺体；小枝褐色，具或疏或密的树脂状腺体。叶厚纸质，宽卵状菱形或卵状菱形，或为卵形或菱形，顶端锐尖或渐尖，基部宽楔形或楔形。果序直立或下垂，矩圆状圆柱形；果苞两面均被短柔毛，背面尤密，边缘具短纤毛，中裂片三角形或矩圆形，侧裂片卵形、矩圆形或近方形，比中裂片宽。

生态习性：生于山坡、山地林缘、沟谷、疏林或混交林中，甚为普遍。

分布地点：夏尔希里保护区、哈日图热格林场、三台林场以及精河林场都有分布，其中哈日图热格林场发现较为高大、生长较好的天山桦群落。

种质编号：BLZ-BLS-09-B-0121、BLZ-BLS-10-B-0065、BLZ-BLS-10-B-0078、BLZ-BLS-10-T-0048、BLZ-BLS-11-T-0158、BLZ-BLS-9-B-0093、BLZ-JH-10-B-0274、BLZ-JH-10-B-0331、BLZ-JH-11-B-0306、BLZ-WQ-01-B-0231等。种质资源材料12份。

保护利用现状：原地保存，水土保持。

繁殖方式：种子繁殖，少见引种栽培。

应用前景：体冠形优美，干皮洁白干净，具有较高的观赏价值，宜于公园、庭院栽培。

绿叶木蓼 *Atraphaxis laetevirens* (Ledeb.) Jaub. et Spach

蓼科 Polygonaceae

木蓼属 *Atraphaxis* Linn.

种质类型：野生种。

形态特征：灌木。木质枝细弱，弯拐，树皮深灰色条状剥离，顶端具叶或花。托叶鞘圆筒状，基部褐色；叶椭圆形或宽椭圆形，绿色，革质，顶端圆或钝，具短尖，基部圆形，边缘全缘或具波状牙齿，中脉及叶缘被乳头状突起。总状花序顶生；花梗关节位于下1/3处；花被片5，粉红色，具白色边缘，内轮花被片3，圆心形，外轮花被片2，宽卵形，果期向下反折。瘦果卵形或菱状卵形，具3棱。

生态习性：生于砾石质或石质山坡，海拔1200m。

分布地点：博乐市哈日图热格林场、哈萨克交、三台林场沃依曼吐别克，精河县赛里克底，温泉县查于屯乡、哈夏林场的托斯沟等地有分布。

种质编号：BLZ-BLS-050-T-0070、BLZ-BLS-16-T-0003、BLZ-BLS-50-T-077、BLZ-JH-10-B-0343、BLZ-JH-11-B-0287、BLZ-JH-11-B-0289、BLZ-WQ-010-T-0275、BLZ-WQ-06-B-0169。种质材料8份。

保护利用现状：原地保存。

繁殖方式：种子繁殖或扦插繁殖，未见引种栽培。

应用前景：荒漠植物，花为蜜源。嫩枝叶是羊、骆驼的好饲料。

西伯利亚铁线莲 *Clematis sibirica* (Linn.) Mill.

毛茛科 Ranunculaceae

铁线莲属 *Clematis* Linn.

种质类型：野生种。

形态特征：藤本。茎圆柱形，当年生枝基部有宿存鳞片，外层鳞片三角形，内层鳞片长方椭圆形。二回三出复叶，小叶片卵状椭圆形或窄卵形，顶端渐尖，基部楔形或近圆形，两侧小叶片偏斜，顶端及基部全缘，中部有锯齿。单花，基部有密柔毛；花钟状下垂；萼片4，淡黄色，长方椭圆形或狭卵形；退化雄蕊花瓣状，长为萼片1/2，顶端较宽呈匙状，钝圆。瘦果倒卵形，宿存花柱有黄色柔毛。

生态习性：生于山地的针叶林下及林缘，海拔1200~2000m。

分布地点：博乐市三台林场、哈日图热格林场的三号桥、夏尔希里保护区的草莓沟，温泉县哈夏林场的蒙克沟等地有分布。

种质编号：BLZ-BLS-001-T-0153、BLZ-BLS-10-B-0064、BLZ-BLS-9-B-0095、BLZ-WQ-001-T-0203、BLZ-WQ-06-B-0160。种质资源材料5份。

保护利用现状：原地保存。

繁殖方式：铁线莲可采用播种、分株、压条育苗。栽培品种可用扦插方法育苗，以保留优良遗传特性。育苗地应选择沙壤土，播种一般分春播和秋播。秋播一般比春播出苗整齐、生长快。移栽分株多在4月中旬进行，土壤墒情好，空气湿度大，容易成活。绿化常采用带土坨移植，土坨直径25~30cm，用草绳捆扎。定植后立即灌水，可提高成活率。

应用前景：铁线莲类植物除普遍有较好的药用价值外，也具有观赏价值，主要体现在观花、观叶、观果。花具有美丽的萼片及鲜艳的花药和花柱；叶片绿色，形状各异；果实羽毛(绒毛)状。铁线莲因其优美的外形和独特的花冠，是盆架、花架、篱垣、凉亭与低矮植物配置栽培的优良树种，目前已被广泛应用于城市绿化和庭院造景。

黑果小檗 *Berberis atrocarpa* Schneid.

小檗科 Berberidaceae

小檗属 *Berberis* Linn.

种质类型：野生种。

形态特征：落叶灌木。枝棕灰色或棕黑色，具条棱或槽；茎刺三分叉。叶厚纸质，披针形或长圆状椭圆形，先端急尖，基部楔形：上面深绿色，中脉凹陷，背面淡绿色，中脉隆起，侧脉和网脉微显；叶缘平展或微向背面反卷，具刺齿或近全缘。花3~10朵簇生，黄色；萼片2轮，外萼片长圆状倒卵形，内萼片倒卵形；花瓣倒卵形，先端圆形，深锐裂，基部楔形，具2枚分离腺体。浆果黑色，卵状。

生态习性：生于山前灌丛及中山带的河岸两边，海拔1700~2900m。

分布地点：博乐市三台林场的喀拉萨依、沃依曼吐别克、哈日图热格林场的三号桥，精河县精河林场的爱门精、乌图精、哈夏林场的奥尔塔克赛等地有分布。

种质编号：BLZ-BLS-001-t0149、BLZ-BLS-10-B-0057、BLZ-JH-11-B-0298、BLZ-JH-700t-0312、BLZ-JH-700-T-0323、BLZ-WA-06-B-0179、BLZ-wu-001-T-0228。种质资源材料7份。

保护利用现状：原地保存。

繁殖方式：种子繁殖。

应用前景：属山地灌丛和森林植物，浆果可食，根皮及茎皮含有小檗碱，可入药，还可作染料。

红果小檗 *Bereris nommularia* Bge

小檗科 Berberidaceae

小檗属 *Berberis* Linn.

种质类型：野生种。

形态特征：落叶灌木，高 1~4m。分枝，老树皮灰色，幼枝红褐色。叶刺 1~3 叉，一年生萌枝上有五六叉，刺土黄色。叶革质，倒卵形、倒卵状匙形或椭圆形，顶端圆或急尖，基部渐窄或楔形成柄，多全缘，并有多少不等的疏锯齿。总状花序，花瓣黄色，6片，长圆形或窄长圆形。浆果长圆状卵形，淡红色，成熟后淡红紫色。种子窄长卵形。花期4—5月，果期5—7月。

生态习性：生长在山地灌丛及草原带，海拔1100~2050m。

分布地点：博乐市三台林场的托孙、哈日图热格林场的青稞稞以及精河县精河林场的巴音阿门、乌图精等地有分布。

种质编号：BLZ-BLS-T-0171、BLZ-BLS-10-B-85、BLZ-JH-10-B-270、BLZ-JH-10-B-323、BLZ-

JH-11-B-302、BLZ-JH-700-T-0339。种质资源材料6份。

保护利用现状:原地保存。

繁殖方式:主要通过种子进行繁殖,也可通过枝条进行扦插育苗。

应用前景:红果小檗分枝密,姿态圆整,春开黄花,秋日红果满枝,可观果、观花、观叶。果实经冬不落,是花、果、叶俱佳的观赏花木。适于园林中孤植、丛植或栽作绿篱。根、茎可入药,可以清热燥湿,泻火解毒,抗菌消炎。

伊犁小檗 *Berberis iliensis* Popov.

小檗科 Berberidaceae

小檗属 *Berberis* Linn.

种质类型:野生种。

形态特征:落叶灌木。老枝暗灰色或紫红色,幼枝淡紫红色;茎刺单生或三分叉,稍扁,腹面具槽。叶纸质,长圆状椭圆形或倒卵形,先端圆形,基部渐狭或楔形,上面绿色,背面灰绿色,叶缘平展,全缘。总状花序具10~25朵花,具总梗;花黄色;小苞片卵形;萼片2轮,外萼片椭圆形,内萼片倒卵形,花瓣倒卵形,先端缺裂,基部缢缩呈爪形,具2枚分离腺体。浆果卵状椭圆形,亮红色。

生态习性:生于河岸边、灌丛、林缘、林中空地或河谷沿岸的草场、荒地。

分布地点:在博乐市哈日图热格林场的青稞稞有分布。

种质编号:BLZ-BLS-TB-198。种质资源材料1份。

保护利用现状:原地保存。

繁殖方式:种子繁殖。未见引种栽培报道。

应用前景:可作园林观赏、生态绿化树种。

全缘叶小檗 *Berberis integerrima* Bunge

小檗科 Berberidaceae

小檗属 *Berberis* Linn.

种质类型:野生种。

形态特征:落叶灌木,高至2m。多分枝,有刺。小枝紫红褐色,有棱角。叶革质,倒卵形或长圆形,全缘,顶端具尖头。花序多花,单或复的总状花序,具12~25朵花,萼片与花瓣同型,黄色。浆果长圆状卵形,紫红色,被蜡粉。花期5—6月,果期8—9月。

生态习性:生于山地灌丛。喜光喜湿。

分布地点:在博乐市哈日图热格林场的三号桥、夏尔希里保护区野沟,精河县小海子、巴音阿门等地有分布。

种质编号:BLZ-BLS-01-B-44、BLZ-BLS-050-T-0060、BLZ-BLS-10-B-52、BLZ-JH-10-B-272、BLZ-JH-700-T-0046。种质资源材料5份。

保护利用现状:原地保存。

繁殖方式:种子繁殖。

应用前景:可作园林观赏、生态绿化树种。

小叶茶藨 *Ribes heterotrichum* C.A.Mey.

虎耳草科 Saxifragaceae

茶藨属 *Ribes* Linn.

种质类型:野生种。

形态特征：落叶灌木，高0.8~1.5m，枝皮剥落，小枝褐色或银褐色，无对生刺。叶圆形，掌状3裂，叶片长0.8~3cm、宽0.6~2.5cm，基部楔形或截形，裂片钝或尖，中间裂片多为3齿裂；两面沿脉及叶缘有纤细白色毛和橘黄色腺体。雌雄异株，总状花序，轴被稀疏短毛；花淡红色，花柱2裂。浆果红色，直径4~6mm，果序长1.5~3cm。花、果期6—8月。

生态习性：生于中山带及亚高山带的山谷灌丛、石质阴坡、山地草甸及落叶松林下，海拔850~1700m。

分布地点：在博乐市夏尔希里保护区的赛力克、怪石峪，温泉县哈夏林场的科克萨依、蒙克沟等地有分布。

种质编号：BLZ-BLS-09-T-0131、BLZ-BLS-10-T-0023、BLZ-WQ-06-B-0221、BLZ-WQ-06-T-0193、BLZ-WQ-06-T-0205。种质资源材料5份。

保护利用现状：原地保存。

繁殖方式：种子或扦插繁殖。硬枝扦插时插条应在防寒以前准备，从品质好的母枝上剪取强壮的基生枝，每50~100枝捆成一束，埋在假植沟或地窖的湿沙内，在春季萌芽之前取条。选择肥沃、光照良好、避风的地方进行扦插。剪好的枝条可直接插到苗床上，轻轻镇压2~3周后生根，秋天即可出圃。绿枝扦插要剪取生长充实、将要木质化的当年嫩枝，截成45cm长的小段，枝上留有1片或2片叶子，边剪边将插条浸在水里，准备就绪后立即扦插。生根长叶后移栽。

应用前景：可作为园林观赏、庭园绿化树种，果实可食用，为小浆果资源树种。

黑果茶藨 *Ribes nigrum* Linn.

虎耳草科 Saxifragaceae

茶藨属 *Ribes* Linn.

种质类型：野生种。

形态特征：落叶灌木，直立，高1~1.3m，幼枝被短柔毛及黄色腺体。叶3~5掌状裂，裂片广三角形，中间裂片明显，具短齿，沿脉具短柔毛及黄色腺体。总状花序，长8cm，轴有毛（或无）；花两性，5~10朵，梗有关节；小花长7~9mm，花托钟状；萼先端急尖，向外反卷；花瓣广椭圆形，紫色或粉红色。浆果黑色或褐色，长10mm。花、果期6—8月。

生态习性：生于山谷底云杉林下、林缘、山谷溪沟岸阴湿坡及亚高山草甸。海拔1000~1900m。

分布地点：在博乐市哈日图热格林场三号桥、四号桥、阿尔夏提及博乐301南侧等地有分布。

种质编号：BLZ-BLS-01-T-0291、BLZ-BLS-09-T-0091、BLZ-BLS-10-B-0055、BLZ-BLS-10-B-0083、BLZ-BLS-10-T-0055。种质资源材料5份。

保护利用现状：原地保存，有引种栽培。

繁殖方式：种子或扦插繁殖。一般选择性状优良、生长健壮、坐果率高、果大无病虫害的植株，于秋季顶芽发育饱满、落叶后，剪取当年生枝条扦插备用。生根处理后，用消过毒的培养土培养，待苗木生根，地上部分长叶后转入大田管理。用于园林绿化的苗木培育，以冠形饱满、树形优美为标准，应当在育苗两年后定植。以制茶采果为目培育，可用一年生苗木以0.2~0.3m按行定植，行间距为1~2m。定植后灌足定根水，加强田间管理，注意防病虫害和杂草，正常生长后喷施叶面肥，以加快其生长。

应用前景：园林观赏和浆果资源。

天山茶藨 *Ribes meyeri* Maxim.

虎耳草科 Saxifragaceae

茶藨属 *Ribes* Linn.

种质类型：野生种。

形态特征：落叶灌木，高1~2.5m，嫩枝稍被毛或腺体。叶3~5浅裂，先端钝或短尖，基部圆或心形，长2.5~7cm，与宽近相等。总状花序，平展，长2~4（5）cm，花4~10朵；两性花，暗紫色或带绿，花托圆柱状，平滑；萼片平直，表面密被毛，缘有睫毛。浆果紫黑色。花、果期6—8月。

生态习性：生于山地云杉林下、山谷灌丛、山谷溪边、山坡及林间空地。海拔1000~2300m。

分布地点：在博乐市哈日图热格林场的阿尔夏提三号浮桥有分布。

种质编号：BLZ-BLS-10-T-0084。种质资源材料1份。

保护利用现状：原地保存。

繁殖方式：种子或扦插繁殖。

应用前景：本种耐寒；果可食用。

红花茶藨 *Ribes atropurpureum* C. A. Mey.

虎耳草科 Saxifragaceae

茶藨属 *Ribes* Linn.

种质类型：野生种。

形态特征：灌木，高1~1.5m，树皮淡灰黄色，叶圆状肾形，质薄，3~5浅裂。边缘具粗重齿牙。总状花序，花钟形，细小，紫红色，少淡色。浆果红色。花期5—6月，果期7—8月。

生态习性：生于针叶林缘、林中空地、山河岸边。

分布地点：在博乐哈日图热格林场的阿尔夏提有分布。

种质编号：BLZ-BLS-10-T-0083。种质资源材料1份。

保护利用现状：原地保存。

繁殖方式：种子或扦插繁殖。

应用前景：园林观赏植物资源，浆果可食用。

金丝桃叶绣线菊 *Spriaea hypericifolia* Linn.

蔷薇科 Rosaceae

绣线菊属 *Spiraea* Linn.

种质类型：野生种。

形态特征：小灌木，高1~1.5m。枝条直展，小枝圆柱形，棕褐色；叶倒卵状披针形或长圆状倒卵形，或匙形，顶端圆钝，基部楔形，全缘；在无性枝上，叶片先端有少数小齿，灰绿色。伞形花序，无总梗，花瓣近圆形，白色；雄蕊与花瓣等长或稍短；子房有短柔毛或近无毛。蓇葖果直立开张，无毛。花期4—5月，果期6—9月。

生态习性：生于干旱山坡或草原荒漠地区，海拔500~2100m。

分布地点：在博乐市哈日图热格林场二号桥、阿热勒托海牧场、夏尔希里保护区的保尔德，精河县精河林场的巴音阿门、乌图精，温泉县哈夏林场有分布。

种质编号：BLZ-BLS-050-T-0065、BLZ-BLS-06-B-0025、BLZ-BLS-10-B-0077、BLZ-BLS-16-T-0006、BLZ-BLS-9-B-0102、BLZ-JH-10-B-0269、BLZ-JH-700-T-0325、BLZ-WQ-001-T-0190。种质资源材料8份。

保护利用现状：原地保存。

繁殖方式：种子或扦插繁殖。

应用前景：金丝桃叶绣线菊喜光、抗寒，耐干燥、瘠薄，是山区珍贵的保土树种。枝展、花白，也可作观赏树种。

大叶绣线菊 *Spiraea chamaedryfolia* Linn.

蔷薇科 Rosaceae

绣线菊属 *Spiraea* Linn.

种质类型：野生种。

形态特征：灌木，高1~1.5m。小枝有棱角，黄色或浅棕色。叶片阔卵形或长圆状卵圆形，先端尖，基部圆形或阔楔形，边缘有不整齐的单锯齿或重锯齿，无性枝上的叶子有缺刻状齿牙或全缘。伞房状花序；花白色，花瓣宽卵形或近圆形；雄蕊30~50枚，长于花瓣；子房腹面微具短毛。蓇葖果被伏，生短柔毛，背部凸起，花柱从腹面伸出，萼片常反折。花期5—6月，果期7—8月。

生态习性：生于溪旁灌丛及林缘，海拔600~1700m。

分布地点：在博乐市哈日图热格林场以及夏尔希里保护区的玉科克、草莓沟等地有分布。

种质编号：BLZ-BLS-050-T-0056、BLZ-BLS-09-B-0050、BLZ-BLS-10-B-0058、BLZ-BLS-408-T-0104、BLZ-BLS-9-B-0096。种质资源材料5份。

保护利用现状：原地保存。

繁殖方式：种子或扦插繁殖。

应用前景：大叶绣线菊花朵较大，有细长花丝，观赏价值高，是很好的园林观赏树种。根、叶、种子可入药，祛风湿，健脾驱虫，用于吐泻、蛔虫病、风湿关节痛等。

多花栒子 *Cotoneaster muitiflorus* Bge.

蔷薇科 Rosaceae

栒子属 *Cotoneaster* B. Ehrhart

种质类型：野生种。

形态特征：灌木，高0.5~1.5m。小枝红褐色，光滑，有光泽。叶片倒卵形或宽椭圆形，先端钝或凹缺，有时在徒长枝上尖锐，基部圆形或阔楔形，上面绿色，无毛，下面初被绒毛，后脱落。多花的聚伞花序；总花梗及花梗无毛，稀稍有疏毛；花瓣近圆形，平展，白色；雄蕊20枚，稍短于花瓣。果实长圆状卵形或倒卵形，直径6~10mm，鲜红色，具2核，腹面扁。花期5—6月，果期8—9月。

生态习性：生于干旱坡地及谷地灌丛，海拔1200~1800m。

分布地点：在博乐市夏尔希里保护区、怪石峪、哈日图热格的二号桥等地有分布。

种质编号：BLZ-BLS-050-T-0068、BLZ-BLS-09-B-0100、BLZ-BLS-50-T-0026。种质资源材料3份。

保护利用现状：原地保存。

繁殖方式：可用播种、扦插或嫁接等方法，以播种和扦插为主。春、夏季都能扦插，夏季以嫩枝扦插成活率高。另外，在秋季也可采用压条的方式繁殖小苗。移栽多花栒子宜在早春进行，大苗须带土坨移植，以提高成活率。用成熟多花栒子苗木一年生硬化枝条作为接穗，用山楂或山荆子苗木作为砧木，将接穗嫁接在山楂或山荆子苗木上。

应用前景：多花栒子枝条婀娜，在夏季开密集的白色小花，秋季结成束的红色果实，是优美的观花、观果树种，可作为观赏灌木或剪成绿篱。多花栒子可于草坪中孤植欣赏，也可几株丛植于草坪边缘或园林转角，或者与其他树种搭配混植构造小景观。

少花栒子 *Cotoneaster oliganthus* Pojark.

蔷薇科 Rosaceae

栒子属 *Cotoneaster* B. Ehrhart

种质类型：野生种。

形态特征：灌木。小枝深褐色。叶片椭圆形或卵圆形，上面鲜绿色，被疏毛或无毛，下面被绿灰色柔毛，先端圆钝，有时凹缺，具短尖头，基部宽楔形或圆形。短聚伞花序，有花2~4朵，花小，萼筒外被疏柔毛，萼片宽三角形，被疏毛或几无毛，边缘带紫色、具睫毛；花瓣粉红色。果球形或椭圆形，红色，直径5~8mm，具2核，腹面扁平。花期5—6月，果期8—9月。

生态习性：生于石质坡地、谷地灌丛及林缘，海拔1000~2100m。

分布地点：在博乐市一号浮桥、阿尔夏提、哈日图热格林场，精河县精河林场的乌图精等地有分布。

种质编号：BLZ-BLS-011-T-0090、BLZ-BLS-10-B-0069、BLZ-JH-700-T-0322。种质资源材料3份。

保护利用现状：原地保存。

繁殖方式：种子或扦插繁殖。

应用前景：庭院绿化树种。

黑果栒子 *Cotoneaster melanocarpus* Lodd.

蔷薇科 Rosaceae

栒子属 *Cotoneaster* B. Ehrhart

种质类型：野生种。

形态特征：灌木，高1~1.5m。小枝红褐色，有光泽。叶片卵圆形或椭圆形，先端钝或微尖，有时凹缺，基部圆形，上面绿色，被疏柔毛，下面被灰白色绒毛。聚伞花序，下垂，有花5~15朵；花瓣近圆形，直立，粉红色。果实倒卵状球形，直径6~9mm，蓝黑色，被蜡粉，具2核或3核。花期5—6月，果期8—9月。

生态习性：生于山坡或谷地灌丛，海拔700~2500m。

分布地点：在博乐市的哈色克高，精河县精河林场的乌拉斯台，温泉县哈夏林场的蒙克沟等地有分布。

种质编号：BLZ-BLS-16-T-0005、BLZ-JH-10-B-0349、BLZ-WQ-001-T-0035、BLZ-WQ-06-B-0152。种质资源材料4份。

保护利用现状：原地保存。

繁殖方式：种子或扦插繁殖。

应用前景：庭院绿化观赏树种。

大果栒子 *Cotoneaster megalocarpus* M. Pop.

蔷薇科 Rosaceae

栒子属 *Cotoneaster* B. Ehrhart

种质类型：野生种。

形态特征：灌木，高1~2m。枝暗褐色。叶片长圆形，先端钝，少渐尖，上面鲜绿色，被疏绒毛，下面色淡，密被绒毛。边缘稍有波状。聚伞花序直立，有花7~12朵；花总梗与花梗被疏毛或密毛；萼筒有散生短毛，有时无毛；花瓣圆形，白色，先端凹缺。果实近球形，直径约1cm，樱红色，肉质，具2核。花期5—6月，果期7—8月。

生态习性：生于碎石坡地及林缘，海拔700~1300m。

分布地点：在博乐市的哈色克高，精河县精河林场的乌拉斯台，温泉县哈夏林场的蒙克沟等地有分布。

种质编号：BLZ-BLS-16-T-0005、BLZ-JH-10-B-0349、BLZ-WQ-001-T-0035、BLZ-WQ-06-B-0152。种质资源材料4份。

保护利用现状：原地保存。

繁殖方式：种子或扦插繁殖。

应用前景：喜光、耐寒；果色红艳，可观赏，也可榨汁、食用。

梨果栒子 *Cotoneaster roborowskii* Pojark.

蔷薇科 Rosaceae

栒子属 *Cotoneaster* B. Ehrhart

种质类型：野生种。

形态特征：灌木，高2~3m。具帚状开展的枝条，暗紫色，有光泽。叶片椭圆形或圆状椭圆形，先端圆钝，基部宽楔形或圆形。聚伞花序直立，稀疏开展，有花4~8朵；花梗被密绒毛；花瓣近圆形，平展或下弯，白色。果实倒卵形，顶端多少收缩，直径6~7mm，紫红色，具2核。花期6—7月，果期8—9月。

生态习性：生于碎石坡地、谷地灌丛或林缘，海拔1200~2700m。

分布地点：在博乐市三台林场的那瓦布拉克、哈日图热格林场的阿尔夏提和保尔德，精河县精河林场的东图精、爱门精，温泉县哈夏林场的蒙克沟、新沟等地有分布。

种质编号：BLZ-BLS-001-T-0159、BLZ-BLS-10-B-0080、BLZ-BLS-408-T-0114、BLZ-JH-10-B-0318、BLZ-JH-700-T-0310、BLZ-WQ-001-T-0188、BLZ-WQ-001-T-0236。种质资源材料7份。

保护利用现状：原地保存。

繁殖方式：以扦插及播种为主，也可压条、萌蘖。播种以秋播较好，春播种子必须进行湿沙冬藏处理。

应用前景：庭院绿化或荒山绿化树种。

异花栒子 *Cotoneaster allochrous* Pojark.

蔷薇科 Rosaceae

栒子属 *Cotoneaster* B. Ehrhart

种质类型：野生种。

形态特征：灌木，高达1.5m。枝条纤细，直立。叶片宽卵形或菱状卵形，或椭圆形，先端渐尖，常有尖头，基部宽楔形，上面亮绿色，无毛或初具疏毛，下面色淡，有稀疏的或散生的短绒毛。花序直立，有花5~9朵；花瓣圆形，开展、白色，边缘有不规则的齿。果实倒卵形，直径约5mm，红紫色，具2核。花期6—7月，果期8—9月。

生态习性：生于河谷灌丛或石质坡地，海拔1100~2100m。

分布地点：在温泉县哈夏林场的奥尔塔克赛河谷有分布。

种质编号：BLZ-BLS-TB-84。种质资源材料1份。

保护利用现状：原地保存。

繁殖方式：种子或扦插繁殖。

应用前景：绿化观赏树种。

红果山楂 *Craragegus sanguinea* Pall.

蔷薇科 Rosaceae

山楂属 *Crataegus* Linn.

种质类型：野生种。

形态特征：小乔木，高2~4m；刺粗壮、锥形。当年生枝条紫红色或紫褐色，有光泽，多年生枝条灰褐色。叶片宽卵形或菱状卵形，基部楔形，边缘有3或4浅裂片。伞房花序，花梗无毛；花瓣长圆形，白色。果实近球形，直径约1cm，血红色。花期5—6月，果期7—10月。

生态习性：生于山地林缘或河边，海拔500~

1200m。

分布地点：在夏尔希里保护区的保尔德有分布。

种质编号：BLZ-BLS-9-B-0105。种质资源材料1份。

保护利用现状：原地保存。

繁殖方式：种子或扦插繁殖。

应用前景：本种喜光、耐寒；果可食用，也可观赏绿化。北疆部分城镇有引栽，长势良好。

黄果山楂 阿尔泰山楂 *Crataegus chlorocarpa* (Loud.) Lange

蔷薇科 Rosaceae

山楂属 *Crataegus* Linn.

种质类型：野生种。

形态特征：乔木，高3~7m，植株上部无刺，下部萌条多刺。小枝粗壮，棕红色，有光泽。叶片阔卵形或三角状卵形，基部楔形或宽楔形，常2~4裂，裂片平展，边缘有疏锯齿。复伞房花序，花多密集；花直径1~1.5cm；花瓣近圆形，白色。果实球形，直径约11cm，金黄色，无汁，粉质。花期5—6月，果期8—9月。

生态习性：生于山地林缘、谷地及山间台地，海拔500~1200m。

分布地点：在博乐市夏尔希里保护区的301南侧、玉科克和哈日图热格林场的二号桥、三号桥，温泉县大库斯台水库等地有分布。

种质编号：BLZ-BLS-01-B-0015、BLZ-BLS-050-T-0074、BLZ-BLS-10-B-0066、BLZ-BLS-408-T-0092、BLZ-BLS-408-T-0106、BLZ-JH-01-B-0412、BLZ-WQ-004-T-0040、BLZ-WQ-01-B-0230。种质资源材料8份。

保护利用现状：原地保存。

繁殖方式：种子或扦插繁殖。选择10~30a优良母树采种，每年8月下旬至9月上中旬果熟，9月下旬至10月上旬采种。果实采集后，踏烂果肉，用清水洗净后，立即在床面上播种或将种子及时混湿沙催芽，一般不将晾干的种子装入麻袋贮存。新疆北疆地区通常采用秋季播种，净种后立即播种、灌水，冬季降雪覆盖，翌年出苗整齐，生长良好。

应用前景：喜光，抗旱，抗寒，适应性强，树势开阔，姿态优美，花繁叶茂，秋冬季节果实累累。北疆部分城镇有引栽，长势良好，近10年来为各县市园林绿化及荒山造林主栽品种。果可食用。

天山花楸 *Sorbus tianschanica* Rupr.

蔷薇科 Rosaceae

花楸属 *Sorbus* Linn.

种质类型：野生种。

形态特征：小乔木，高3~5m。冬芽外生白色柔毛，幼枝无毛。小枝粗壮，褐色或灰褐色，嫩枝红褐色。奇数羽状复叶，有小叶6~8对，卵状披针形，先端渐尖，基部圆形或宽楔形，边缘有锯齿，近基部全缘，叶轴微具窄翅。复伞房花序，生于短枝顶端，大形，多花，花轴和小花梗常带红色，无毛；花瓣卵形或椭圆形，白色，萼片5，萼筒无毛，裂片内面有白色柔毛；花瓣5；梨果球形，暗红色，顶端常有残存花萼，被蜡粉。花期5月，果期8—9月。

生态习性：生于林缘或林中空地，海拔1800~2800m。

分布地点：在博乐市三台林场的喀拉萨依、哈日图热格林场的三号桥和四号桥、夏尔希里保护区的玉科克，精河县精河林场的东图精、小海子，温泉县哈夏林场的蒙克沟等地有分布。

种质编号：BLZ-BLS-001-T-0145、BLZ-BLS-050-T-0051、BLZ-BLS-10-B-0059、BLZ-BLS-408-T-0100、BLZ-JH-10-B-0330、BLZ-JH-700-T-0044、BLZ－WQ-001-T-0198、BLZ-WQ-06-B-0153。种质资源材料8份。

保护利用现状：原地保存。

繁殖方式：种子繁殖。9月下旬，选择植株健壮、长势旺盛、无病虫危害的优良母树进行种子采摘。除去果皮杂质，晒干，置通风干燥处保存备用。播种时间以10月上旬秋播为宜。

应用前景：冠形饱满，花白色，果实红色，树型美观，具有较高的观赏价值。果可酿酒或入药，枝干材质细腻坚硬，韧性好。

金露梅 *Pentaphylloides fruticosa* (Linn.) O. Schwarz

蔷薇科 Rosaceae

金露梅属 *Pentaphylloides* Ducham.

种质类型：野生种。

形态特征：灌木，高0.5~1.5m，树皮纵向剥落。小枝红褐色或淡灰褐色。奇数羽状复叶，小叶5片或3片，上面一对小叶片基部下延与叶轴会合；小叶片长圆形、倒卵长圆形或卵状披针形，全缘，顶端渐尖，基部楔形。花单生叶腋，或数朵呈顶生的聚伞花序；花较大，直径1.5~3cm；花瓣黄色，宽倒卵形，顶端圆形。瘦果近卵形，棕褐色，被长柔毛。花期6—7月，果期8月。

生态习性：生于山坡草地及灌丛，海拔1000~2800m。

分布地点：在博乐市三台林场的那瓦布拉克有分布。

种质编号：BLZ-BLS-001-T-0160。种质资源材料1份。

保护利用现状：原地保存。

繁殖方式：种子或扦插繁殖。金露梅播种育苗土壤在整地前浇透水1次，待土壤干湿适宜时进行耕种，播种期为4月中旬。在播种沟内灌足底水，待水下渗后，下垫1~2cm培养土。将种子与湿沙按1∶2混合，播于播种沟内，覆盖培养土，床面覆盖农用地膜，以利保湿保温。扦插最好在春末秋初用当年生的枝条进行嫩枝扦插，或者在早春用去年生长的枝条进行老枝扦插。

应用前景：金露梅枝繁叶茂，植株紧密，株型适中，姿态美观。花为金黄色，鲜艳明亮，花期长达半年，为优良的观赏花木，可片植于花园、公园，还可盆栽观赏。因其枝条柔韧可塑形，耐修剪，是制作盆景的理想树种，亦可植于高山园、岩石园，还可栽作绿篱，用来绿化美化庭院，点缀草坪也很别致。可作为中国北方城乡园林的观赏树种。花、叶全草可入药。

小叶金露梅 *Pentaphylloides parvifolia* (Fisch.ex Lehm.) Sojak.

蔷薇科 Rosaceae

金露梅属 *Pentaphylloides* Ducham.

种质类型：野生种。

形态特征：灌木，高0.2~1m，枝条开展，分枝多，树皮纵向剥落。小枝灰褐色或棕褐色。奇数羽状复叶，有小叶5对或7对，小叶片较小，披针形或倒卵状披针形，顶端渐尖，基部楔形，边缘全缘，明显向下反卷。花单生叶腋，或数朵组成顶生的聚伞花序；花直径1~1.5cm；花瓣黄色，宽倒卵形，顶端微凹或圆形。瘦果被毛。花期6—8月，果期8—10月。

生态习性：生于碎石坡地、山地草原及谷地灌丛，海拔1100~1800m。

分布地点：在博乐市三台林场的玉石布拉克、哈日图热格林场的阿尔夏提、夏尔希里保护区的保尔德和玉科克，精河县精河林场的东图精，温泉县哈夏林场的蒙克沟和别恩切克、萨尔克赞等地有分布。

种质编号：BLZ-BLS-001-T-0154、BLZ-BLS-011-T-0087、BLZ-BLS-408-T-0105、BLZ-BLS-408-T-0113、BLZ-JH-10-B-0334、BLZ-WQ-001-T-0194、BLZ-WQ-001-T-0227、BLZ-WQ-001-T-0227、BLZ-WQ-007-T-0226、BLZ-WQ-06-B-0159。种质资源材料9份。

保护利用现状：原地保存。

繁殖方式：种子或扦插繁殖。采种后将种子晾干，揉碎种皮后过筛，去除种皮等杂物后进行提纯，装入纸袋或布袋在阴凉通风处储藏。早春根据播种时间提前10d左右进行种子处理。温室育苗：当年秋冬季即可进行。大地育苗：第2年3月底至4月初为宜。种子裂口即可播种。在处理好的种子中混入1倍的沙子均匀播撒于苗床上，每公顷播种量22.5kg，播种后用地膜覆盖保温保湿。10d左右便可出苗。小叶金露梅播种后需精心管理，当年平均苗高可达50cm以上，最高可达1m。生长4~5个月便可形成花芽开花。第2年春季可用于造林绿化。

应用前景：花瓣金黄色而且艳丽，花多而且花期较长，具有较高的观赏价值。可作为园林绿化观赏树种，可作绿篱、球形造型，也可片植。适应性强，是具有较好潜质的庭园观赏、保持水土、涵养水源的树种资源。小叶金露梅耐旱，可用于干旱缺水区域、高速公路等地绿化，且小叶金露梅用于假山造景极具优势。由于其种源丰富、繁殖容易，可将其繁殖推广，配置于草坪、路边、山坡等地形成景观，有良好的栽培前景。

白花沼委陵菜 *Comarum salesovianum* (Stepn.) Asch. et Gr.

蔷薇科 Rosaceae

沼委陵菜属 *Comarum* Linn.

种质类型：野生种。

形态特征：半灌木，高30~100cm。茎直立，有分枝，下部木质化。奇数羽状复叶，小叶7~11对，长圆状披针形或卵状披针形，边缘有尖锯齿，上部叶具3对小叶。聚伞花序，有花10~20朵；花直径3~3.5cm；花瓣倒卵形，白色，有时带红色，先端圆钝，基部有短爪。瘦果长圆形，多数被长柔毛，埋藏在宿存的萼筒内。花期6—8月，果期8—10月。

生态习性：生于碎石坡地及谷地灌丛，海拔1800~3000m。

分布地点：在博乐市三台林场的那瓦布拉克，温泉县哈夏林场的别恩切克等地有分布。

种质编号：BLZ-BLS-001-T-0161、BLZ-WQ-007-T-0213。种质资源材料2份。

保护利用现状：原地保存。

繁殖方式：种子繁殖。种子采集期9月下旬至10月。采后及时晾晒，晒干后放置在通风干燥处保存。播种前苗床灌足底水，细致整地，播种时间为3月上中旬，在温室大棚内进行。条播或撒播，播后轻微填压。苗期应精细管理，生长期及时清除杂草，松土，9月中下旬停止浇水和施肥，促进苗木的木质化，11月初灌足冬水越冬，次年即可移栽。

应用前景：沼委陵菜是优良的野生花卉灌木树种，也是适合当地栽植的乡土树种。其具有繁殖容易、生长迅速、抗性强等特点，一年生苗高可达30~40cm、地径可达0.3~0.6cm，表现出良好的生长性状。可为城镇园林绿化、荒山造林及林业生态建设提供后续新品种，可进一步提高抗性和扩大适生范围，可进行推广，具有良好的应用前景。

多刺蔷薇 *Rosa spinosissima* L

蔷薇科 Rosaceae

蔷薇属 *Rosa* Linn.

种质类型：野生种。

形态特征：灌木，高1~1.5m。当年生小枝红褐色，密生细直平展的皮刺和刺毛；羽状复叶，小叶5~11对；小叶片长圆形或长椭圆形，边缘有单锯齿或重锯齿。花常单生叶腋，稀聚生，花瓣黄色，宽倒卵形，直径2~5cm。果实近球形，成熟时果梗上部加粗，褐色，萼片宿存。花期5—6月，果期7—8月。

生态习性：生于山地草原及谷地灌丛，海拔1400~2000m。

分布地点：在博乐市哈日图热格林场的二号桥至夏尔希里山、夏尔希里保护区3林班和玉科克等地有分布。

种质编号：BLZ-BLS-050-T-0066、BLZ-BLS-408-T-0095、BLZ-BLS-408-T-0103。种质资源材料3份。

保护利用现状：原地保存。

繁殖方式：种子或扦插繁殖。多刺蔷薇种子具一定的生理休眠期，播种育苗需将种子置于0℃~4℃环境下30d。幼苗能耐轻度盐碱，育苗地应选择土壤含盐量小于0.2（或小于0.3）左右的沙土或沙壤土为宜。播种前将种子用25℃~30℃温水浸种1d，与湿沙混合后冷藏于0℃~4℃条件下30d，并保持种沙湿度，待4月中旬土壤温度达到12℃~15℃时，即可播种，播种采用条播，覆土0.5~0.7cm，播后不浇水，以免土壤板结，在出苗期内保持床面湿润。出苗期6~7d，10~12d苗可出齐。多刺蔷薇出苗后不宜多浇水，应视土壤干湿情况酌情浇水，水分过多易产生根腐病。多刺蔷薇生长期可达180d以上，苗木根系再生能力强。

应用前景：多刺蔷薇抗逆性强，花期长，枝叶茂密，耐修剪，树形丰满美观，兼具冬春观枝和观皮色、夏赏花香、秋观果的园林价值。可植于街道、公园、庭院，绿化或整形修剪作绿篱、刺篱。是城市园林、庭院绿化非常有发展前途的观赏树种。

宽刺蔷薇 *Rosa platyacantha* Schrenk.

蔷薇科 Rosaceae

蔷薇属 *Rosa* Linn.

种质类型：野生种。

形态特征：灌木，高1~2m。小枝暗红色，刺同型，坚硬，直而扁，基部宽。小叶5~9对，近圆形或长圆形，先端圆钝，基部宽楔形，边缘有锯齿；托叶与叶柄连合，具耳，有腺齿。花单生叶腋；梗于果期上部增粗；花瓣黄色，倒卵形，先端微凹。果球形，成熟时黑紫色。花期5—6月，果期7—8月。

生态习性：生于河滩地、碎石坡地、沟谷灌丛或林缘，海拔1400~2400m。

分布地点：在博乐市哈日图热格林场的2号桥至夏尔希里山、阿热勒托海牧场、哈萨克、夏尔希里保护区3林班，温泉县哈夏林场的蒙克林区，精河县精河林场的东图精等地有分布。

种质编号：BLZ-BLS-050-T-0073、BLZ-BLS-06-B-0027、BLZ-BLS-16-T-0004、BLZ-BLS-408-T-0097、BLZ-JH-10-B-0316、BLZ-WQ-001-T-0237、BLZ-WQ-06-B-0150。种质资源材料7份。

保护利用现状：原地保存。

繁殖方式：种子或扦插繁殖。种子可供育苗，但因种子培育较难成活，一般不建议使用种子进行培育。生产上多用当年生嫩枝扦插育苗，容易成活。要选择生长健壮没有病虫害的枝条作插穗，选好后精心处理。嫩枝插的插穗采后应立即扦插，以防萎蔫影响成活。

应用前景：宽刺蔷薇吸收废气，阻挡灰尘，净化空气。花密，色彩鲜艳美丽，香浓，秋果红艳，极富观赏价值，是极好的垂直绿化材料，适用于布置花柱、花架、花廊和墙垣、绿篱，非常适合家庭种植。

果含维生素C,可食用或药用。

落花蔷薇 *Rosa beggeriana* Schrenk.(弯刺蔷薇)

蔷薇科 Rosaceae

蔷薇属 *Rosa* Linn.

种质类型:野生种。

形态特征:灌木,高1~3m。小枝圆柱形,紫褐色,有成对或散生的皮刺,刺大,坚硬,基部扁宽,呈镰刀状弯曲,淡黄色,有时混生细刺。小叶5~11对,先端钝圆,基部近圆形或宽楔形,边缘有单锯齿,稀重锯齿。花数朵组成伞房状圆锥花序,稀单生;花瓣白色,宽倒卵形,先端微凹,基部宽楔形。果近球形或卵圆形,红色或橘黄色。花期5—7月,果期7—10月。

生态习性:生于河谷、溪旁及林缘,海拔1000~2400m;平原地区也有栽培。

分布地点:在博乐市三台林场的喀拉萨依,精河县精河林场的巴音阿门、乌图精,温泉县哈夏林场的新沟、察汗喀尔嘎、单金沟、托斯沟、北鲵生态园等地有分布。

种质编号:BLZ-BLS-11-T-0150、BLZ-JH-10-B-0353、BLZ-JH-700-T-0321、BLZ-WQ-001-T-0231、BLZ-WQ-007-T-0271、BLZ-WQ-01-B-0184、BLZ-WQ-06-T-0212。种质资源材料7份。

保护利用现状:原地保存。

繁殖方式:种子或扦插繁殖。

应用前景:植株分枝多,冠形饱满,花白果红,观花观果效果好,是城市绿化、道路绿化、庭院栽植观赏树种。

伊犁蔷薇 *Rosa silverhjelmii* Schrenh

蔷薇科 Rosaceae

蔷薇属 *Rosa* Linn.

种质类型:野生种。

形态特征:灌木,高达1.5m。具半缠绕的枝条;刺稀疏,成对,几同型,呈镰刀状弯曲;小叶2对或3对,窄椭圆形,边缘具单锯齿,近基部全缘。花单生或呈伞房花序,白色。果实近球形,直径5~7mm,表面光滑,成熟时黑色。花期5—7月,果期8—10月。

生态习性:生于谷地灌丛或河滩沙地。

分布地点:在温泉县的北鲵生态园有分布。

种质编号:BLZ-WQ-01-B-0185。种质资源材料1份。

保护利用现状:原地保存。

繁殖方式:种子或扦插繁殖。

应用前景：观赏树种。

腺齿蔷薇 *Rosa albertii* Rgl.

蔷薇科 Rosaceae

蔷薇属 *Rosa* Linn.

种质类型：野生种。

形态特征：灌木，高1~2m。枝条呈弧形开展，小枝灰褐色或紫褐色，皮刺细直，基部呈圆盘状，散生或混生较密集针状刺。小叶5~11对，小叶片椭圆形，卵形或倒卵形，先端钝圆，基部近圆形或宽楔形，边缘有重锯齿。花常单生，或两三朵簇生；花瓣白色，宽倒卵形，先端微凹。果实卵圆形、椭圆形或瓶状，橘红色。花期5—6月，果期7—8月。

生态习性：生于中山带林缘、林中空地及谷地灌丛，海拔1400~2300m。

分布地点：在精河县的精河林场有分布。

种质编号：BLZ-JH-700-T-0309。种质资源材料1份。

保护利用现状：原地保存。

繁殖方式：种子或扦插繁殖。

应用前景：观花赏果树种；果可入药，果皮富含维生素C，抗坏血酸的含量在各种蔷薇果中占居首位。

尖刺蔷薇 *Rosa oxyacantha* M. Bieb.

蔷薇科 Rosaceae

蔷薇属 *Rosa* Linn.

种质类型：野生种。

形态特征：矮灌木，高0.5~1.5m。枝条开展，红褐色，有稠密的细直刺，黄白色。小叶7~9对，叶片较小，长圆形或椭圆形，边缘有重锯齿或单锯齿，齿尖常具腺体。花单生，少两三朵簇生，粉红色，直径约3cm，花瓣与萼片等长或稍长。果实长圆形或圆形，果径约1cm，鲜红色，肉质。花期5—7月。

生态习性：生于林缘或山地灌丛。

分布地点：在博乐市夏尔希里保护区的草莓沟、巴格达坂等地有分布。

种质编号：BLZ-BLS-9-B-0089、BLZ-BLS-9-B-0099。种质资源材料2份。

保护利用现状：原地保存。

繁殖方式：种子或扦插繁殖。

应用前景：花色枚红，色泽鲜艳，有芳香，是花架、绿篱的良好材料，可作园林绿化树种。

疏花蔷薇 *Rosa laxa* Retz.

蔷薇科 Rosaceae

蔷薇属 *Rosa* Linn.

种质类型：野生种。

形态特征：灌木，高1~2m。当年生小枝灰绿色，具有细直的皮刺；老枝上刺坚硬，呈镰刀状弯曲，基部扩展，淡黄色。小叶5~9对，椭圆形、卵圆形或长圆形，先端钝圆，基部近圆形或宽楔形，边缘有单锯齿。伞房花序，有花3~6朵，少单生，白色或淡粉红色。果卵球形或长圆形，直径1~1.8cm，红色。花期5—6月，果期7—8月。

生态习性：生于山坡灌丛、林缘及干河沟旁；平原地区也有栽培。

分布地点：在博乐市阿热勒托海牧场、哈日图热格林场、夏尔希里保护区，精河县的八家户、艾比湖保护区，温泉县哈夏林场的新沟察汗喀尔嘎等地有分布。

种质编号：BLZ-BLS-06-B-0030、BLZ-BLS-10-B-0074、BLZ-BLS-10-B-0075、BLZ-BLS-50-T-0129、BLZ-JH-06-B-0267、BLZ-JH-08-B-0397、BLZ-WQ-001-T-0233、BLZ-WQ-06-B-0164。种质资源材料8份。

保护利用现状：原地保存。

繁殖方式：种子繁殖、扦插繁殖、分株育苗繁殖。

应用前景：绿化观赏树种。孤植、丛植或作为绿篱使用。

腺毛蔷薇 *Rosa fedtschenkoana* Rgl.（腺果蔷薇）

蔷薇科 Rosaceae

蔷薇属 *Rosa* Linn.

种质类型：野生种。

形态特征：小灌木，高1~2m。当年生枝条具细弱而直的皮刺，老枝刺大，坚硬，基部扩展成扁三角形，淡黄色。小叶常5~9对；小叶片近圆形或卵圆形，近革质，苍白色，边缘具单锯齿。花单生，有时2~4朵；花梗长1~2cm，密被腺毛；花托球形，外被腺毛，稀光滑；花瓣白色，稀粉红色，宽倒卵形。果实长圆状卵圆形，少球形，深红色，密被腺状刺毛。花期6—7月，果期7—8月。

生态习性：生于河滩灌丛及干旱坡地，海拔1400~2800m。

分布地点：在博乐市阿克图别克、夏尔希里保护区3林班，精河县精河林场的东图精，温泉县哈夏林场的蒙克沟等地有分布。

种质编号：BLZ-BLS-001-T-0140、BLZ-BLS-408-T-0096、BLZ-JH-10-B-0317、BLZ-WQ-06-B-0161。种质资源材料4份。

保护利用现状：原地保存。

繁殖方式：种子或扦插繁殖。

应用前景：绿化观赏树种。

欧洲稠李 *Padus avium* Mill.

蔷薇科 Rosaceae

稠李属 *Padus* Linn.

种质类型:野生种。

形态特征:灌木或小乔木,高可达10m。树皮暗灰色,皮孔明显。小枝黄褐色或红褐色,内皮黄色,有特殊臭味。叶片长圆状倒卵形或卵状披针形,先端尾尖,基部圆形或宽楔形,边缘有不规则的锐锯齿,或重锯齿,叶柄顶端两侧各具1腺体。总状花序,花长7~10cm,下垂,花瓣白色,长圆形。核果卵球形,顶端尖,直径0.8~1cm,红褐色至黑色,光滑。花期5—6月,果期8—9月。

生态习性:生于谷地溪旁、林缘或灌丛,海拔1600~2800m。

分布地点:在博乐市三台林场的喀拉萨依、哈日图热格林场、夏尔希里保护区等地有分布。

种质编号:BLZ-BLS-001-T-0146、BLZ-BLS-050-T-0057、BLZ-BLS-10-B-0047、BLZ-BLS-10-B - 0076、BLZ-BLS-408-T-0093、BLZ-BLS-9-B-0104。种质资源材料6份。

保护利用现状:原地保存为主,在城市绿地有人工栽培。

繁殖方式:种子或扦插繁殖。稠李喜光、耐阴、喜湿润、肥沃、排水良好的沙壤土地,但在低洼或干旱瘠薄地也能正常生长,耐严寒,生长速度快。采种及种子调制:9月当果实变成黑色或紫红色时采收,采回后摊在阴凉处后熟,果皮与果核容易分离时用人工搓揉,果核晾干即为种子。春季,催芽后将种子播种,苗期要加强管理,培育成大苗定植。适时除草、松土及追肥,修剪整形。

应用前景:花白果黑,春叶早展,秋叶红艳,适应性,强是很好的观赏树种和蜜源植物。可列植于路旁、墙边,在庭园、公园、广场绿地上可孤植、丛植或片植。材质优良,可做家具。

树莓 *Rubus idaeus* Linn.

蔷薇科 Rosaceae

悬钩子属 *Rubus* Linn.

种质类型:野生种。

形态特征:灌木,高0.5~1.2m。枝褐色或红褐色,疏生皮刺。奇数羽状复叶,小叶3~5对,少7对,长卵形或椭圆形,顶端短渐尖,基部圆形,顶生小时基部近心形,边缘有重锯齿。花为顶生短总状花序或圆锥状伞房花序,有时少花腋生;花梗与叶片外均被短柔毛和刺毛;花瓣匙形或长圆形,白色,基部有宽爪;花柱基部和子房密被白色绒毛。聚合果球形,多汁,红色或橙黄色,密被短绒毛。花期5—6月。

生态习性:生于谷地灌丛及林缘,海拔400~1800m。树莓具有喜光、抗旱、抗病虫害、长势旺、繁殖容易等优点，对水分、气候及土壤等环境条件适应性较强，极易繁殖和生长，除盐渍和黏重土壤外均可栽培。

分布地点：在博乐市夏尔希里保护区的赛力克、四连边防站、哈日图热格林场的三号桥，温泉县哈夏林场的蒙克沟等地有分布。

种质编号：BLZ-BLS-09-B-0049、BLZ-BLS-10-B-0063、BLZ-BLS-408-T-0132、BLZ-WQ-008-T-0249、BLZ-WQ-06-B-0162。种质资源材料5份。

保护利用现状：原地保存。

繁殖方式：有种子、扦插、根蘖苗和压条、组织培养繁殖等。扦插育苗：剪取充分成熟的一年生树莓枝条截成15~20cm，上端在芽上处平剪，下端在节下斜剪，用试剂处理后，将插条插入土中。插条生根后，即可移植。目前，国外大型树莓苗木供应站几乎都采用组培的方法进行苗木的脱毒快繁。组织培养具有繁殖周期短、繁殖快、繁殖系数高和节省空间等优点，为国内多数学者所推崇。在组织培养过程中，目前对培养基成分、环境条件等外界因素对树莓生长分化的影响的研究报道较多，其他方面的研究报道相对较少。树莓因其根蘖能力强，在生产上多采用分株和培养根蘖苗来繁殖，也可采用压条和扦插来进行繁殖。

应用前景：树莓不仅是鲜美的生食果品，还可加工成果酒、果酱、蜜饯等，果实和种子也可供药用，有较高的营养价值和药用、食用价值。无须加入人工合成有机酸，只要加少量糖，就可以制成口感美味、酸甜适中的饮品果酒、果酱等系列周边产品。同时，树莓还含有丰富的保健成分，有助于防治心脏病，降低血液中的胆固醇，有利于防治糖尿病。树莓也是治疗感冒、流感、咽喉炎的良好降热药。

天山樱桃 *Cerasus tianschanica* Pojark.

蔷薇科 Rosaceae

樱桃属 *Cerasus* Mill.

种质类型：野生种。

形态特征：灌木，高0.5~1m。一年生枝被灰白色绒毛，老枝灰褐色。叶片倒卵状披针形，先端渐尖或钝圆，叶缘具尖锐细锯齿。花4~6朵，簇生，少1~3朵，花叶同放；花萼筒管状，萼片卵状三角形，全缘；花瓣粉红色，倒卵形；花枝基部有疏柔毛。核果紫红色，近球形；核卵形，两侧平滑，腹缝线有沟纹。花期5—6月，果期7—8月。

生态习性：生于干旱坡地及灌木丛，海拔1100~1500m。

分布地点：在博乐市哈萨克交、哈日图热格林场的保尔德及阿拉山口引水工程附近、金三角等地有分布。

种质编号：BLZ-BLS-01-B-0048、BLZ-BLS-10-B-0070、BLZ-BLS-16-T-0001、BLZ-BLS-408-T-0110。种质资源材料4份。

保护利用现状：原地保存。

繁殖方式：种子繁殖。在自然条件下其种子发芽率很低，需要深度休眠和长时间的层积，因此不易育成苗木。但种子繁殖方法简便，易于掌握，种子来源多，便于大量繁殖，且其根系发达，对环境适应性强而且后代变异较少。可以低温层积和赤霉素浸种打破种子休眠。

应用前景：花色绚丽，果实色泽艳丽，晶莹美观，果肉柔软多汁，风味独特，被誉为果中珍品，营养价值很高，既可供观赏，又可生食。既是优良的观赏树种，又是宝贵的野生果树资源。

鬼箭锦鸡儿 *Caragana jubata* (Pall.) Poir.

豆科 Leguminosae

锦鸡儿属 *Caragana* Fabr.

种质类型：野生种。

形态特征：多刺灌木，直立或伏地，基部多分枝。树皮深褐色、绿灰色或灰褐色。羽状复叶有4~6对小叶；托叶先端刚毛状，不硬化成针刺；小叶长圆形，先端圆或尖。花梗单生；花冠玫瑰色、淡紫色、粉红色或近白色，旗瓣宽卵形，基部渐狭成长瓣柄，翼瓣近长圆形，耳狭线形，龙骨瓣先端斜截平而稍凹，耳短，三角形；子房被长柔毛。荚果，密被丝状长柔毛。花期6—7月，果期8—9月。

生态习性：生于干旱山坡、灌丛、云杉林林缘与林下、亚高山草甸、高山山谷草原、河滩，海拔1200~4600m。

分布地点：在温泉县的小温泉、别斯切克、海生达坂，精河县精河林场的乌拉斯台、乌图精等地有分布。

种质编号：BLZ-JH-10-B-0351、BLZ-JH-10-T-0317、BLZ-WQ-01-B-0147、BLZ-WQ-06-T-0214、BLZ-WQ-06-T-0261。种质资源材料5份。

保护利用现状：原地保存。

繁殖方式：种子繁殖。未见引种栽培。

应用前景：由于鬼箭锦鸡儿有根瘤，能提高土壤肥力、绿化荒山，具有保持水土、防风固沙的作用，可用于生态保护植物资源和美化环境，也是抗干旱耐瘠薄的造林先锋树种。此外，鬼箭锦鸡儿还是一种药源，具有很高的营养、药用价值，具有活血化瘀、凉血降压、生肌止痛的功能，可用于防治多血症、血热症、高血压病和心血管方面的疾病。

温泉棘豆 *Oxytropis spinifer* Vass.

豆科 Leguminosae

棘豆属 *Oxytropis* DC.

种质类型:野生种。

形态特征:垫状矮灌木。枝粗壮。羽状复叶长(3)4~7(10) cm;小叶17~21(25)对,长圆状线形、长圆状椭圆形或长圆形,先端突尖,基部圆形,两面被贴伏白色柔毛;总状花序,具2花,稀具3花;花冠淡紫色或红紫色,旗瓣卵形,先端圆或钝。荚果膜质,球状卵形,疏被短白毛,不完全2室。花期6—7月,果期7—8月。

生态习性:生于石质山坡。海拔2100m。

分布地点:温泉县特有种。在温泉县哈夏林场的哈夏沟有分布。

种质编号:BLZ-WQ-06-B-0191。种质资源材料1份。

保护利用现状:原地保存。

繁殖方式:种子繁殖,未见引种栽培。

应用前景:耐旱、耐瘠薄生态树种。

新疆鼠李 *Rhamnus songorica* Gontsch.

鼠李科 Rhamnaceae

鼠李属 *Rhamnus* Linn.

种质类型:野生种。

形态特征:灌木;树皮灰褐色;小枝互生,红褐色,枝端具钝刺。叶互生,或在短枝上簇生,椭圆形或矩圆形,顶端钝,基部楔形,全缘或中部以上有不明显的疏细锯齿;托叶钻形,宿存。花单性,雌雄异株,雄花数个簇生于短枝上,4基数,具花瓣;雌花黄绿色,萼片三角状卵形,具3脉,花瓣矩圆状卵形,有退化雄蕊,于房球形,3室,花柱3半裂。核果黑色球形,直径6mm,具两三个分核。

生态习性:生于山谷灌丛、山坡林下或河滩地,海拔1000~1600m。

分布地点:在精河县精河林场的东图精有分布。

种质编号:BLZ-JH-10-B-0315。种质资源材料1份。

保护利用现状:原地保存。

繁殖方式:种子繁殖。未见引种栽培报道。

应用前景:哈萨克民族药材。

药鼠李 *Rhamnus cathartica* Linn.

鼠李科 Rhamnaceae

鼠李属 *Rhamnus* Linn.

种质类型:野生种。

形态特征:灌木或小乔木;小枝紫红色或银灰色,对生或近对生,枝端具针刺;顶芽椭圆形,芽鳞片边缘有缘毛。叶近对生或兼互生,或在短枝上簇生;叶柄长1~2.7cm,上面有沟,沟内有疏短毛或近无毛。花单性,雌雄异株,通常10余朵簇生于短枝上或长枝下部叶腋,4基数;花梗长2~4mm;雄花具花瓣,雌花的子房3室,花柱长,3浅裂。核果球形,黑色,具3个分核;果梗长5~8mm。

生态习性：生于山地河谷及山地荒漠草原灌丛中，海拔1200~1700m。

分布地点：在博乐市哈日图热格林场的青稞稞、怪石峪等地有分布。

种质编号：BLZ-BLS-10-B-0086、BLZ-BLS-50-T-0025。种质资源材料2份。

保护利用现状：原地保存。

繁殖方式：种子繁殖。繁殖利用未见报道。

应用前景：药用植物，作用较广，主要具有镇定安神、清火解热、消食化气、化痰止咳、消渴利尿、活血祛风、催吐通便以及医治毒虫叮咬、疮毒肿痛等多种功效。

鳞序水柏枝 *Myricaria squamosa* Desv.

柽柳科 Tamaricaceae

水柏枝属 *Myricaria* Desv.

种质类型：野生种。

形态特征：灌木，高0.5~3m，多分枝；老枝灰褐色或紫褐色，多年生枝红棕色或黄绿色，有光泽和条纹。叶密生于当年生绿色小枝上，卵形、卵状披针形、线状披针形或狭长圆形，常具狭膜质的边。总状花序生于二年生枝条上，密集呈穗状；花瓣倒卵形或倒卵状长圆形，粉红色、淡红色或淡紫色；子房圆锥形。蒴果狭圆锥形。种子狭长圆形。花期6—7月，果期8—9月。

生态习性：生于荒漠低山、山间河谷，海拔1500~4600m。

分布地点：在博乐市阿热勒托海牧场、哈日图热格林场、三台林场的老场部，精河县精河林场的乌图精，温泉县的别斯切克等地有分布。

种质编号：BLZ-BLS-06-B-0020、BLZ-BLS-10-B-0067、BLZ-BLS-10-T-0075、BLZ-BLS-11-T-0028、BLZ-JH-10-T-0327、BLZ-WQ-01-B-0143、BLZ-WQ-06-T-0219。种质资源材料7份。

保护利用现状：原地保存。

繁殖方式：种子繁殖和扦插育苗栽培。

应用前景：可作为绿化观赏树种，有药用价值。

宽苞水柏枝 *Myricaria Bracteata* Royle

柽柳科 Tamaricaceae

水柏枝属 *Myricaria* Desv.

种质类型：野生种。

形态特征：灌木，高0.5~3m，多分枝；老枝灰褐色或紫褐色，多年生枝红棕色或黄绿色，有光泽和

条纹。叶密生于当年生绿色小枝上，卵形、卵状披针形、线状披针形或狭长圆形。总状花序顶生于当年生枝条上，密集呈穗状；苞片通常宽卵形或椭圆形，边缘为膜质；花瓣倒卵形或倒卵状长圆形，粉红色、淡红色或淡紫色，果期宿存；子房圆锥形。蒴果狭圆锥形。种子狭长圆形。花期6—7月，果期8—9月。

生态习性：生于沙质河滩、湖边、冲积扇，海拔可达3000m。

分布地点：在博乐市三台林场的那瓦布拉克，精河县精河林场的乌图精，温泉县哈夏林场的奥尔塔克赛等地有分布。

种质编号：BLZ-BLS-11-T-0163、BLZ-JH-10-T-0341、BLZ-WQ-06-B-0172。种质资源材料3份。

保护利用现状：原地保存。

繁殖方式：种子繁殖，未见引种栽培。

应用前景：可观花、观形，是园林绿化的理想树种；其嫩枝可入药，在医药学方面具有广泛的用途。

阿尔泰忍冬 *Lonicera caerulea* Linn. var. *altaica* Pall.

忍冬科 Caprifoliaceae

忍冬属 *Lonicera* Linn.

种质类型：野生种。

形态特征：落叶灌木；幼枝和叶柄无毛或具散生短糙毛。叶宽椭圆形，有时圆卵形或倒卵形，厚纸质。小苞片合生成一坛状壳斗，完全包被相邻两萼筒，果熟时变肉质；花冠黄白色，筒状漏斗形，稍不整齐，筒比裂片长2倍；花药与花冠等长。复果蓝黑色，稍被白粉，椭圆形至准圆状椭圆形。花期5—6月，果期8—9月。

生态习性：生于阿尔泰山、塔尔巴哈台山的山地草原、林带阳坡，海拔1400~2000m。

分布地点：在博乐市哈日图热格林场的三号桥和四号桥、夏尔希里保护区的草莓沟，温泉县哈夏林场的奥尔塔克赛、别斯切克等地有分布。

种质编号：BLZ-BLS-09-B-0088、BLZ-BLS-10-B-0061、BLZ-BLS-10-T-0052、BLZ-WQ-06-B-0176、BLZ-WQ-06-T-0222。种质资源材料5份。

保护利用现状：原地保存。

繁殖方式：种子繁殖。

应用前景：耐严寒，耐干旱、耐荫、抗病虫，适应性强，春夏季观花观叶、秋冬季观果，可应用于城市绿化、公园、庭院美化，也是荒山造林的好树种。

异叶忍冬 *Lonicera heterophylla* Decne.

忍冬科 Caprifoliaceae

忍冬属 *Lonicera* Linn.

种质类型：野生种。

形态特征：落叶灌木；幼枝、叶、叶柄、总花梗、苞片、小苞片、萼筒及花冠外面除多少散生微腺毛外，几乎完全秃净。叶倒卵状椭圆形或椭圆形，顶端尖或突尖，基部渐狭。总花梗长3~4cm，有棱角，小苞片分离，卵形或卵状矩圆形；萼檐具浅齿；花冠紫红色，外面疏生短糙毛和腺，唇形，筒部细，具深囊。果实红色，圆形。花期6月，果熟期8—9月。

生态习性：生于天山、帕米尔高原、昆仑山针叶林阳坡、林间阴处、山地草甸草原、河谷、高山草甸，海拔2000~3300m。

分布地点：在博乐夏尔希里的草莓沟，精河林场的爱门精、温泉哈夏林场的蒙克沟、海生达坂等地有分布。

种质编号：BLZ-BLS-09-T-0098、BLZ-BLS-9-B－0125、BLZ-JH-10-T-0303，BLZ-WQ-06-T-0202、BLZ-WQ-06-T-0268。种质资源材料5份。

保护利用现状：原地保存。

繁殖方式：种子繁殖。

应用前景：良好的观花观果树种。

小叶忍冬 *Lonicera microphylla* Willd.

忍冬科 Caprifoliaceae

忍冬属 *Lonicera* Linn.

种质类型：野生种。

形态特征：落叶灌木；幼枝无毛或疏被短柔毛，老枝灰黑色。叶纸质，倒卵形、倒卵状椭圆形至椭圆形，基部楔形。总花梗成对生于幼枝下部叶腋，苞片钻形；花冠黄色或白色，外面疏生短糙毛或无毛，唇形，唇瓣长约等于基部一侧具囊的花冠筒，上唇裂片直立，矩圆形，下唇反曲。果实红色或橙黄色，圆形；种子淡黄褐色，光滑，矩圆形或卵状椭圆形。花期5—6(7)月，果期7—8(9)月。

生态习性：生于阿尔泰山、天山、塔尔巴哈台山的山地草原至高山草甸、针叶林下、林缘、河谷、灌丛，海拔1300~3200m。

分布地点：博州分布较普遍，在博乐市的哈萨克桥、夏尔希里保护区的保尔德、哈日图热格林场的四号桥和青稞稞、三台林场的达磨沟，精河县精河林场的东图精、小海子，温泉县哈夏林场的蒙克沟、别斯切克等地有分布。

种质编号：BLZ－BLS-06-T-0002、BLZ-BLS-09－T－0115、BLZ-BLS-10-B－0045、BLZ-BLS-10-B－0053、BLZ-BLS-10-T-0069、BLZ-BLS-10-T-0078、BLZ-BLS-11-T-0148、BLZ-JH-10-B-0276、BLZ－JH-10-B-0336、BLZ-WQ－06-T-0215。种质资源材料15份。

保护利用现状：原地保存。

繁殖方式：种子繁殖。

应用前景：耐旱耐瘠薄，是良好的荒山绿化树种，也可用于庭院观赏。

刚毛忍冬 *Lonicera hispida* Pall. ex Roem. et Schult.

忍冬科 Caprifoliaceae

忍冬属 *Lonicera* Linn.

种质类型：野生种。

形态特征：落叶灌木；幼枝常带紫红色，连同叶柄和总花梗均具刚毛或兼具微糙毛和腺毛。老枝灰色或灰褐色。叶厚纸质，形状、大小和被毛变化很大，椭圆形、卵状椭圆形、卵状矩圆形至矩圆形，边缘有刚睫毛。总花梗长，花冠白色或淡黄色，漏斗状，近整齐。果实先黄色后变红色，卵圆形至长圆筒形；种子淡褐色，矩圆形，稍扁。花期5—6月，果期7—9月。

生态习性：生于阿尔泰山和天山北坡山地草原、疏林、针叶林下、灌丛，海拔1600~2500m。

分布地点：在博乐市夏尔希里保护区的玉科克、草莓沟和哈日图热格林场的二号桥，精河县精河林场的乌图精、小海子，温泉县哈夏林场的蒙克沟、新沟、单金沟等地有分布。

种质编号：BLZ-BLS-09-T-0101、BLZ-BLS-10－T－0085、BLZ-BLS-9-B－0094、BLZ-th-10-T-0318、BLZ-WQ-06-T-0201、BLZ-WQ-06-T-0232、BLZ-WQ-06-T-0270。种质资源材料6份。

保护利用现状：原地保存。

繁殖方式：种子繁殖。

应用前景：良好的观赏树种资源。

截萼忍冬 *Lonicera altmannii* Regel et Schmalh

忍冬科 Caprifoliaceae

忍冬属 *Lonicera* Linn.

种质类型：野生种。

形态特征：落叶灌木；幼枝连同叶柄和总花梗均密被开展的微硬毛和腺毛；枝淡黄褐色，无毛，髓白色。叶纸质，圆卵形至卵形，较少矩圆形，顶端稍尖或钝而有小尖头，基部圆形至截形，边缘常呈不规则波状。花于叶后开放，花冠淡黄色，外面疏生小腺毛，唇形，筒基部有明显的囊。果实鲜红色，圆形，顶端常具疏腺毛；种子淡黄褐色，矩圆形或椭圆形。花期4—5月，果期7—8月。

生态习性：生于天山北坡山地草原、针叶林下、林缘、灌丛，海拔900~2400m。

分布地点：在博乐市哈日图热格林场的二号桥、四号桥，精河县精河林场的巴音阿门，温泉县哈夏林场的托斯沟等地有分布。

种质编号：BLZ-BLS-10-B-0062、BLZ-BLS-10-T-0050、BLZ-BLS-10-T-0067、BLZ-JH-10-B-0354、BLZ-WQ-06-B-0166。种质资源材料5份。

保护利用现状：原地保存。

繁殖方式：种子繁殖。

应用前景：观花观果树种资源。

新疆忍冬 *Lonicera tatarica* Linn.

忍冬科 Caprifoliaceae

忍冬属 *Lonicera* Linn.

种质类型：野生种。

形态特征：落叶灌木，全体近于无毛。叶纸质，卵形或卵状矩圆形，有时矩圆形，顶端尖，基部圆或近心形，稀阔楔形。总花梗纤细，小苞片分离，近圆形至卵状矩圆形；花冠粉红色或白色，唇形，筒短于唇瓣，基部常有浅囊，上唇2侧裂深达唇瓣基部，开展。果实红色，圆形，双果之一常不发育。花期5—6月，果期7—8月。

生态习性：生于阿尔泰山、塔尔巴哈台山、天山伊犁地区山地草原、林缘、河谷、灌丛，海拔1000~2100m。

分布地点：在博乐市哈日图热格林场，温泉县城附近等地有分布。

种质编号：BLZ-BLS-10-B-0068、BLZ-WQ-01-B-0232。种质资源材料2份。

保护利用现状：原地保存。

繁殖方式：种子繁殖。

应用前景：观花观果树种资源，可用于庭院观赏和道路、庭院绿化。

光白英 *Solanum kitagawae* Schonbeck-Temesy

茄科 Solanaceae

茄属 *Solanum* Linn.

种质类型：野生种。

形态特征：攀缘亚灌木，基部木质化，少分枝，茎具纵条纹及分散突起的皮孔。叶互生，薄膜质，卵形至广卵形，先端渐尖，基部宽心脏形至圆形，全缘。聚伞花序腋外生，多花；花冠紫色，先端5深裂，裂片披针形。浆果熟时红色；种子卵形，两侧压扁。花果期在秋季。

生态习性：生于阿尔泰山、塔尔巴哈台山、天山伊犁地区山地草原、林缘、灌丛。海拔1000~1500m。

分布地点：在博乐市哈日图热格林场有分布。

种质编号：BLZ-BLS-10-B-0115。种质资源材料1份。

保护利用现状：原地保存。

繁殖方式：种子繁殖。

应用前景：观赏藤本树种资源。

阿尔泰百里香 *Thymus altaicus* Klok. et Shost.
唇形科 Labiatae
百里香属 *Thymus* Linn.

种质类型:野生种。

形态特征:半灌木。茎匍匐或上升。叶长圆状椭圆形或卵圆形,稀倒卵圆形,先端钝或锐尖,基部渐狭成短柄,全缘。头状花序,有时在花序下具有1个或2个不发育的轮伞花序;花萼钟形,花冠粉红色。小坚果。花期7—8月。

生态习性:生于阿尔泰山的山地草甸及亚高山草甸带中,海拔1200~2500m。百里香耐寒、耐旱、耐瘠薄、耐盐碱,对生存条件要求不高,在粗骨土、干旱的山地、瘠薄的沙质土上都能很好地生长。百里香能形成天然扩张的特性,冠幅可达150cm/株,盖度可达80%~90%。百里香的萌枝和繁殖枝高度为2~5cm,作为地被植物有免修剪的优势。

分布地点:在博乐市哈日图热格林场的青稞稞有分布。

种质编号:BLZ-BLS-10-B-0079。种质资源材料1份。

保护利用现状:原地保存。

繁殖方式:百里香属于多年生亚灌木,野生性较强,可采用播种、扦插、分株、压条和组织培养的方式进行繁殖。在一般情况下,不需要利用组织培养来繁殖,播种、扦插、分株和压条成活率很高且成本低。百里香一般于3—4月返青,因此播种宜在4月,上面覆一层薄土即可。发芽前,要保证适宜的水分、生长温度。扦插的枝条以5节以上,约10cm长,带顶芽的嫩枝扦插为最好,易生根,易成活。压条和分株法比较适用于本地百里香的栽培,即直接从生长健壮的百里香丛中连根挖出,带土坨栽植,很快就能恢复生长。

应用前景:百里香是一种具有很高开发价值的多用途植物。它适用于覆盖荒地,防止扬沙和水土流失,涵养水源,是沙漠边缘的先锋树种;可作为庭院观赏植物、地被植物等理想的园林绿化物种。最重要的是,它的药用价值很高,有抗菌、抗脂肪氧化、抗肿瘤及抗血栓等功效,可作为医药原料,用于相关的药物制剂。由于百里香有怡人的香味,还可应用于护肤品、香水、香皂等日用化妆品。

拟百里香 *Thymus proximus* Serg.
唇形科 Labiatae
百里香属 *Thymus* Linn.

种质类型:野生种。

形态特征:灌木。茎匍匐,不粗壮,圆柱形;花枝四棱形或近四棱形。叶椭圆形,稀卵圆形,先端钝,基部渐狭成柄,全缘或具不明显的小锯齿。花序头状或稍伸长,有时在下面具有不发育的轮伞花序;唇形花冠,花淡紫至粉红色,外被短柔毛。雄蕊稍外伸。花柱外伸,裂片近相等,小坚果,近球形。花期6—8月。

生态习性:生于天山及阿尔泰山的山地草原及亚高山草甸。

分布地点：在博乐市三台林场的那瓦布拉克有分布。

种质编号：BLZ-BLS-11-T-0162。种质资源材料1份。

保护利用现状：原地保存。

繁殖方式：种子、扦插或分株繁殖。

应用前景：芳香植物，可药用、食用，良好的园林地被植物资源。

硬尖神香草 *Hyssopus cuspidatus* Boriss.

唇形科 Labiatae

神香草属 *Hyssopus* Linn.

种质类型：野生种。

形态特征：半灌木。茎基部粗大，木质，自基部帚状分枝。叶线形，先端锥尖，基部渐狭，无柄，上面绿色，下面灰绿色。穗状花序多花，生于茎顶，由轮伞花序组成，轮伞花序通常10花。花冠紫色，冠檐二唇形，上唇直伸，中裂片倒心形，侧裂片宽卵形。小坚果长圆状三棱形。花期7—8月，果期8—9月。

生态习性：生于阿尔泰山、塔尔巴哈台山的山地草原及砾石山坡。海拔1000~1500m。

分布地点：在博乐市夏尔希里保护区的小克拉达坂、哈日图热格林场的二号桥通往夏尔希里山的途中有分布。

种质编号：BLZ-BLS09-T-0122、BLZ-BLS-10-T-0063。种质资源材料2份。

保护利用现状：原地保存。

繁殖方式：主要以播种、分株、扦插等方式进行繁殖。

应用前景：小花密集，唇形花冠呈管状，花紫色，蜜汁丰富，极易招蜂引蝶，因此可作为园林绿化植物，种植在岩石园、草药园中，也可组合盆观赏。同时，神香草也是难得的蜜源、芳香油、药用植物。神香草具有抗衰老的作用，其所含的挥发油成分可缓解支气管痉挛；神香草的叶、花均可入药，具有镇咳祛痰的功效。神香草既有观赏价值，又可作芳香蔬菜或辛香调料，经济价值很高。

芳香新塔花 *Ziziphora clinopodioides* Lam.

唇形科 Labiatae

新塔花属 *Ziziphora* Linn.

种质类型：野生种。

形态特征：半灌木，具薄荷香味，高15~40cm。根粗壮，木质化。茎直立或斜向上，四棱，紫红色，从基部分枝，密生向下弯曲的短柔毛。叶对生，腋间具数量不等的小叶；叶片宽椭圆形、卵圆形、长圆形、披针形或卵状披针形，长0.6~2cm，宽3~10mm，基部楔形延伸成柄，先端渐尖，全缘，两面具稀的柔毛，背面叶脉明显，具黄色腺点。花序轮伞状，着生在茎及枝条的顶端，集成球状，花梗2~3mm；苞片小，叶状，边缘具稀疏的睫毛；花萼筒形，长5~7mm，外被白色的毛，里面喉部具白毛，萼齿5个，近相等，果期不靠合或稍开展；花冠紫红色，长约10mm，冠筒伸出于萼外，内外被短柔毛，冠檐二唇形，上唇直立，顶端微凹，下唇3裂，中裂片狭长，先端微刻，侧裂片圆形；雄蕊4枚，仅前对发育，后对退化，伸出冠外；花柱先端2浅裂，裂片不相等。小坚果卵圆形。花期7月；果期8月。

生态习性：生于阿尔泰、天山、准噶尔西部山地、帕米尔高原及昆仑山地草原及砾石质坡地。

分布地点：在博乐市哈日图热格林场的三号桥，精河县精河林场的赛里克底，温泉县哈夏林场的托斯沟等地有分布。

种质编号：BLZ-BLS-10-B-0054、BLZ-JH-10-B-0342、BLZ-WQ-06-0211。种质资源材料3份。

保护利用现状：原地保存。

繁殖方式：主要以播种、分株、扦插等方式进行繁殖。

应用前景：芳香观赏植物资源。

第二节　河谷林种质资源

密叶杨 *Populus talassica* Kom.

杨柳科 Salicaceae

杨属 *Populus* Linn.

种质类型：野生种。

形态特征：高大乔木。树皮灰绿色，树冠开展；萌条微有棱角，小枝灰色，近圆筒形。萌枝叶披针形至阔披针形，短枝叶卵圆形或卵圆状椭圆形，先端渐尖，边缘浅圆齿；叶柄圆。雄花序花药紫色。果序长5~6cm，果期长至10cm；蒴果卵圆形，3瓣裂。花期5月，果期6月。密叶杨实生苗、根蘖条和幼树的叶都很狭窄，卵状椭圆形、阔披针形或披针形，各部无毛或几无毛；成年树的长枝叶长卵形、长圆形或长圆状椭圆形；成年树的短枝叶（果枝叶）较宽短，卵形或阔卵形，基部楔形或圆形等。因而根蘖条和成年树枝叶的形状变化，是区别本种及其种下等级的依据。

生态习性：分布于山地河谷及前山带河谷沿岸。在天山中部和西部地区，海拔可至2400m。

分布地点：本种分布较广，在博乐市的保尔德、夏尔希里保护区，三台林场的阿克吐别克乡，精河县精河林场的小海子、东图精、爱门精、乌拉斯台，温泉县哈夏林场的奥尔塔克赛等都有分布，是博尔塔拉河、精河等流域河谷林建群种。

种质编号：BLZ-BLS-06-B-0024、BLZ-BLS-408-T-0117、BLZ-BLS-505-T-0027、BLZ-JH-10-B-0278、BLZ-JH-10-B-0326、BLZ-JH-700-T-0306、BLZ-JH-11-B-0293、BLZ-WQ-001-T-0034、BLZ-WQ-01-B-0144、BLZ-WQ-06-B-0180等。种质资源材料16份。

保护利用现状：原地保存，河岸林。

繁殖方式：种子和插条繁殖。

应用前景：山地河谷林和平原河岸林的主要建群种。

蓝叶柳 *Salix capusii* Franch.

杨柳科 Salicaceae

柳属 *Salix* Linn.

种质类型：野生种。

形态特征:大灌木,高达5~6m,皮暗灰色。小枝纤细,栗褐色。叶线状披针形或狭披针形,先端短渐尖,常中部以上宽,全缘或有细齿。花与叶近同时开放;雄蕊2枚,花丝合生,花药黄色,球形;子房细圆锥形。蒴果淡绿或淡黄色。花期4—5月,果期5—6月。

生态习性:生于中山至前山河谷岸边,是新疆最常见柳树之一,以其枝叶发蓝而引人注目。

分布地点:在博州分布较普遍,三台林场的阿克吐别克,哈日图热格林场的云雾山庄、度假村、水边桥旁,保尔德,哈夏林场的别斯切克、老场部、奥尔塔克赛,精河林场的东图精、巴音阿门、爱门精等都有分布。

种质编号:BLZ-BLS-001-T-0142、BLZ-BLS-050-T-0076、BLZ-BLS-10-B-0073、BLZ-JH-10-B-0328、BLZ-JH-700-T-0047、BLZ-JH-700-T-0316、BLZ-WQ-007-T-0221、BLZ-WQ-01-B-0140、BLZ-WQ-06-B-0174、BLZ-WQ-001-T-0240等。种质资源材料15份。

保护利用现状:原地保存,河岸林。

繁殖方式:种子或扦插繁殖。

应用前景:小枝发红,叶片发蓝,枝条柔软,是较好的观赏和生态绿化树种。

灌木柳 *Salix saposhnikovii* A. Skv

杨柳科 Salicaceae

柳属 *Salix* Linn.

种质类型:野生种。

形态特征:灌木,高约1m。当年生小枝栗色,有光泽。叶长椭圆形至披针形,或长圆状倒卵形,边缘有疏齿,稀几全缘,成熟叶两面无毛;叶脉明显。花与叶同时或叶后开放,雄花序短圆柱形或长圆形,苞片淡褐色或暗褐色,两面有长毛,果序长3~3.5cm,果序梗有绒毛,基部具小叶片;子房卵状圆锥形或长卵圆形,有短绒毛。蒴果褐色,被短绒毛。

花期5—6月，果期6—7月。

生态习性：主要生于山地河谷、林缘，常与欧杞柳同一生境，分布于海拔1800~2000m的山区河流沿岸、河滩、河谷、低湿地或林缘、山谷、沼泽地、山坡、湿沙地、云杉林中。

分布地点：在温泉县哈夏林场、卡赞河谷分布。

种质编号：BLZ-WQ-06-T-0265。种质资源材料1份。

保护利用现状：原地保存。

繁殖方式：种子或扦插繁殖。

应用前景：湿地生态恢复和观赏树种，也可用于污水净化。

天山柳 *Salix tianschanica* Rgl.

杨柳科 Salicaceae

柳属 *Salix* Linn.

种质类型：野生种。

形态特征：灌木，高1~3m，多分枝。小枝栗红色，有光泽。叶椭圆形或倒卵状椭圆形，先端钝或具短尖，基部楔形。花几与叶同时开放，花序梗短，基部具鳞片状叶，苞片长卵圆形，栗色至近黑色；雄蕊花药黄色；子房卵形。蒴果褐色，有疏毛。花期5月，果期6月。

生态习性：生于山地林缘，海拔1900~2700m。

分布地点：在博乐市夏尔希里保护区的草莓沟、301南侧都有分布。

种质编号：BLZ-BLS-09-B-0051、BLZ-BLS-09-T-0094、BLZ-BLS-9-B-0097。种质资源材料3份。

保护利用现状：原地保存，河谷树种。

繁殖方式：种子或扦插繁殖。

应用前景：生态绿化和观赏树种。

鹿蹄柳 *Salix pyrolifolia* Ledeb.

杨柳科 Salicaceae

柳属 *Salix* Linn.

种质类型：野生种。

形态特征：大灌木或小乔木。小枝淡黄褐色或栗色。叶圆形、卵圆形、卵状椭圆形，先端短渐尖至圆形，基部圆形或微心形，边缘有细锯齿；托叶大，肾形，边缘有锯齿。花先叶或与叶同时开放；苞片长圆形或长圆状匙形，棕褐色或褐色；雄蕊花药黄色；子房圆锥形，无毛，柱头2裂。蒴果长6~7mm，淡褐色。花期5—6月，果期6—7月。

生态习性：生于山地河谷。

分布地点：主要分布在温泉县哈夏林场的奥尔

塔克赛和别斯切克等地。

种质编号：BLZ-WQ-001-T-0031、BLZ-WQ-001-T-0220、BLZ-WQ-001-T-0223、BLZ-WQ-06-B-0177。种质资源材料4份。

保护利用现状：原地保存。

繁殖方式：以插条繁殖为主，也可种子繁殖。播种育苗可以克服长期无性育苗带来的早衰现象，且寿命长，抗病力强；要及时采种，随采随播。扦插育苗春秋两季均可。春季宜在芽萌发前进行，秋季宜落叶后土壤结冻前进行。

应用前景：鹿蹄柳是早春开花的蜜源植物。也是优美的观赏树种。此外，还可作为固堤、护岸、净化空气的重要树种。

戟柳 *Salix hastata* L.

杨柳科 Salicaceae

柳属 *Salix* Linn.

种质类型：野生种。

形态特征：灌木，高1~2m，稀较高。小枝淡黄色，栗色或灰黑色。叶卵形、长圆形，或长圆状倒卵形，边缘有细锯齿，托叶斜卵形或半心形，边缘有锯齿。花与叶同时开放，果序伸长，花序梗具小叶片和绒毛；苞片长圆形，淡褐色，密被灰白色长柔毛；子房卵形2裂。蒴果绿色或褐色，无毛。花期5—6月，果期6—7月。

生态习性：生于山地河岸或低湿地，较普遍。

分布地点：在精河林场有分布。

种质编号：BLZ-JH-10-T-0319。种质资源材料1份。

保护利用现状：原地保存。

繁殖方式：种子繁殖，未见引种栽培。

应用前景：生态绿化和观赏树种。

黄花柳 *Salix caprea* Linn.

杨柳科 Salicaceae

柳属 *Salix* Linn.

种质类型：野生种。

形态特征：灌木或小乔木。小枝黄绿色至黄红色。叶卵状长圆形、宽卵形至倒卵状长圆形，先端急尖或有小尖，网脉明显，侧脉近叶缘处常相互连结，近闭锁脉状，边缘有不规则的缺刻或牙齿，叶质稍厚。花先叶开放；雄花序雄蕊花药黄色，苞片披针形，上黑下色浅，2色，两面密被白长毛；雌花序短圆柱形。蒴果长可达9mm。花期4月下旬至5月上旬，果期5月下旬至6月初。

生态习性：生于山地河谷或林缘。

分布地点：在博乐市夏尔希里保护区的赛力克有分布。

种质编号：BLZ-BLS-09-T-0134、BLZ-BLS-09-T-0135。种质资源材料2份。

保护利用现状：原地保存，河谷树种。

繁殖方式：种子或扦插繁殖。

应用前景：木材白色，质轻，供家具、农具用；树皮可提取栲胶；枝皮纤维可造纸；枝和须根祛风除湿，治筋骨痛及牙龈肿痛，叶、花、果能治恶疮等症。也可作为园林绿化树种。

耳柳 *Salix aurita* L

杨柳科 Salicaceae

柳属 *Salix* Linn.

种质类型：野生种。

形态特征：灌木，高1~2m。小枝细，栗色或黄褐色。叶倒卵形或长圆状倒卵形，先端短尖常偏斜，边缘有不整齐细齿牙。花先叶开放；雄花序无梗，雄蕊、苞片长圆形，浅褐色或先端较暗；雌花序有短梗；子房狭圆锥形。蒴果。花期5月，果期6月。

生态习性：生于山地河谷岸边。

分布地点：在夏尔希里保护区的赛力克有分布。

种质编号：BLZ-BLS-09-T-0130。种质资源材料1份。

保护利用现状：原地保存，河谷树种。

繁殖方式：种子或扦插繁殖。

应用前景：生态绿化和观赏树种。

谷柳 *Salix taraikensis* Kimura

杨柳科 Salicaceae

柳属 *Salix* Linn.

种质类型：野生种。

形态特征：灌木或小乔木，高3~5m。树皮暗褐色，小枝栗褐色。叶椭圆状倒卵形或椭圆状卵形，先端急尖、钝或圆形，基部圆形或阔楔形，全缘，着生在萌枝或小枝上部的叶有不规则的齿牙缘。花与叶同时开放或稍先叶开放；雄花序椭圆形或短圆柱形，基部有数个小叶，苞片先端带褐色或近黑色；雌花序梗果期可长达1cm。蒴果有毛。花期4月下旬，果期6月上旬。

生态习性：生于山地河谷及林缘。疏林、混交林种。

分布地点：博州较为常见，主要分布在河谷区域。在博乐市哈日图热格林场、夏尔希里保护区，精河县精河林场的乌拉斯台、爱门精，温泉县哈夏林场的蒙克、别斯切克、海生达坂等地有分布。

种质编号：BLZ-BLS-09-B-0091、BLZ-BLS-09-T-0102、BLZ-BLS-10-T-0058、BLZ-BLS-10-T-0061、BLZ-JH-10-B-0350、BLZ-JH-10-T-0308、BLZ-WQ-06-T-0195、BLZ-WQ-06-T-0199、BLZ-WQ-06-T-0217、BLZ-WQ-06-T-0264等。种质材料11份。

保护利用现状：原地保存，河谷林树种。

繁殖方式：种子或扦插繁殖。

应用前景：生态绿化和观赏树种。

吐兰柳 *Salix turanica* Nas.

杨柳科 Salicaceae

柳属 *Salix* Linn.

种质类型：野生种。

形态特征：大灌木，高2~3m。小枝淡黄褐色，密被灰白色绒毛。叶宽披针形、长圆形或卵圆状长圆形，下部较宽，先端渐尖，基部宽楔形，边缘内卷，全缘或微波状。花先叶或与叶近同时开放，雄花序苞片长圆形，棕色或近黑色；雌花序子房长圆锥形，蒴果。花期4月，果期5月。

生态习性：喜光性强、不耐阴、较耐盐碱、根系发达、抗风、固土。在当地洪水来临前开花，洪水将退时种子成熟，种子成熟后漂浮在水面，随洪水消退而扎根于河床两岸。

分布地点：博乐市三台林场有分布。

种质编号：BLZ-BLS-01-B-0200。种质资源材料1份。

保护利用现状：原地保存，河谷树种。

繁殖方式：人工繁殖主要采取扦插育苗。野生吐兰柳主要是靠有性繁殖方式进行繁殖。吐兰柳喜水性强，属阳性树种，因此造林地要尽量选择地势低洼、土层深厚、土壤肥沃、含水量大的土地。对选择的造林地要进行全面清理、整地，深翻25cm以上。种条采集的最佳时间在4月初树液流动前或10月底入冬之后。选择的种条最好是当年萌条，也可少量选择二年生萌条。将新割回的种条用湿土埋好，以防止种条失水，影响成活率。春季可直接剪条，分捆包装、土埋。扦插前先将插穗放在水中浸泡24小时，让插穗充分吸水达到饱和状态，以有利于生根、发芽，提高成活率。插后踏实土壤。

应用前景：良好的水土保持和护岸树种，也可用于庭院绿化和退耕还林生态树种。

毛枝柳 *Salix dasyclados* Wimm.

杨柳科 Salicaceae

柳属 *Salix* Linn.

种质类型：野生种。

形态特征：灌木或乔木，高5~8m。树皮褐色或黄褐色。小枝褐色，有灰白色长柔毛或近无毛。叶阔披针形或倒披针形、长椭圆状披针形，最宽处一般在中部以上，上面灰绿色，下面灰色，有绢质短柔毛，全缘或具腺锯齿，反卷。花序先叶开放，雄蕊2枚，花药黄色，苞片2色，先端黑色；雌花序较长，粗圆柱形，子房卵状圆锥形，有长柔毛。花期4月，果期5月。

生态习性：生于山地河谷岸边。

分布地点：在温泉县的蒙克沟，博乐市的夏尔希里保护区有分布。

种质编号：BLZ-BLS-9-B-0126、BLZ-WQ-004-T-0038、BLZ-WQ-06-B-0163。种质资源材料3份。

保护利用现状：原地保存。

繁殖方式：种子或扦插繁殖。

应用前景：毛枝柳生于山地河谷岸边，可作护岸、护堤树种，也可绿化观赏。

萨彦柳 *Salix sajanensis* Nas.

杨柳科 Salicaceae

柳属 *Salix* Linn.

种质类型：野生种。

形态特征：灌木或小乔木，高2~4m。小枝较粗，褐色或栗色。叶倒卵状披针形，萌枝叶较长且宽，中部以上较宽，先端短渐尖，基部长楔形，下面淡绿色，有短绒毛，幼叶两面有绢毛，叶脉褐色，锐角开展，两面均明显，边缘常反卷，全缘或有不明显的疏腺齿。雌花序具短梗，花柱长；苞片卵圆形，顶端尖，棕褐色，基部较淡，密被灰色长毛。蒴果长圆形，灰色。花期6月，果期6月底至7月底。

生态习性：生于山地的针叶林缘或河岸边。

分布地点：在温泉县哈夏林场有分布。

种质编号：BLZ-WQ-06-T-0266。种质资源材料1份。

保护利用现状：原地保存。

繁殖方式：种子或扦插繁殖，未见引种栽培。

应用前景：可作生态绿化和观赏树种。

银柳 *Salix argyracea* E. Wolf

杨柳科 Salicaceae

柳属 *Salix* Linn.

种质类型：野生种。

形态特征：大灌木，高4~5m；树皮灰色。小枝淡黄至褐色。叶倒卵形、长圆状倒卵形，稀长圆状披针形或阔披针形，先端短渐尖，基部楔形，边缘有细腺锯齿，上面绿色，下面密被绒毛。花先叶开放，雄花序长约2cm；雌花序具短花序梗，子房卵状圆锥形，密被灰绒毛；苞片黑色，密被灰色长毛。花期5—6月，果期7—8月。

生态习性：生于山地的雪岭云杉林缘或疏林，是极普遍的柳树之一。海拔1700~2900m以上。

分布地点：在博乐市的夏尔希里保护区、精河县精河林场等地有分布。

种质编号：BLZ-BLS-09-B-0051、BLZ-BLS-09-T-0094、BLZ-BLS-09-B-0097。种质资源材料4份。

保护利用现状：原地保存，河谷林树种。

繁殖方式：种子或扦插繁殖。一般采用扦插繁殖，可于早春剪取枝条扦插，亦可于春、秋季用嫩枝扦插，极易生根成活。

应用前景：很好的造林、绿化、薪炭、防风、固沙树种，已成为西北地区主要造林树种之一。银柳生长速度快，也可作观赏树及背景树。此外，银柳是一种优良的观芽植物，观芽期长，是家庭室内装饰的理想材料，也是优良切花材料。适宜植于庭院路边。

中国沙棘 *Hippophae rhamnoides* Linn.

胡颓子科 Elaeagnaceae

沙棘属 *Hippophae* Linn.

种质类型：野生种。

形态特征：落叶灌木或乔木，棘刺较多，粗壮，顶生或侧生；嫩枝褐绿色，密被银白色带褐色鳞片，或有时具白色星状柔毛，老枝灰黑色，粗糙；单叶通常近对生，纸质，狭披针形或矩圆状披针形，上面绿色，初被白色盾形毛或星状柔毛，下面银白色或淡白色，被鳞片，无星状毛；果实圆球形，橙黄色或橘红色；种子小，阔椭圆形至卵形，有时稍扁，黑色或紫黑色，具光泽。花期4—5月，果期9—10月。

生态习性：喜湿、耐旱、耐寒。

分布地点：广泛分布在博尔塔拉河流域，在博乐市阿热勒托海牧场、哈日图热格林场，温泉县哈夏林场的奥尔塔克赛等地有分布。

种质编号：BLZ-BLS-06-B-0029、BLZ-BLS-06-T-0175、BLZ-BLS-10-B-0117、BLZ-JH-01-T-0448、BLZ-WQ-06-B-0173、BLZ-WQ-06-T-0032。种质资源材料6份。

保护利用现状：原地保存，并进行大面积栽培。

繁殖方式：采用种子繁殖。可在春播前将种子浸胀，行距10~15cm条播，深度3cm。一星期后出苗，当出现第一对真叶后，开始间苗，出现第四对真叶时，第二次间苗，株距保持5cm。秋播宜在晚秋进行，播后畦面覆盖，冬季浇水封冻，翌年出苗。采用扦插繁殖时插条选择中等成熟的生长枝，插期以6月中旬至8月末为好，插时行株距为(10~15) cm×(5~10) cm。第二年春移植，行株距为(30~60) cm ×(15~17) cm。用1~2年无性繁殖苗造林，种植密度以密植为好，行株距4m×2m。对果实成熟期不同的类型或品种，可分片栽植，便于管理。栽植时，注意雌雄植株的合理配比，一般8株雌株配植1株雄株。为提高土壤肥力，要注意中耕除草，沙棘对磷肥比较敏感，可酌情施过磷酸钙，以利植株生长。

应用前景：沙棘喜湿、耐旱、耐寒，可作固沙、护堤树种，是优良的水土保持树种，在生态环境治理及农村经济发展中起着巨大的作用，其果实、叶富含多类生物活性物质与营养成分，广泛用于医药、食品、饮料、化妆品等工业生产。

第三节　荒漠河岸林种质资源

胡杨 *Populus euphratica* Oliv.

杨柳科 Salicaceae

杨属 *Populus* Linn.

种质类型：野生种。

形态特征：乔木，高10~15m，稀灌木状。树皮淡灰褐色，下部条裂。苗期和萌枝叶披针形或线状披针形，全缘或不规则的疏波状齿牙缘，叶形多变化，卵圆形、卵圆状披针形、三角状卵圆形或肾形，先端有粗齿牙，基部楔形、阔楔形、圆形或截形，有2腺点，两面同色。雄花序细圆柱形，花药紫红色；雌花序果期长达9cm。蒴果长卵圆形，2~3瓣裂，无毛。花期5月，果期7—8月。

生态习性：生于荒漠河流沿岸。排水良好的冲积沙质壤土上。海拔500~2000m。

分布地点：在博乐市贝林乡胡杨管护区，精河县艾比湖保护区的拜克巴斯陶、茫丁乡的达流村、甘家湖保护区的二羊圈、精河林场的乌图精等地有分布。

种质编号：BLZ-ABH-722-T-0487、BLZ-ABH-722-T-0488、BLZ-BLS-009-T-0295、BLZ-BLS-8-T-0017、BLZ-JH-005-T-0450、BLZ-JH-03-B-0251、BLZ-JH-09-B-0362、BLZ-JH-09-B-0363、BLZ-JH-700-T-0343。种质资源材料9份。

保护利用现状：原地保存。

繁殖方式：种子或插条繁殖。胡杨的生长发育规律：幼龄林期1~10a，叶为线形或线状披线形，至10a左右，树高2~3m，胸径4~5cm，开始开花结实；中龄林期11~20a，叶披针形具疏齿牙，树冠尖卵形，为生长高峰期和结实旺盛期，树高4~10m，胸径6~

8cm；近熟林期21~40a，异叶明显，树冠宽阔，开展，为胡杨粗生长期，树高10~15m，胸径11~15cm以上；成熟林期41~60a，叶主要为阔卵形，树冠开始稀疏，生长由中速趋于缓慢；老龄林期60a以后，生长由很慢近于停滞，皮厚且粗糙剥落，心腐，枯梢。

应用前景：胡杨材质柔软，有韧性、易加工，但难劈，不结实。胡杨抗盐、抗旱、抗寒、抗风、喜光、喜沙质壤土。胡杨是新疆荒漠中分布最广的落叶阔叶树种、特有的荒漠森林树种。以胡杨为建群种的荒漠河岸林是中国西北地区荒漠绿洲中最主要的植被景观，也是荒漠环境中为数不多的高大乔木，支撑着荒漠绿洲和其中丰富的野生动植物资源。

白柳 *Salix alba* Linn.

杨柳科 Salicaceae

柳属 *Salix* Linn.

种质类型：野生种。

形态特征：乔木，高达20(25) m。树冠开展；树皮暗灰色，深纵裂；幼枝有银白色绒毛，老枝无毛。叶披针形、线状披针形、阔披针形、倒披针形或倒卵状披针形，先端渐尖或长渐尖，基部楔形，边缘有细锯齿。花序与叶同时开放，有梗，雄花序花药鲜黄色，较疏；雌花序苞片披针形，淡黄色。蒴果，果序长3~5.5cm。花期4—5月，果期5月。

生态习性：生于额尔齐斯河及其支流河岸、湖岸边。海拔450~800m。

分布地点：在博乐市阿热勒托海牧场有分布。

种质编号：BLZ-BLS-06-B-0021。种质资源材料1份。

保护利用现状：原地保存。

繁殖方式：种子繁殖和扦插育苗栽培。

应用前景：白柳喜光，抗寒，耐轻度盐碱，是新疆最普遍而又最珍贵的速生用材树种之一。木材轻软，无气味，纹理直，结构细，油漆性能好，不易劈裂可供建筑、家具、农具、胶合板等用。也是一种观赏树种和早春的蜜源植物。

齿叶柳 *Salix denticulata* Anderss.

杨柳科 Salicaceae

柳属 *Salix* Linn.

种质类型：野生种。

形态特征：灌木，高2~6m。幼枝有短柔毛，老则无毛。叶卵圆形或椭圆状长圆形，先端急尖或钝，基部圆形或宽楔形，边缘具细牙齿。雄蕊花药黄色；雌花序梗具正常的叶子，轴有毛；子房卵状长圆形或卵圆形。蒴果椭圆状长圆形。花期4月，果期5月。

生态习性：生于荒漠河、湖岸边。

分布地点：主要分布在博乐市郊，夏尔希里保护区的赛里克和艾比湖保护区的桦树林站附近。

种质编号：BLZ-BLS-01-B-0127、BLZ-BLS-

408－T-0133、BLZ-JH-08-B－0395。种质资源材料3份。

保护利用现状：原地保存，河谷树种。

繁殖方式：种子或扦插繁殖。

应用前景：生态绿化和观赏树种。

疏齿柳 *Salix serrulatifolia* var. *subintegrifolia* Ch. Y. Yang

杨柳科 Salicaceae

柳属 *Salix* Linn.

种质类型：野生种。

形态特征：灌木，高3~4m，树皮灰色。小枝淡黄色，无毛，有光泽。芽大。叶披针形，先端渐尖，基部楔形，边缘稍呈骨质增厚，有凹缺状腺齿，上面绿色，下面灰蓝色，枝下部叶全缘，而上部叶或萌枝叶具疏齿。托叶锥状或线状披针形，有疏齿，短于叶柄，常早落。花先叶开放，苞片倒卵形，先端圆，黑色，雄蕊2枚，花丝合生；子房卵状圆锥形，淡褐色，有短绒毛，柄很短，花柱和柱头短。蒴果有疏毛至近无毛。花期4月，果期5—6月。

生态习性：生于前山或荒漠水渠边。

分布地点：在博乐市三台林场的阿克别克、哈日图热格林场的怪石峪，精河县精河林场的爱门精，温泉县城附近有分布。

种质编号：BLZ-BLS-001-T-0141、BLZ-BLS-50-T-0022、BLZ-JH-700-T-0340、BLZ-WQ-01-B-0142。种质资源材料4份。

保护利用现状：原地保存，河谷树种。

繁殖方式：种子或扦插繁殖。

应用前景：护堤绿化树种，同时也是较好的生态树种。

米黄柳 *Salix michelsonii* Gorz ex Nas

杨柳科 Salicaceae

柳属 *Salix* Linn.

种质类型：野生种。

形态特征：大灌木，高3~4m，皮青灰色。小枝黄色，细长下垂。叶线状披针形，先端渐尖，基部楔形，边缘微骨质增厚。花序先叶或几与叶同时开放，花序梗具2~3枚小叶片；苞片淡褐色，雄蕊2枚，花丝合生，花药黄色；子房卵状圆锥形。蒴果。花期5月，果期6月。米黄柳因其枝黄、细柔，叶之长过于宽10倍以上，果实无毛等，而易于识别。

生态习性：生于荒漠河谷岸边。

分布地点：在博乐市三台林场的托孙，精河县艾比湖保护区的桑德库木、八家户农场的南戈壁牧生队等地有分布。

种质编号：BLZ-ABH-08-T-0501、BLZ-BLS-11－T－0170、BLZ-JH-06-T－0379。种质资源材料3份。

保护利用现状：原地保存。

繁殖方式：种子或扦插繁殖。

应用前景：护堤绿化树种，同时也有较好的观赏价值。

蒿柳 *Salix viminalis* Linn.

杨柳科 Salicaceae

柳属 *Salix* Linn.

种质类型：野生种。

形态特征:灌木或小乔木,高可达10m。树皮灰绿色。叶线状披针形,最宽处在中部以下,先端渐尖或急尖,基部狭楔形,全缘或微波状,内卷,上面暗绿色,下面有密丝状长毛,有银色光泽。雄花序长圆状卵形,花药金黄色;苞片长圆状卵形,先端黑色;雌花序圆柱形,子房有密丝状毛;果序长达6cm。花期4—5月,果期5—6月。

生态习性:生于荒漠河谷岸边,较普遍。海拔500~800m。

分布地点:在博乐市三台林场的阿克吐别克,精河县艾比湖保护区的桦树林等地有分布。

种质编号:BLZ-BLS-001-T-0164、BLZ-JH-08-B-0396。种质资源材料2份。

保护利用现状:原地保存。

繁殖方式:种子或扦插繁殖。

应用前景:本种生于荒漠河谷岸边,可作固沙、护堤、护岸树种,也可绿化观赏。枝条可供编筐,叶可饲蚕。

线叶柳 *Salix wilhelmsiana* M. B.

杨柳科 Salicaceae

柳属 *Salix* Linn.

种质类型:野生种。

形态特征:灌木或小乔木,高达5~6m。小枝细长,末端半下垂。叶线形或线状披针形,边缘有细锯齿。花序与叶近同时开放,密生于上年的小枝上;雄花序,花药黄色,苞片淡黄色;雌花序子房卵形,密被灰绒毛。花期5月,果期6月。

生态习性:生于南、北疆荒漠、沙地,昆仑山北坡河谷尤为普遍。

分布地点:在博乐市阿热勒托海牧场、阿热勒托海大桥、城区建国路附近及温泉县哈夏林场的大库斯等地有分布。

种质编号:BLZ-BLS-01-B-0013、BLZ-BLS-06-B - 0026、BLZ-BLS-06-T-0174、BLZ-WQ-01-T-0039。种质资源材料4份。

保护利用现状:原地保存。

繁殖方式:种子或扦插繁殖。

应用前景:线叶柳是很好的护岸绿化和防风固沙树种,也可作城市庭院观赏树。

艾比湖小叶桦 *Betula microphylla* Bge var. *ebinurica* C. Y. Yang

桦木科 Betulaceae

桦木属 *Betula* Linn.

种质类型:野生种。

形态特征：小乔木，高5~8m。树皮灰白色。当年生小枝被短绒毛和树脂点，后光滑。叶卵圆形，基部楔形、阔楔形，基部以上具钝锯齿。雌、雄花序细圆柱形，果苞楔形，侧裂片斜上展，小坚果倒卵形。

分布地点：在精河县艾比湖保护区的桦树林管护站有分布。

种质编号：BLZ-JH-08-B-0394。种质资源材料1份。

保护利用现状：原地保存。

繁殖方式：种子繁殖。

应用前景：平原河岸林绿化树种。

第四节　荒漠（防风固沙）林木种质资源

膜果麻黄 *Ephedra przewalskii* Stapf.

麻黄科 Ephedraceae

麻黄属 *Ephedra* Linn.

种质类型：野生种。

形态特征：灌木，高50~240cm；木质茎明显，茎皮灰黄色或灰白色，纵裂；茎的上部具多个绿色分枝。叶通常3裂并有少数2裂混生，先端急尖或具渐尖的尖头。球花常多数密集成团状的复穗花序，雄球花淡褐色或褐黄色，近圆球形；雌球花淡绿褐色或淡红褐色，珠被管伸于苞片之外，直立、弯曲或卷曲，雌球花成熟时苞片增大，呈干燥半透明的薄膜状，淡棕色；种子通常3粒。

生态习性：生于石质荒漠和沙地，组成大面积群落，或与梭梭、柽柳、沙拐枣、白刺等旱生植物伴生。

分布地点：在精河县艾比湖保护区科克巴斯陶、大河沿子的南戈壁等地有分布。

种质编号：BLZ-ABH-08-T-0495、BLZ-ABH-08-T-0497、BLZ-JH-02-B-0265。种质资源材料3份。

保护利用现状：原地保存。

繁殖方式：主要依靠种子繁殖和分株繁殖。其种子的千粒重在3~4g，在黑暗条件下成熟种子发芽率为60%~80%，在有光照的环境中发芽率明显下降。春季播种育苗在地温10℃~20℃下进行，种子用生长剂浸泡处理24h可提高种子的出苗率。每公顷播种量为120~150kg，每公顷产苗600万株左右。播后覆土0.5~1.5cm。10~15d出苗。麻黄成苗数与单株重量受栽培基质影响较大。除用种子进行育苗外，也可在春季用2~3年生苗进行分株繁殖，成活率在90%以上。裸根苗移栽在春季进行，每公顷定植15万~18万株。2~3年生实生苗移栽成活率最高，可达68%，年生长量57cm左右。

应用前景：防风固沙植物，有一定的固沙能力。有药用价值，中等牧草。

木贼麻黄 *Ephedra equisetina* Bunge

麻黄科 Ephedraceae

麻黄属 *Ephedra* Linn.

种质类型：野生种。

形态特征：常绿小灌木，高达1m。木质茎粗长，直立，叶2裂，膜质；雄球花单生或3~4个集生于节上，雌球花常2个对生节上，苞片红色，肉质，雌球花成熟时肉质红色，长卵圆形或卵圆形，雌花1~2朵，珠被管长达2mm，稍弯曲；种子通常1粒，窄长卵圆形。花期6—7月，种子8—9月成熟。

生态习性：生于碎石坡地、山脊，海拔1300~3000m。喜光，性强健，耐寒，畏热；喜干旱的山地及沟崖边，忌湿，深根性，根蘖性强。

分布地点：在博乐市三台林场的玉石布拉克，温泉县哈夏林场的蒙克沟等地有分布。

种质编号：BLZ-BLS-11-T-0155、BLZ-WQ-06-B-0157、BLZ-WQ-06-T-0191。种质资源材料3份。

保护利用现状：原地保存。

繁殖方式：主要依靠种子繁殖和分株繁殖。其种子的千粒重在7~8g，在黑暗条件下成熟种子发芽率为60%~80%，在有光照环境中发芽率明显下降。春季播种育苗地温10℃~20℃下进行，种子用生长剂浸泡处理24h可提高种子的出苗率。每公顷播种量为120~150kg，每公顷产苗600万株左右。播后覆土0.5~1.5cm。10~15d出苗。麻黄成苗数与单株重量受栽培基质影响较大。除用种子进行育苗外，也可在春季用2~3年生苗进行分株繁殖，成活率在90%以上。裸根苗移栽在春季进行，每公顷定植15万~18万株。2~3年生实生苗移栽成活率最高，可达68%，年生长量57cm左右。

应用前景：可用作岩石园、干旱地绿化。木贼麻黄为重要药用植物，能发汗、散寒、平喘、利尿，主治风寒感冒、支气管哮喘、支气管炎、水肿等；根主治自汗、盗汗。

蓝枝麻黄 *Ephedra glauca* Regel

麻黄科 Ephedraceae

麻黄属 *Ephedra* Linn.

种质类型：野生种。

形态特征：常绿小灌木，高20~80cm。直立或偃卧且具斜上伸的小枝；皮淡灰色或淡褐色，条状剥落。小枝灰蓝色，密被蜡粉，光滑。叶片2枚联合成鞘，长1.5~2mm，4/5联合，背部稍增厚。雄球花椭圆形或长卵形，无柄或具短柄，对生或轮生节上；内含3朵花。雌球花长圆状卵形。种子2粒，珠被管长2~3mm，螺旋状弯，顶端具全缘浅裂片。花期6月，果期8月。

生态习性：生于前山荒漠砾石阶地、黄土状基质冲积扇、冲积堆、干旱石质山脊、冰积漂石坡地、石质陡峭山坡，海拔1000~3000m。

分布地点：在博乐市哈日图热格林场、三台林场的汉依曼别克、夏尔希里保护区的保尔德，精河县精河林场的东图精、爱门精、乌图精，温泉哈夏林场的蒙克沟等地有分布。

种质编号：BLZ-BLS-01-B-0039、BLZ-BLS-09-T-0111、BLZ-JH-10-B-0322、BLZ-JH-10-T-0313、BLZ-JH-10-T-0326、BLZ-JH-11-B-0282、BLZ-WQ-06-T-0192。种质资源材料7份。

保护利用现状：原地保存。

繁殖方式：主要依靠种子繁殖和分株繁殖。其在黑暗条件下成熟种子发芽率为60%~80%，在有光照环境中发芽率明显下降。春季播种育苗在地温10℃~20℃下进行，种子用生长剂浸泡处理24h可提高种子的出苗率。每公顷播种量为120~150kg，每公顷产苗600万株左右。播后覆土0.5~1.5cm。10~15d出苗。麻黄成苗数与单株重量受栽培基质影响较大。除用种子进行育苗外，也可在春季用2~3年生苗进行分株繁殖，成活率在90%以上。裸根苗移栽在春季进行，每公顷定植15万~18万株。2~3年生实生苗移栽成活率最高，可达68%，年生长量57cm左右。

应用前景：药用植物，药用同木贼麻黄。食用、植化原料。

单子麻黄 *Ephedra monosperma* Gmel. ex C. A. Mey.

麻黄科 Ephedraceae

麻黄属 *Ephedra* Linn.

种质类型：野生种。

形态特征：草本状矮小灌木，高3~8cm。地下茎发达，棕红色，分枝，有节；从节上多次重复发出侧枝以至在地表形成无主茎的稠密垫丛；当年生小枝绿色，开展，常弯，仅具2~3节间。叶2枚，联合成鞘筒，上部裂至1/3；裂片三角形。具2~3对苞片，每苞片腋部各具1朵花；雄蕊柱联合成单体。雌球花单或对生节上，成熟雌球花的苞片肉质，淡红褐色。种子1粒。花期6月，果期8月。

生态习性：生于干旱山坡石缝中，海拔1400~2700m。

分布地点：在博乐市哈日图热格林场的阿尔夏提有分布。

种质编号：BLZ-BLS-10-T-0086。种质资源材料1份。

保护利用现状：原地保存。

繁殖方式：种子繁殖。

应用前景：药用，植化原料。

中麻黄 *Ephedra intermedia* Schrenk

麻黄科 Ephedraceae

麻黄属 *Ephedra* Linn.

种质类型：野生种。

形态特征：小灌木，高20~40cm。茎不发达，粗短。树皮灰色或淡灰褐色，由不规则纵深沟渐成条状剥离。多分枝，主干枝灰色，木质枝节上轮生出较多、几平行向上生长的当年枝，成帚状灌丛；叶片不显著，仅在鞘筒对称的两侧。雄球花球形或阔卵形，内含3~4朵花。雌球花卵形，苞片交互对生，苞片成熟时肉质红色。种子2粒；珠被管螺旋状弯，顶端具全缘浅裂片。花期6月，果期8月。

生态习性：生于砾石戈壁、沙地、砾石质干山坡，海拔350~1000m。属荒漠和荒漠草原植物，抗寒、抗旱、喜光、耐干旱瘠薄。

分布地点：在精河县南戈壁有分布。

种质编号：BLZ-JH-10-B-0337。种质资源材料1份。

保护利用现状：原地保存。

繁殖方式：主要依靠种子繁殖和分株繁殖。其种子的千粒重在5~7g，在黑暗条件下成熟种子发芽率为60%~80%，在有光照环境中发芽率明显下降。春季播种育苗在地温10℃~20℃下进行，种子用生长剂浸泡处理24h可提高种子的出苗率。每公顷播种量为120~150kg，产苗600万株左右。播后覆土0.5~1.5cm。10~15d出苗。麻黄成苗数与单株重量受栽培基质影响较大。中麻黄不同基质育苗实验结果表明，在沙壤土中的保苗数及地上部分鲜重高于砾石土和纯沙。故圃地以沙壤土为宜。除用种子进行育苗外，也可在春季用2~3年生苗进行分株繁殖，成活率在90%以上。裸根苗移栽在春季进行，每公顷定植15万~18万株。2~3年生实生苗移栽成活率最高，可达68%，年生长量57cm左右。

应用前景：中麻黄是珍贵的固沙植物和药用植物、植化原料。

东方铁线莲 *Clematis orientalis* Linn.

毛茛科 Ranunculaceae

铁线莲属 *Clematis* Linn.

种质类型：野生种。

形态特征：藤本。茎纤细，有棱。1~2回羽状复叶；小叶2~3全裂或深裂、浅裂至不分裂，中间裂片较大，长卵形、卵状披针形或线状披针形，基部圆形或圆楔形，全缘或基部有1~2浅裂。圆锥状聚伞花序或单聚伞花序，多花或少至3花；萼片4，黄色、淡黄色或外面带紫红色，披针形或长椭圆形，内外两面有柔毛，外面边缘有短绒毛。瘦果卵形、椭圆状卵形至倒卵形，扁，宿存花柱被长柔毛。

生态习性：喜光，耐寒，喜肥沃、排水良好的壤土。

分布地点：在博乐市阿尔夏提的二号浮桥，精河县托里镇的吉布克、精河林场的东图精，温泉县哈夏林场的托斯沟等地有分布。

种质编号：BLZ-BLS-011-T-0089、BLZ-JH-04-B-266、BLZ-th-10-B-321、BLZ-WQ-06-B-167。种质资源材料4份。

保护利用现状：原地保存。

繁殖方式：采用播种、分株、压条育苗。栽培可用扦插方法育苗，以保留优良遗传特性。

应用前景：可用于观赏和生态绿化、立体绿化植物。

粉绿铁线莲 *Clematis glauca* Willd.

毛茛科 Ranunculaceae

铁线莲属 *Clematis* Linn.

种质类型:野生种。

形态特征:草质藤本。茎纤细,有棱。1~2回羽状复叶;小叶有柄,2~3全裂或深裂、浅裂至不裂,中间裂片较大,椭圆形或长圆形、长卵形,基部圆形或圆楔形,全缘或有少数锯齿,两侧裂片短小。常为单聚伞花序,3朵花;苞片叶状,全缘或2~3裂;萼片4,黄色,或外面基部带紫红色,长椭圆状卵形,顶端渐尖,外面边缘有短绒毛。瘦果卵形至倒卵形。

生态习性:喜光,耐寒,喜肥沃、排水良好的壤土。

分布地点:在博乐市哈日图热格林场、三台林场的沃依曼吐别克,精河县艾比湖保护区的拜克巴斯陶、精河林场的东图精,温泉县哈夏林场的奥尔塔克赛等地有分布。

种质编号:BLZ-ABH-722-T-0490、BLZ-BLS-10-B-0071、BLZ-JH-10-B-0324、BLZ-JH-11-B-0299、BLZ-JH-700-T-0311、BLZ-WQ-06-B-0178。种质资源材料6份。

保护利用现状:原地保存。

繁殖方式:种子繁殖和扦插、分株育苗栽培。

应用前景:全草可入药,可祛风湿,主治慢性风湿性关节炎、关节疼痛;熬膏外敷可治疮疖,枝叶水煎外洗,可治瘙痒症。

准噶尔铁线莲 *Clematis songarica* Bunge

毛茛科 Ranunculaceae

铁线莲属 *Clematis* Linn.

种质类型:野生种

形态特征:直立小灌木。枝有棱,白色。单叶对生或簇生;叶灰绿色,线形、线状披针形、狭披针形至披针形,顶端锐尖或钝,基部渐狭成柄,全缘或有锯齿,或向叶基部成锯齿状或为小裂片。聚伞花序或圆锥状聚伞花序顶生;萼片4,开展,白色,长圆状倒卵形至宽倒卵形,顶端近截形而有凸头或凸尖,外面边缘密生绒毛,内面有短柔毛至近无毛。瘦果扁,卵形或倒卵形,密生白色柔毛。

生态习性:喜光,耐寒,喜肥沃、排水良好的壤土。

分布地点:在博乐市三台林场的沃依曼吐别克,精河县精河林场的东图精、乌图精,温泉县哈夏林场的别斯切克等地有分布。

种质编号:BLZ-JH-10-B-0319、BLZ-JH-11-B-0286、BLZ-JH-70-T-0324、BLZ-WQ-007-T-0224、BLZ-WQ-06-B-0170。种质资源材料5份。

保护利用现状:原地保存。

繁殖方式:种子或分株繁殖,未见引种栽培。

应用前景:可用作药用和观赏植物。

刺山柑 又名老鼠瓜、棰果藤 *Capparis spinonsa* Linn.

山柑科 Capparaceae

山柑属 *Capparis* Tourn. ex Linn.

种质类型：野生种。

形态特征：藤本小半灌木，根粗壮。枝条平卧，辐射状展开。托叶2片，变成刺状，直或弯曲，黄色。单叶互生，肉质，圆形、椭圆形或倒卵形，先端常具尖刺。花大，单生于叶腋；花瓣4枚，白色或粉红色，其中2枚较大，基部相连，膨大，具白色柔毛。果实浆果状，椭圆形，果肉血红色。种子肾形，具褐色斑点。花期5—6月。

生态习性：生于荒漠地带的戈壁、沙地、石质低山和山麓地带；荒地也有生长。极耐干旱。

分布地点：在精河县水电站有分布。

种质编号：BLZ-JH-10-B-0421。种质资源材料1份。

保护利用现状：原地保存。

繁殖方式：种子繁殖。果实6月下旬至9月上旬成熟，采后摊晒，干燥净种后在室温下干藏。干果出种率为75%。种子3a内发芽率为80%~90%。4~6a后下降为40%左右。播前浸种7~8d后进行催芽处理，10d后种子吐白即可播种。在风蚀地或固定沙地上采用春季直播育苗，采取开沟或穴播，播深3~5cm，株、行距为1m×2m，第二年后进行间苗。流沙地上可采用圃地培育的1~2年生壮苗进行栽植。挖苗时应保留25~30cm的根系，栽植深度30~40cm，株、行距为1m×2m或2m×2m，每公顷2250~4500株。栽植季节为春季或秋季。在多年或每年一次灌冬水条件下，每丛结实量为3800~14 000g。鲜果可获干种子200kg，单株产种子量1~3kg。刺山柑种植当年即开花结实，第二年单丛产果量可达1300g左右。3a后进入盛果期。

应用前景：荒漠植物，可食用，枝叶、果实和根可药用，花色鲜艳美丽，观赏性强。也可作染料和蜜源。

泡果沙拐枣 *Calligonum calliphysa* Bunge

蓼科 Polygonaceae

沙拐枣属 *Calligonum* Linn.

种质类型：野生种。

形态特征：灌木，高40~100cm。多分枝，枝开展，老枝黄灰色或淡褐色，呈“之”字形拐曲；幼枝灰绿色，有关节。叶线形，与托叶鞘分离；托叶鞘膜质，淡黄色。花生叶腋，较稠密；花梗中下部有关节；花被片宽卵形，鲜时白色，背部中央绿色，干后淡黄色。瘦果椭圆形，不扭转，肋较宽，每肋有刺3行；刺密，柔软，外罩一层薄膜，呈泡状果；果圆球形或宽椭圆形，淡黄色、黄褐色或红褐色。

生态习性：生于海拔500~800m的平原荒漠、砾石荒漠、沙地及固定沙丘。

分布地点：在精河县艾比湖保护区的刮科塔拉、茫丁乡的沙丘道班，博乐市三台林场的沃依曼吐别克等地有分布。

种质编号：BLZ-ABH-722-T-0503、BLZ-JH-03-B-0262、BLZ-JH-11-B-0284。种质资源材料3份。

保护利用现状：原地保存。

繁殖方式：播种繁殖。播种地的准备：播种地应选择阳光充足、空气流通、排水良好的沙质土壤。播种时间：可在4月播种，也可在11月初秋播。沙拐枣播种前应将种子用清水浸泡24h。在细沙中沙拐枣的出苗率可达到86%以上，在黄土中出苗率低于52%。扦插繁殖：扦插一般在3—5月进行，剪取15~20cm长的插穗，按5—8cm株、行距插孔，再将插穗深插4~6cm，按实后浇1次透水，床土可10d浇灌一次并浇透，扦插成活率达80%以上。

应用前景：优良的防风固沙造林树种，还可作为道路绿化和生态观赏树种。

白皮沙拐枣 *Calligonum leucocladum* (Schrenk) Bge.

蓼科 Polygonaceae

沙拐枣属 *Calligonum* Linn.

种质类型：野生种。

形态特征：灌木。老枝黄灰色或灰色，拐曲，通常斜展；当年生幼枝灰绿色，纤细，节间长1~3cm。叶线形，易脱落；托叶鞘膜质，淡黄褐色。花较稠密，2~4朵生叶腋；花梗长2~4mm，近基部或中下部有关节；花被片宽椭圆形，白色，背部中央绿色。果宽椭圆形；瘦果窄椭圆形，不扭转或微扭转，4条肋各具2翅；翅近膜质，较软，淡黄色或黄褐色，有细脉纹，边缘近全缘、微缺或有锯齿。

生态习性：生于固定沙丘、半固定沙丘及沙地。

分布地点：在精河县茫丁乡的沙丘道班、地方林场交界沙丘等地有分布。

种质编号：BLZ-JH-03-B-0249、BLZ-JH-10-B-0357。种质资源材料2份。

保护利用现状：原地保存。

繁殖方式：种子繁殖。造林时间宜早不宜晚，宜于早春进行。在北疆地区，冰雪融化土壤解冻的，3月下旬播种，造林地大多选在固定或半固定沙丘或沙壤土上，造林深度宜深不宜浅。种植后土壤表面要踩实。挖栽植穴达到能放进苗木的深度即可。

应用前景：本种为优良固沙植物，也可作为生态绿化树种，有观赏价值。可用于北疆荒漠造林，防风固沙，改善生态环境；同时，花果美丽，可供观赏，当年生干鲜幼枝是骆驼和羊的良好饲料，牧业地区可产生一定的经济效益。

艾比湖沙拐枣 *Calligonum ebi-nurcum* Ivanova ex Soskov.

蓼科 Polygonaceae

沙拐枣属 *Calligonum* Linn.

种质类型：野生种。

形态特征：灌木，高0.8~1.5m。分枝较少，疏展，幼株近球形，老株中央枝直立，侧枝伸展成平卧而呈塔形。叶线形，微弯；托叶膜质，与叶联合。花1~3朵生叶腋，花被片椭圆形，淡红色，果时反卷。果（包括刺）宽卵形或卵圆形，瘦果卵圆形或长圆形，具2~4mm长喙，极扭转，肋通常不明显，每肋生刺2行，瘦果顶端长喙上的刺较粗，呈束状。花期4—5月，果期5—7月。

生态习性:生于半固定沙丘、沙砾质荒漠及流动沙丘。

分布地点:在精河县艾比湖保护区的鸭子湾、阔克塔拉与312国道附近有分布。

种质编号:BLZ-ABH-722-T-0479、BLZ-ABH-722-T-0502。种质资源材料2份。

保护利用现状:原地保存。

繁殖方式:种子繁殖,未见引种栽培。

应用前景:优良的防风固沙树种。

梭梭 *Haloxylon ammodendron* (C. A. Mey.) Bunge

藜科 Chenopodiaceae

梭梭属 *Haloxylon* Bunge

种质类型:野生种。

形态特征:小乔木。树皮灰白色;老枝灰褐色或淡黄褐色;当年枝细长,斜伸或弯垂。叶鳞片状,宽三角形,稍开展,先端钝。花着生于二年生枝条的侧生短枝上;小苞片舟状宽卵形,与花被近等长,边缘膜质;花被片矩圆形,先端钝,背面生翅状附属物;翅状附属物肾形至近圆形,斜伸或平展,边缘波状或啮蚀状,基部心形至楔形;花被片在翅以上部分稍内曲并围抱果实。胞果黄褐色。

生态习性:生于海拔450~1500m的山麓洪积扇和淤积平原、固定沙丘、沙地、沙砾质荒漠、砾质荒漠、轻度盐碱土荒漠。

分布地点:在精河县大河沿子、茫丁乡的沙丘道班、托里的乌兰鞑鞑、甘家湖保护区的二羊圈、红山嘴、精河林场的赛力克,博乐市哈日图热格林场、三台林场的窝依托托别克等地有分布。

种质编号:BLZ-BLS-10-B-0038、BLZ-JH-02-B-0252、BLZ-JH-03-B-0250、BLZ-JH-04-B-0245、BLZ - JH-09-B-0364、BLZ-JH-10-B-0339、BLZ-JH-10-B-0424、BLZ-JH-11-B-0285。种质资源材料8份。

保护利用现状:原地保存。

繁殖方式:播种繁殖应在适宜梭梭生长的宜林地上。采用梭梭苗进行人工栽植时,培育人工梭梭林以春季为佳。从造林方法上讲,以穴植为主,株、行距以2m×2m为宜。4月下旬,利用梭梭裸根苗进行栽植造林。植苗造林所用裸根苗木要达到一年生苗木地径0.4cm以上、苗高30cm以上。如能跟水造林,将进一步提高造林成活率。在降水量130~150mm时,梭梭可维持正常生长。根据降雨情况,每年补水2次或3次。在不补水条件下,自然生长的梭梭林也可接种肉苁蓉。

应用前景:为荒漠地区优良固沙造林、改善沙漠戈壁环境的优良树种,固沙效果好,在荒漠地区无需灌溉,能够自然生长成林。也是良好的饲用植物,特别是骆驼喜食。木材坚实,为优良燃料。

白梭梭 *Haloxylon persicum* Bunge ex Boiss. et Buhse

藜科 Chenopodiaceae

梭梭属 *Haloxylon* Bunge

种质类型:野生种。

形态特征:小乔木。树皮灰白色;老枝灰褐色或淡黄褐色;当年枝弯垂。叶鳞片状,三角形,先端具芒尖,平伏于枝,腋间具棉毛。花着生于二年生枝条的侧生短枝上;小苞片舟状卵形,与花被等长;花被片倒卵形,先端钝或略急尖,果期背面先端之下1/4处生翅状附属物;翅状附属物扇形或近圆形,淡黄色,基部宽楔形至圆形,边缘微波状或近全缘。胞果淡黄褐色,果皮不与种子贴生。

生态习性:生于固定沙丘、半固定沙丘、流动沙丘及丘间厚层沙地。

分布地点:在精河县艾比湖保护区的鸭子湾、科克巴斯陶、茫丁乡的沙丘道班、甘家湖保护区管护站、精河林场的乌图精,博乐市贝林乡胡杨林区等地有分布。

种质编号:BLZ-ABH-722-T-0439、BLZ-ABH-722-T-0471、BLZ-ABH-722-T-0481、BLZ-BLS-10-T-0020、BLZ-JH-03-B-0261、BLZ-JH-09-B-0361、BLZ-JH-10-B-0355、BLZ-JH-700-T-0334。种质资源材料8份。

保护利用现状:原地保存。

繁殖方式:主要采用种子直播和育苗移栽进行栽植。种子直播成苗率不高;采用育苗移栽方法,用营养袋移植法人工种植白梭梭较易获得成功。在10月下旬至11月上旬进行采种,3—4月播种育苗,并进行移栽定植。

应用前景:优良固沙植物,已逐渐引种以用作固沙造林。木材坚硬,为优良的薪炭材。幼枝为骆驼、羊的良好饲料。

白皮锦鸡儿 *Caragana leucophloea* Pojark

豆科 Leguminosae

锦鸡儿属 *Caragana* Fabr.

种质类型:野生种。

形态特征:灌木。树皮黄白色或黄色,有光泽;小枝有条棱。假掌状复叶有4片小叶,托叶在长枝者硬化成针刺,宿存,在短枝者脱落;小叶狭倒披针形,先端锐尖或钝,两面绿色,稍呈苍白色或稍带红色。花梗单生或并生,花冠黄色,旗瓣宽倒卵形,翼瓣向上渐宽,龙骨瓣的瓣柄长为瓣片的1/3,耳短;子房无毛。荚果圆筒形。花期5—6月,果期7—8月。

生态习性:生于干旱山坡、山前平原、山前荒漠至山地草原灌丛、山前冲积扇、冲积扇荒漠、山谷、戈壁滩。海拔700~2250m。

分布地点:在精河县精河林场的小海子、东图精、乌图精,博乐市三台林场的阿克图别克、沃依曼别克及阿热勒牧场、哈萨克交、哈日图热格林场的三号桥、饮水工程管理处,温泉县哈夏林场的托斯沟、奥尔塔克赛、别斯切克等地有分布。

种质编号：BLZ-BLS-06-B-0022、BLZ-BLS-06-T-0007、BLZ-BLS-10-B-0072、BLZ-BLS-10-T-0071、BLZ-JH-10-B-0273、BLZ-JH-10-B-0335、BLZ-JH-10-T-0329、BLZ-WQ-06-B-0165、BLZ-WQ-06-B-0183、BLZ-WQ-06-T-0225。种质资源材料12份。

保护利用现状：原地保存。

繁殖方式：种子繁殖。7月下旬采种，种子采收后置于通风条件良好的室内风干，选取成熟的、未受昆虫和病菌侵害的种子室温下保存。春播秋播皆可。

应用前景：具根瘤，可改善土壤微环境，极耐干旱，具有抗旱、抗侵蚀、耐贫瘠的特性，是山地荒漠、山地荒漠草原的建群种、优势种或伴生种，在植被恢复中具有潜在价值。同时，具有一定的药用价值，花和根可入药。具一定的饲用价值，为中等牧草，也可作固沙和水土保持植物。

盐豆木属 *Halimodendron* Fisch.

铃铛刺 *Halimodendron halodendron* (Pall.) Voss

豆科 Leguminosae

种质类型：野生种。

形态特征：灌木。树皮暗灰褐色；分枝密，具短枝。叶轴宿存，呈针刺状；小叶倒披针形，顶端圆或微凹，有凸尖，基部楔形，初时两面密被银白色绢毛，后渐无毛。总状花序生2~5朵花；花旗瓣边缘稍反卷，翼瓣与旗瓣近等长，龙骨瓣较翼瓣稍短；子房无毛，有长柄。荚果，先端有喙，基部偏斜，裂瓣通常扭曲；种子小，微呈肾形。花期7月，果期8月。

生态习性：喜光，耐寒，耐高温，对土壤要求不严。

分布地点：在博乐市贝林乡的大连湖、三台林场的沃依曼别克，精河县的生态园、甘家湖保护区的二羊圈，温泉县的北鲵生态园等地有分布。

种质编号：BLZ-BLS-05-T-0013、BLZ-JH-01-T-0443、BLZ-JH-09-B-0365、BLZ-JH-11-B-0300、BLZ-WQ-01-B-0186。种质资源材料5份。

保护利用现状：原地保存。

繁殖方式：种子繁殖。

应用前景：喜光，耐盐碱、干旱，是良好的固沙、改良盐碱土的树种，并可栽培作绿篱。

骆驼刺 *Alhagi sparsifolia* Shap

豆科 Leguminosae

骆驼刺属 *Alhagi* Gagneb.

种质类型：野生种。

形态特征：半灌木。茎直立，具细条纹，枝条平行上伸。叶互生，卵形、倒卵形或倒圆卵形，先端圆形，具短硬尖，基部楔形，全缘，无毛。总状花序，腋生，花序轴变成坚硬的锐刺，花冠深紫红色；旗瓣倒长卵形，先端钝圆或截平，基部楔形，具短瓣柄，翼瓣长圆形，龙骨瓣与旗瓣约等长；子房线形，无毛。荚果线形，常弯曲，几无毛。花、果期5—10月。

生态习性：生于荒漠地区的沙地、河岸、农田边及低湿地。

分布地点：新疆各地均有分布。内蒙古、甘肃、青海也有分布。

种质编号：BLZ-ABH-08-0447、BLZ-BLS-11-T-0172、BLZ-JH-08-B-0392。种质资源材料3份。

保护利用现状：原地保存。

繁殖方式：种子繁殖。

应用前景：骆驼刺是一种耐旱、耐盐和防风固沙的树种资源，且富含蛋白质，是一种优良牧草资源；可作为蜜源植物和药用植物，骆驼刺叶可治疗关节肿痛，花可用于清热解毒，全草能治疗感冒发烧和腹胃湿热，种子用于止热痢和牙痛，刺糖用于治疗痢疾和体虚头晕。

琵琶柴 红砂 *Reaumuria songarica* (Pall.) Maxim.

柽柳科 Tamaricaceae

琵琶柴属 *Reaumuria* Linn.

种质类型：野生种。

形态特征：小灌木，仰卧，高10~30(70) cm，多分枝，老枝灰褐色，树皮为不规则的波状剥裂，小枝多拐曲。叶肉质，短圆柱形，鳞片状，先端钝，浅灰蓝绿色，具点状的泌盐腺体，常4~6枚簇生在叶腋缩短的枝上。小枝常呈淡红色。花单生或在幼枝上端集为少花的总状花序；花瓣5枚，白色略带淡红，长圆形。蒴果长椭圆形或纺锤形，具3棱。种子长圆形。花期7—8月，果期8—9月。

生态习性：生于海拔500~3200m的山地丘陵、剥蚀残丘、山麓淤积平原、山前沙砾和砾质洪积扇。

分布地点：在精河县艾比湖保护区的鸭子湾、桑德库木、茫丁乡的沙丘道班、精河林场的乌拉斯台和乌图精，博乐市三台林场的沃依曼别克等地有分布。

种质编号：BLZ-ABH-08-T-0476、BLZ-ABH-08-T-0500、BLZ-JH-03-B-0248、BLZ-JH-10-B-0348、BLZ-JH-10-T-0335、BLZ-JH-11-B-0283。

种质资源材料6份。

保护利用现状:原地保存。

繁殖方式:种子繁殖,未见引种栽培。

应用前景:荒漠生态树种。

长穗柽柳 *Tamarix elongata* Ledeb.

柽柳科 Tamaricaceae

柽柳属 *Tamarix* Linn.

种质类型:野生种。

形态特征:大灌木,高1~3(5) m,枝短而粗壮,老枝灰色。生长枝上的叶披针形、线状披针形或线形,下面扩大,基部宽心形,背面隆起,半抱茎,具耳。总状花序侧生在二年生枝上,春天于发叶前或发叶时出现,单生,粗壮,花较大,粉红色,4数,花瓣卵状椭圆形或长圆状倒卵形。蒴果,果皮枯草质,淡红色或橙黄色。春季4—5月开花。据记载秋季偶二次开花,二次花为5数。

生态习性:生于荒漠区河谷阶地、沙丘、冲积平原及具不同程度盐渍化的土壤上。

分布地点:在精河县艾比湖保护区的鸭子湾,博乐市小营盘、贝林乡的大连湖等地有分布。

种质编号:BLZ-ABH-08-T-0481、BLZ-BLS-01-B-0041、BLZ-BLS-05-T-0013。种质资源材料3份。

保护利用现状:原地保存。

繁殖方式:种子繁殖,未见引种栽培。

应用前景:本种为荒漠地区盐渍化沙地良好的固沙、造林树种,可用埋条或种子进行繁殖;嫩枝为羊、骆驼和驴的饲料;枝干是优良的薪炭材;枝叶入药,能解热透疹,祛风湿,利尿。

短穗柽柳 *Tamarix laxa* Willd.

柽柳科 Tamaricaceae

柽柳属 *Tamarix* Linn.

种质类型:野生种。

形态特征:灌木,高1.5~3 m,树皮灰色,小枝短而直伸,脆而易折断。叶黄绿色,卵状披针形,渐尖或急尖,先端具短尖头。总状花序侧生在去年生的老枝上,长达4cm,着花稀疏,花瓣4枚,粉红色,稀淡白粉红色,略呈长圆状椭圆形至长圆状倒卵形。蒴果狭,草质。花期4—5月上旬。偶见秋季二次在当年枝开少量的花,秋季花为5数。

生态习性:生于荒漠河流阶地、湖盆和沙丘边缘、土壤强盐渍化或盐土上。

分布地点:在精河县艾比湖保护区的鸭子湾,博乐市小营盘、贝林乡的大连湖等地有分布。

种质编号:BLZ-ABH-08-T-0480、BLZ-BLS-01-B-0040、BLZ-BLS-05-T-0012。种质资源材料3份。

保护利用现状:原地保存。

繁殖方式:种子繁殖,未见引种栽培。

应用前景:此种分枝多、耐盐性强,生长比较矮小,在荒漠地区可以不依赖水生活,故为荒漠地区盐碱沙地的优良固沙造林树种;枝叶也可作羊、驼饲料。

细穗柽柳 *Tamarix leptostachys* Bunge

柽柳科 Tamaricaceae

柽柳属 *Tamarix* Linn.

种质类型:野生种。

形态特征:灌木,高1~3(6) m,老枝树皮淡棕色;当年生木质化生长枝灰紫色或火红色,小枝略紧靠;生长枝上的叶狭卵形、卵状披针形,急尖,半抱茎,略下延;总状花序细长,生于当年生幼枝顶端,集成顶生密集的球形或卵状大型圆锥花序;花瓣倒卵形,钝,淡紫红色或粉红色,一半向外卷,早落;蒴果细。花期6月上半月至7月上半月。

生态习性:生于荒漠地区盆地下游的潮湿河谷阶地和松陷盐土上。

分布地点:在精河县艾比湖保护区的盐池桥、桦树林河南、县城高速公路以南区域,博乐市贝林乡胡杨林区及城区附近有分布。

种质编号:BLZ-ABH-08-T-0484、BLZ-Bl-05-T - 0018、BLZ-BLS-01-B-0042、BLZ-JH-01-B-0247、BLZ-JH-08-B-0398。种质资源材料5份。

保护利用现状:原地保存。

繁殖方式:种子繁殖,未见引种栽培。

应用前景:优良的荒漠盐碱地绿化造林树种;亦可作为饲料、薪炭材。

多枝柽柳 *Tamarix ramosissima* Ledeb.

柽柳科 Tamaricaceae

柽柳属 *Tamarix* Linn.

种质类型:野生种。

形态特征:大灌木或小乔木,高1~3(6) m,老干和老枝的树皮暗灰色。木质化生长枝上的叶披针形,基部短,半抱茎,微下延。总状花序生在当年生枝顶,集成顶生圆锥花序,花5数;花瓣粉红色或紫色,倒卵形,顶端微缺直伸,靠合,形成闭合的酒杯状花冠,果期宿存。蒴果三棱圆锥形瓶状。花期5—9月。

生态习性:生于荒漠区河漫滩、泛滥带、河岸、湖岸、盐渍化沙土,常形成大片丛林。常与多花柽柳、细穗柽柳、刚毛柽柳和密花柽柳等发生天然杂交,更增加了它的变异。

分布地点:在精河县艾比湖保护区的科克巴斯陶、生态园、赛力克户,博乐市三台林场的乔西卡勒、沃依曼吐别克等地有分布。

种质编号:BLZ-ABH-08-T-0489、BLZ-BLS-11-T-0138、BLZ-JH-01-T-0444、BLZ-JH-10-B-0341、BLZ-JH-11-B-0296。种质资源材料5份。

保护利用现状:原地保存。

繁殖方式:种子繁殖,广泛引种栽培。

应用前景:开花繁密且花期长,是很有价值的居民点绿化树种。

中亚柽柳 *Tamarix androssowii* Litw.

柽柳科 Tamaricaceae

柽柳属 *Tamarix* Linn.

种质类型:野生种。

形态特征:大灌木或小乔木,高2~4(5)m。干直伸,暗棕红色或紫红色,发亮。生长枝上的叶淡绿色,贴茎生,营养枝上的叶卵形,有内弯的尖头,边缘膜质,叶基下延。总状花序侧生在二年生的生长枝上,花序长2~5cm,花4数,花瓣粉白色或淡绿粉白色,倒卵形,互相靠合,果期大多宿存。蒴果圆锥形,长4~5mm。种子黄褐色。花期4—5月,果期5月。

生态习性:生于沙漠地区盐渍化洼地、河流沿岸沙地、湖盆边缘沙地。

分布地点:在博乐市贝林乡胡杨林区等地有分布。

种质编号:BLZ-BLS-05-T-00115、BLZ-BLS-22-T-0019。种质资源材料2份。

保护利用现状:原地保存。

繁殖方式:种子繁殖,未见引种栽培。

应用前景:本种耐沙埋,埋后会迅速生出新枝新根,因此成为固沙造林的先锋树种;茎干端直,也是制作农具柄把的好材料;嫩枝叶还可作饲料。

多花柽柳 *Tamarix hohenackeri* Bunge

柽柳科 Tamaricaceae

柽柳属 *Tamarix* Linn.

种质类型:野生种。

形态特征:灌木或小乔木,高1~3(6)m;老枝树皮灰褐色,二年生枝条暗红紫色。木质枝上的叶几抱茎,卵状披针形,渐尖,下延。春、夏季均开花;春季开花,总状花序侧生在二年生枝上;夏季开花,总状花序顶生在当年生幼枝顶端,集生成短圆锥花序;花5数,玫瑰色或粉红色,常互相靠合致花冠呈鼓形或球形,果期宿存。蒴果。花期长,春季开花5—6月上旬,夏季开花直到秋季。

生态习性:生于河、湖岸边的沙地和弱盐渍地。

分布地点:在博乐市哈日图热格林场有分布。

种质编号:BLZ-BLS-10-B-0106。种质资源材料1份。

保护利用现状:原地保存。

繁殖方式:种子繁殖,未见引种栽培。

应用前景:荒漠平原沙区的主要绿化和固沙造林树种。新疆柽柳属中,本种生长最高大,可达10m,成为乔木;在吐鲁番沙漠站引种效果显著。

密花柽柳 *Tamarix arceuthoides* Bunge

柽柳科 Tamaricaceae

柽柳属 *Tamarix* Linn.

种质类型:野生种。

形态特征:灌木或小乔木,高2~4(5)m,老枝树皮浅红黄色或淡灰色,小枝开展,密生,木质化生长枝上的叶半抱茎,长卵形,多向外伸,略圆或锐下延,微具耳;总状花序主要生在当年生枝条上,花小且极密，通常集生成簇；花瓣5枚，充分开展，白色或粉红色至紫色，早落；蒴果小而狭细。花期5—9月，6月最盛。

生态习性：生于山前河地、砾质河谷湿地。

分布地点：在精河县艾比湖保护区的盐池桥有分布。

种质编号：BLZ-ABH-08-T-0483。种质资源材料1份。

保护利用现状：原地保存。

繁殖方式：种子繁殖，未见引种栽培。

应用前景：本种耐盐性差，但花期很长，可保持水土和固沙，是优良的绿化物种。

刚毛柽柳 *Tamarix hispida* Willd.

柽柳科 Tamaricaceae

柽柳属 *Tamarix* Linn.

种质类型：野生种。

形态特征：灌木或小乔木，高1.5~4（6）m，老枝树皮红棕色，全体密被单细胞短直毛。木质化生长枝上的叶卵状披针形或狭披针形，耳发达，抱茎达1/2。总状花序夏秋生当年枝顶，集成顶生大型紧缩圆锥花序；花瓣5枚，紫红色或鲜红色，通常倒卵形至长圆状椭圆形，开张，上半部向外反卷，早落。蒴果狭长锥形瓶状，颜色有金黄色、淡红色、鲜红色至紫色。花期7—9月。

生态习性：生于荒漠地带、河湖沿岸、风集沙堆、沙漠边缘等不同类型的盐渍化土壤上。

分布地点：在精河县艾比湖保护区的盐池桥、托里镇的一牧场、二牧场等地有分布。

种质编号 BLZ-ABH-08-T-0485、BLZ-JH-04-T-0354、BLZ-JH-04-T-0357、BLZ-JH-10-T-0328。种质资源材料4份。

保护利用现状：原地保存。

繁殖方式：种子繁殖，未见引种栽培。

应用前景：花色艳丽，是改良土壤、绿化的优良植物种。

刺木蓼 *Atraphaxis spinosa* Linn.

蓼科 Polygonaceae

木蓼属 *Atraphaxis* Linn.

种质类型：野生种。

形态特征：灌木。树皮灰色而粗糙；木质枝细长，顶端无叶，呈刺状。托叶鞘筒状，基部褐色；叶灰蓝绿色，革质，圆形、椭圆形、宽椭圆形或宽卵形，顶端圆或钝，具短尖，基部圆形或楔形，渐狭成短柄，边缘全缘呈波状。花2~6朵，簇生于当年生枝的叶腋；花被片4片，粉红色，内轮2片，圆心形，外轮长圆状卵形或卵形，果期反卷。瘦果卵形或宽卵形，双凸镜状，顶端尖或钝，基部圆，淡褐色。

生态习性：生于山地草原中的砾石质、石质山坡和荒漠中的砾石戈壁、沙地，海拔700~2000m。

分布地点：在精河县的赛里克底、艾比湖保护区的科克巴斯陶、大河沿子的南戈壁，温泉县哈夏林场的蒙克沟、哈夏沟等地有分布。

种质编号：BLZ-ABH-722-T-0498、BLZ-JH-02-B-0263、BLZ-JH-10-B-0346、BLZ-WQ-06-B-0155、BLZ-WQ-06-B-0190。种质资源材料5份。

保护利用现状：原地保存。

繁殖方式：种子繁殖，未见引种栽培。

应用前景：荒漠灌木树种。

拳木蓼 *Atraphaxis compacta* Ledeb.

蓼科 Polygonaceae

木蓼属 *Atraphaxis* Linn.

种质类型：野生种。

形态特征：落叶小灌木，自基部分枝，分枝开展，枝干较粗，常弯折，老枝顶端树皮纵裂。一年生枝短缩，顶端有叶，近簇生，叶片圆形、宽椭圆形，先端钝，基部楔形。花2~6朵簇生于二年生枝先端的叶腋；花淡红色具白色边缘，或白色，花被片4片，外轮2片小，反卷，内轮2片果期增大，圆状肾形；花梗细长，上部具关节。瘦果扁平，宽卵形，淡褐黄色，有光泽。

生态习性：生于荒漠戈壁、冲沟边、沙地、前山干旱山坡，海拔500~1150m。

分布地点：在博乐市三台林场的那瓦布拉克有分布。

种质编号：BLZ-BLS-001-T-0156。种质资源材料1份。

保护利用现状：原地保存。

繁殖方式：种子繁殖，未见引种栽培。

应用前景：荒漠灌木树种。

扁果木蓼 *Atraphaxis replicata* Lam.

蓼科 Polygonaceae

木蓼属 *Atraphaxis* Linn.

种质类型：野生种。

形态特征：灌木，高30~80cm。分枝开展，老枝顶端具叶，无刺，淡黄褐色或淡红褐色。叶圆形、卵形或倒卵形，蓝绿色或淡灰绿色。总状花序短，花淡红色具白色边缘，或白色。瘦果扁平，卵形，淡褐色，无毛，有光泽。花果期5—7月。

生态习性：生于荒漠中的沙丘、固定沙丘、冲沟、砾石戈壁，海拔400~620m。

分布地点：在博乐市夏尔希里保护区的保尔德有分布。

种质编号：BLZ-BLS-408-T-0112。种质资源材料1份。

保护利用现状：原地保存。

繁殖方式：种子繁殖，未见引种栽培。

应用前景：荒漠灌木树种。

驼绒藜 *Geratoides lateens* (J. F. Gmel.) Reveal et Holmgren

藜科 Chenopodiaceae

驼绒藜属 *Geratoides* (Tourn.) Gagnebin

种质类型：野生种。

形态特征：半灌木，植株高0.1~1m，分枝多集中于下部，斜展或平展。叶较小，条形、条状披针形、披针形或矩圆形，长1~2(5) cm，宽0.2~0.5(1) cm，先端急尖或钝，基部渐狭，楔形或圆形，1脉，有时近基处有2条侧脉，极稀为羽状。雄花序较短，长4cm，紧密。雌花管椭圆形，长3~4mm，宽约2mm；花管裂片角状，较长，其长为管长的1/3等长。果直立，椭圆形，被毛。花果期6—9月。

生态习性：生于新疆北部海拔200~1200m的平原至低山，在天山南坡则上升到海拔1800~2000m，在昆仑山北坡更升到海拔2500m，阿克陶及乌恰一带则高达海拔3200m。大多见于山前平原、低山干谷、山麓洪积扇、河谷阶地沙丘到山地草原阳坡的砾质荒漠、沙质荒漠及草原地带。

分布地点：驼绒藜在博州的荒漠区广泛分布。在博乐市哈日图热格林场，精河县精河林场的乌图精，温泉县哈夏林场的托斯沟等地有分布。

种质编号：BLZ-BLS-10-B-0112、BLZ-JH-700-T-0330、BLZ-WQ-001-0208。种质资源材料3份。

保护利用现状：原地保存。

繁殖方式：种子繁殖，既可直播也可育苗移栽。常在春季播种，每公顷播种量15~30kg，关键应保证土壤墒情，但忌积水，需精心整地，亦可冷水浸种；播深2cm，覆土1 cm，播后3d出苗，7d全苗。密度约45万株/ hm^2。移植：一般采用60~70cm高的一年生植株，沙壤或壤土为宜。移植时间以春季萌动前或秋季枯黄后为好。

应用前景：具有显著的防风固沙、水土保持作用。不仅是优良的生态资源，作为牧草资源也具有许多优良性状，如草产量大、营养丰富、适口性好、饲用价值高，是各类家畜非常喜食的牧草，具有重要的饲用价值。

心叶驼绒藜 *Geratoides ewersmanniana* (Stschegl. ex Losinsk.) Botsch. et Ikonn.

藜科 Chenopodiaceae

驼绒藜属 *Geratoides* (Tourn.) Gagnebin

种质类型：野生种。

形态特征：半灌木，植株高1~1.5(2) m，分枝多集中于上部，通常长40~60cm。叶柄短，叶片卵形或卵状矩圆形，长2~3.5cm，宽1~2cm，先端急尖或圆形，基部心脏形，具明显的羽状叶脉。雄花序细长而柔软。雌花管椭圆形，长2~3mm，角状裂片粗短，其长为管长的1/6~1/5，略向后弯，果期管外具4束长毛。果椭圆形，密被毛。种子直生，与果同形。胚马蹄形，胚根向下。花果期7—9月。

生态习性：生于海拔400~2000m的平原沙地、沙丘、撂荒地、砾石荒漠的沙堆、河间沙地、砾石洪积扇及石质坡地等。

分布地点：在精河县的甘家湖保护区有分布。

种质编号：BLZ-JH-09-B-0366。种质资源材料1份。

保护利用现状：原地保存。

繁殖方式：种子繁殖，未见引种栽培。

应用前景：优良牧草，各类牲畜喜食。

木地肤 *Kochia prostrata* (Linn.) Schrad. var. *prostrate*

藜科 Chenopodiaceae

地肤属 *Kochia* Roth

种质类型：野生种。

形态特征：半灌木。茎低矮，有分枝，黄褐色或带黑褐色；当年生枝淡黄褐色或淡红色，有微条棱。叶互生，稍扁平，条形，集聚于腋生短枝而呈簇生状，先端钝或急尖，基部稍狭。花两性兼有雌性，2朵或3朵团集叶腋，于当年生枝的上部或分枝上集成穗状花序；花被球形，有密绢状毛，花被裂片卵形或矩圆形；翅扇形或倒卵形，具紫红色或黑褐色脉，边缘有圆锯齿或为啮蚀状。胞果扁球形，灰褐色。

生态习性：生于海拔430~1680m（少数达1900~2700m）的平原荒漠、洪积扇砾质荒漠、干旱山坡、荒漠草原、山地砾质山坡、前山丘陵。

分布地点：在博乐市夏尔希里保护区的阿拉山口48号桥有分布。

种质编号：BLZ-BLS-9-B-0122。种质资源材料1份。

保护利用现状：原地保存。

繁殖方式：种子繁殖，对土壤要求不太严，但以疏松肥沃的土壤为好。应选择地势平缓，坡度较小，土层深厚的地块。头年秋天深耕25~30cm，耕翻后注意保墒。次年春季或雨季抢墒播种，一般都能成功。木地肤种子小而轻，顶土能力弱，所以覆土不宜过厚，以1cm为宜。木地肤发芽时需要较高的土壤湿度和适宜的温度，因此播种时要抓住这两个关键环节。种子萌发出苗的适宜土壤（1~30cm）湿度为15%~20%。移栽同样要注意土壤湿度。木地肤的种植采用压青地，在雨季直播及秋季植苗移栽法效果较好。

应用前景：木地肤是干旱地区的优等饲用植物，是骆驼、羊和马在各季节都喜食的优良牧草。

短叶假木贼 *Anabasis brevifolia* C. A. Mey.

藜科 Chenopodiaceae

假木贼属 *Anabasis* Linn.

种质类型：野生种。

形态特征：半灌木。根粗壮，黑褐色。茎多分枝，灰褐色；小枝灰白色；当年生枝黄绿色。叶条形，半圆柱状，开展并向下弯曲，先端有半透明的短刺尖。花单生叶腋；小苞片卵形，先端稍肥厚，边缘膜质；花被片卵形，果期背面具翅；翅膜质，杏黄色或紫红色，外轮3片花被片的翅肾形或近圆形，内轮2个花被片的翅较狭小，圆形或倒卵形；胞果卵形至宽卵形，黄褐色。

生态习性：生于海拔500~1700m的洪积扇和山间谷地的砾质荒漠、低山草原化荒漠。

分布地点：在博乐市夏尔希里保护区的风电站、三台林场的沃依曼吐别克，精河县的乌拉斯台、大河三台子老场部、精河林场的乌图精等地有分布。

种质编号：BLZ-BLS-9-B-01118、BLZ-JH-010-B0347、BLZ-JH-02-T-0504、BLZ-JH-02-T-0505、BLZ-JH-700-T-0336、BZ-JH-11-B-0288。种质资源材料6份。

保护利用现状：原地保存。

繁殖方式：种子繁殖，未见引种栽培。

应用前景：假木贼属植物多为盐生、旱生稀盐多汁半灌木，对盐分适应性极强，是盐土荒漠的主要植物之一。部分植物种在饲料贫乏的新疆荒漠草场是良好的饲用牧草。

无叶假木贼 *Anabasis aphylla* Linn.

藜科 Chenopodiaceae

假木贼属 *Anabasis* Linn.

种质类型:野生种。

形态特征:半灌木。茎多分枝,小枝灰白色;当年生枝鲜绿色,直立或斜上;节间多数,圆柱状。叶不明显或略呈鳞片状,宽三角形,先端钝或急尖。花1~3朵生于叶腋,于枝端集成穗状花序;小苞片短于花被,边缘膜质;外轮3片花被片近圆形,果期背面下方生横翅;翅膜质,扇形、圆形或肾形,淡黄色或粉红色,直立;内轮2片花被片椭圆形,无翅或具较小的翅。胞果直立,近球形,暗红色。

生态习性:生于海拔330~1900m的平原地区、山麓洪积扇和低山干旱山坡的砾质荒漠及干旱盐化荒漠。

分布地点:在博乐市三台林场的沃依曼吐别克、哈日图热格林场,精河县的赛里克底,温泉县哈夏林场的托斯沟等地有分布。

种质编号:BLZ-BLS-10-B-0110、BLZ-JH-10-B - 0338、BLZ-JH-11-B-0291、BLZ-WQ-008-T-0206。种质资源材料4份。

保护利用现状:原地保存。

繁殖方式:种子繁殖,未见引种栽培。

应用前景:幼枝含多种生物碱,其中主要为毒黎碱,据报道,对昆虫有触杀、胃毒和熏杀的作用,是一种良好的农药原料。

盐生假木贼 *Anabasis salsa* (C. A. Mey.) Benth. ex Volkens

藜科 Chenopodiaceae

假木贼属 *Anabasis* Linn.

种质类型:野生种。

形态特征:半灌木。茎多分枝,灰褐色至灰白色;当年生枝多数,直立或斜伸;节间圆柱状或稍有棱。下部及中部叶条形,半圆柱状,开展并向外弯曲,先端具易脱落的半透明短刺状尖,上部叶鳞片状,三角形,先端稍钝,无刺状尖。花单生叶腋,于枝端集成短穗状花序;小苞片背面肥厚,边缘膜质;花被片外轮3片近圆形,内轮2片宽卵形,先端钝。胞果宽卵形,黄褐色或稍带红色。

生态习性:生于海拔500~1200m的山麓洪积扇、山间台地、河谷阶地、河间冲积平原的盐生荒漠。主要集中分布于额尔齐斯河与乌伦古河之间的古老阶地上,往往形成大面积的盐生假木贼荒漠。

分布地点:在精河县的荒漠区有分布。

种质编号:BLZ-WQ-008-T-0207。种质资源材料1份。

保护利用现状:原地保存。

繁殖方式:种子繁殖,未见引种栽培。

应用前景:为骆驼秋、冬季喜食的牧草。

白垩假木贼 Anabasis cretacea Pall.

藜科 Chenopodiaceae

假木贼属 *Anabasis* Linn.

种质类型:野生种。

形态特征：半灌木，株高5~10(15) cm。根较粗，常微扭，暗褐色或褐色。木质茎退缩的肥大茎基褐色至暗褐色，有密绒毛。从茎基发出的幼枝多条，黄绿色或灰绿色，直立，不分枝，具关节。叶极退化，鳞片状，长1~2mm，边缘膜质。花单生叶腋；外轮3片花被片宽椭圆形，果期具翅，翅膜质，肾形或近圆形，鲜时淡红色，干后红黄褐色。胞果暗红色或橙黄色。花果期8—10月。

生态习性：生于海拔580~1540m的洪积扇及低山的砾质荒漠及半荒漠。

分布地点：在精河县的乌图精，博乐市夏尔希里保护区的江巴斯有分布。

种质编号：BLZ-BLS-09-T-0127、BLZ-JH-10-T-0337。种质资源材料2份。

保护利用现状：原地保存。

繁殖方式：种子繁殖，未见引种栽培。

应用前景：荒漠旱生植物。

戈壁藜 *Iljinia regelii* (Bunge) Korov.

藜科 Chenopodiaceae

戈壁藜属 *Iljinia* Korov.

种质类型：野生种。

形态特征：半灌木。茎多分枝，老枝灰白色，当年生枝灰绿色，圆柱状。叶互生，棍棒状，肉质，先端钝，基部不扩展而下延，腋间具棉毛。花单生于叶腋；小苞片稍短于花被，背面中部肥厚并隆起，具膜质狭边；花被片近圆形或宽椭圆形；翅半圆形，全缘或有缺刻，干膜质，平展或稍反卷；子房卵形，平滑无毛，柱头内侧面有颗粒状突起。胞果半球形，顶面平或微凹，果皮稍肉质，黑褐色。

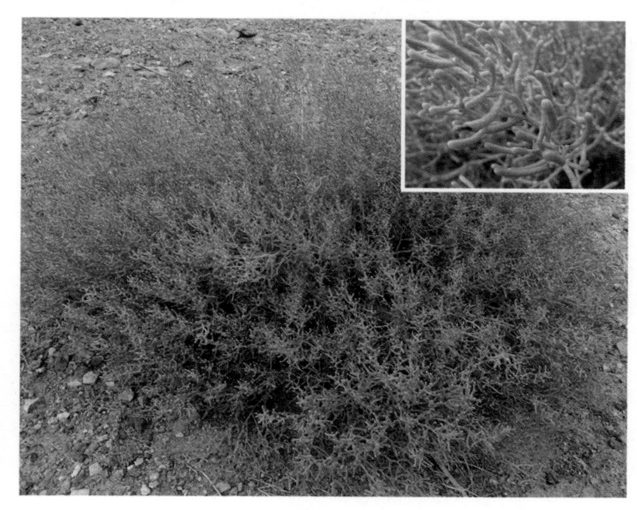

生态习性：生于海拔500~1600m的山前洪积扇砾石荒漠，在盐生荒漠、河漫滩沙地及干旱山坡也有少数出现。

分布地点：在博乐市夏尔希里保护区的风电站、江巴斯，精河县艾比湖保护区的科克巴斯陶、红山嘴有分布。

种质编号：BLZ-ABH-722-0496、BLZ-BLS-408-T-0128、BLZ-BLS-9-B-0119、BLZ-JH-10-B-0423。种质资源材料4份。

保护利用现状：原地保存。

繁殖方式：种子繁殖，未见引种栽培。

应用前景：荒漠生态灌木树种。

松叶猪毛菜 *Salsola laricifolia* Turcz. ex Litv.

藜科 Chenopodiaceae

猪毛菜属 *Salsola* Linn.

种质类型：野生种。

形态特征：小灌木；老枝黑褐色或棕褐色，小枝乳白色。叶互生或簇生，半圆柱状，顶端钝或尖，基部扩展而稍隆起，不下延，扩展处的上部溢缩成柄状，叶片自缢缩处脱落。穗状花序；苞片叶状，基部下延；小苞片宽卵形，顶端草质，两侧边缘为膜质；花被片长卵形，顶端钝，背部稍坚硬，边缘为膜质，果期自背面中下部生翅；花被片在翅以上部分，向中央聚集成圆锥体。本种的老枝黑褐色或棕褐色；

小苞片宽卵形，背面绿色草质，顶端急尖，两侧边缘膜质这两点特征明显，故与上述几种易于区别。

生态习性：生于海拔400~1500m的低山石质阳坡及山麓洪积扇的砾石荒漠和沙丘、沙地。常为群落的优势种。

分布地点：在精河县艾比湖保护区的科克巴斯陶、南戈壁、精河林场的乌图精，博乐市夏尔希里保护区的江巴斯等地有分布。

种质编号：BLZ-ABH-722-T-0494、BLZ-BLS-408-T-0125、BLZ-JH-02-B-0258、BLZ-JH-10-B-0422、BLZ-JH-700-T-0333。种质资源材料5份。

保护利用现状：原地保存。

繁殖方式：种子繁殖，未见引种栽培。

应用前景：荒漠灌木树种。

木本猪毛菜 *Salsola arbuscula* Pall

藜科 Chenopodiaceae

猪毛菜属 *Salsola* Linn.

种质类型：野生种。

形态特征：小灌木。分枝多，枝条开展，老枝淡灰褐色或淡黄灰色，有纵裂纹；小枝平展或斜伸，乳白色或淡黄色。小枝上的叶互生，老枝上的叶簇生于短枝的顶部，叶半圆柱形。花单生苞叶，于小枝枝顶形成穗状花序，花被片矩圆形，果期背面中下部生翅；在翅以上的花被片向中央聚集，基部包覆果实，上部反折呈莲座状。苞果；种子横生。花期6—8月，果期8—10月。

生态习性：生于海拔450~1000m的山麓洪积扇砾石荒漠、沙丘边缘、丘间沙地及盐土上。

分布地点：在博乐市夏尔希里保护区的阿拉山口48号沟有分布。

种质编号：BLZ-BLS-9-B-0120。种质资源材料1份。

保护利用现状：原地保存。

繁殖方式：种子繁殖，未见引种栽培。

应用前景：荒漠小灌木树种，枝叶有药用价值。

盐爪爪 *Kalidium foliatum*（Pall.）Moq.

藜科 Chenopodiaceae

盐爪爪属 *Kalidium* Miq.

种质类型：野生种。

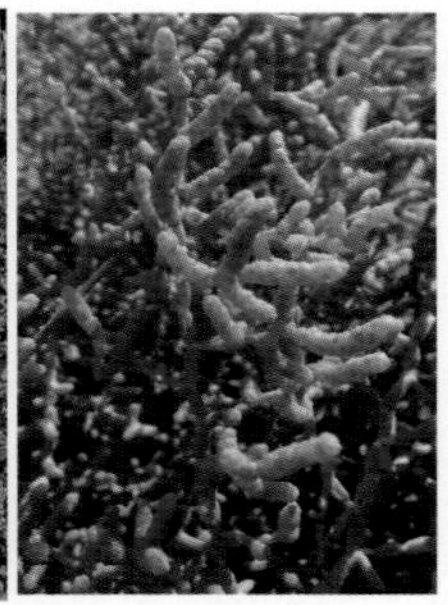

形态特征：小灌木，高20~50cm。茎直立或平卧，多分枝；枝灰褐色，小枝上部近于草质，黄绿色。叶片圆柱状，伸展或稍弯，灰绿色，长4~10mm，宽2~3mm，顶端钝，基部下延，半抱茎。穗状花序，无柄，长8~15mm，直径3~4mm，每3朵花生于1鳞状苞片内；花被合生，上部扁平，呈盾状，盾片宽五角形，周围有狭窄的翅状边缘；雄蕊2枚；种子直立，近圆形，直径约1mm，密生乳头状小突起。

生态习性：生于洪积扇扇缘地带及盐湖边的潮湿盐土、盐碱地、盐化沙地、砾石荒漠的低湿处和胡杨林下。常常形成盐土荒漠及盐生草甸。

分布地点：在博乐市贝林乡大连湖管护站，精河艾比湖保护区的鸭子湾、精河林场的赛里克底等地有分布。

种质编号：BLZ-ABH-722-T-0469、BLZ-BLS-10-T-0014、BLZ-JH-10-B-0345。种质资源材料3份。

保护利用现状：原地保存。

繁殖方式：主要采用播种繁殖的办法，秋季采种，4月播种栽植。

应用前景：是盐湿荒漠群落的优势种，也是生物防治土壤盐渍化的优良树种。秋、冬季节的干枯植株骆驼喜食，马和羊少食；新鲜时骆驼少食，其他牲畜不食。具有重要的生态及经济价值。

里海盐爪爪 *Kalidium caspicum* (Linn.) Ung.-Sternb.

藜科 Chenopodiaceae

盐爪爪属 *Kalidium* Miq.

种质类型：野生种。

形态特征：小灌木，高20~70cm。茎近直立，自中部分枝，枝灰白色，有纵裂纹，通常在小枝的顶部生花序。叶瘤状，长约1mm，顶端钝，基部凸出，下延，与枝贴生，小枝上的叶片呈鞘状，包茎，上下二叶片彼此相接；花序为圆柱形的穗状花序，长0.5~2.5cm，直径1.5~3mm，每3朵花生于1苞片内；花被上部扁平呈盾状，顶端有4个小齿。种子卵形或圆形，直径1.2~1.5mm，红褐色，有乳头状小突起。

生态习性：生于北疆荒漠及半荒漠中的低洼盐碱地及盐池边。

分布地点：在博乐市贝林乡大连湖管护站，精河艾比湖保护区的鸭子湾、精河林场的赛里克底等地有分布。

种质编号：BLZ-BLS-10-B-0107、BLZ-JH-10-B-0344、BLZ-JH-11-B-0281、BLZ-JH-700-T-0332。种质资源材料4份。

保护利用现状：原地保存。

应用前景：荒漠小灌木，改良盐碱地树种。

尖叶盐爪爪 *Kalidium cuspidatum* (Ung.-Sternb.) Grub.

藜科 Chenopodiaceae

盐爪爪属 *Kalidium* Miq.

种质类型：野生种。

形态特征：小灌木，高20~40cm。茎自基部分枝；枝近于直立，灰褐色，小枝黄绿色。叶片卵形，长1.5~3mm，宽1~1.5mm，顶端急尖，稍内弯，基部半抱茎，下延。穗状花序，生枝条的上部，长5~15mm，直径2~3mm；花排列紧密，每1苞片内有3朵花；花被合生，上部扁平，呈盾状，盾片成长五角形，具狭窄的翅状边缘。胞果近圆形，果皮膜质；种子近圆形,淡红褐色,直径约1mm,有乳头状小突起。

生态习性:生于荒漠及草原类型的盐碱地及盐湖边。常为盐土荒漠群落的优势种。

分布地点:在精河县甘家湖保护区的二羊圈有分布。

种质编号:BLZ-JH-09-B-0359。种质资源材料1份。

保护利用现状:原地保存。

繁殖方式:同盐爪爪。

应用前景:盐生植物,改良盐碱地树种。

盐节木 *Halocnemum strobilaceum* (Pall.) Bieb.

藜科 Chenopodiaceae

盐节木属 *Halocnemum* Bieb.

种质类型:野生种。

形态特征:半灌木,高20~40cm。茎自基部分枝;小枝对生,近直立,有关节,平滑,灰绿色,老枝近互生,木质,平卧或上伸,灰褐色,枝上有对生缩短成芽状的短枝。叶对生,联合。穗状花序,长0.5~1.5cm,直径2~3mm,无柄,生于枝的上部,交互对生,每3朵花(极少为2朵花)生于1苞片内;花被片宽卵形,两侧的2片向内弯曲,花被的外形呈倒三角形。种子卵形或圆形,褐色,密生小突起。

生态习性:生于海拔540~1700m的洪积扇扇缘低地、冲积平原、盐湖边等地的低洼潮湿盐土、强盐渍化结壳盐土及沙质盐土、盐沼地,形成盐土荒漠及盐生草丛。尤其在天山南麓库尔勒及尉犁的冲积扇下部,紧接罗布泊、若羌这一带的广大平原上有大面积分布。往往以盐节木单优势形成群落,是新疆最典型的多汁木本盐柴类荒漠树种之一。另外,也常与矮型芦苇、柽柳、盐爪爪和盐穗木等共同生长,形成盐生荒漠。有时,还在沙丘丘间洼地重盐土及胡杨林林缘低洼盐地上出现。

分布地点:在精河县艾比湖保护区的鸭子湾、桦树林河北岸、鸟岛管护区等地有分布。

种质编号:BLZ-ABH-722-T-0473、BLZ-ABH-722-T-0481、BLZ-JH-08-B-0393、BLZ-JH-08-B-0401。种质资源材料4份。

保护利用现状:原地保存。

繁殖方式:种子繁殖,未见引种栽培。

应用前景:盐生荒漠的建群种之一,具有重要的生态价值。

盐穗木 *Halostachys caspica* (Bieb.) C.A.Mey.

藜科 Chenopodiaceae

盐穗木属 *Halostachys* C. A. Mey.

种质类型:野生种。

形态特征:灌木,高50~200cm。茎直立,多分枝;老枝通常无叶,小枝肉质,蓝绿色,有关节,密生小突起。叶鳞片状,对生,顶端尖,基部联合。穗状花序,交互对生,圆柱形,长1.5~3cm,直径2~3mm,花序柄有关节;花被倒卵形,顶部3浅裂,裂片内折;子房卵形;柱头2,钻状,有小突起。胞果卵形,果皮膜质;种子卵形或矩圆状卵形,直径6~7mm,红褐色,近平滑。花果期7—9月。

生态习性:生于海拔480~1500m的冲积洪积扇扇缘地带、河流冲积平原及盐湖边的强盐渍化土、结皮盐土、龟裂盐土等。常与其他盐生植物组成盐生荒漠。

分布地点:在精河县艾比湖保护区的鸭子湾、甘家湖保护区的二羊圈、托里镇的二牧场,博乐市贝林乡大连湖等地有分布。

种质编号:BLZ-ABH-722-T-0470、BLZ-BLS-10-T-0009、BLZ-JH-003-T-0355、BLZ-JH-09-B-0358。种质资源材料4份。

保护利用现状:原地保存。

繁殖方式:种子繁殖,未见引种栽培。

应用前景:是盐土荒漠主要植物之一,在饲料贫乏的新疆南疆荒漠草场是良好的饲用牧草,适口性良好,山羊、驴和绵羊都喜食,冬季骆驼喜食。

小叶碱蓬 *Suaeda microphylla*(C. A. Mey.)Pall.

藜科 Chenopodiaceae

碱蓬属 *Suaeda* Forsk.

种质类型:野生种。

形态特征:半灌木。茎直立,灰褐色,圆柱状,有条棱,幼时有密短柔毛及薄蜡粉,多分枝;枝硬直,开展。叶圆柱状,上部短,长3mm,灰绿色,稍弯曲,先端具短尖头,基部骤缩。团伞花序含3~5朵花,生于叶柄上;花两性兼有雌性;花被肉质,灰绿色,5裂至中部,裂片矩圆形,先端兜状,背面凸隆,果期稍增大,下半部稍鼓胀。胞果包于花被内,果皮膜质,黑褐色。种子卵形,黑色。

生态习性:生于海拔500~700m的盐生荒漠、湖边、河谷阶地、撂荒地、固定沙丘及砾质荒漠。

分布地点:在精河县艾比湖保护区的鸭子湾、盐池桥、甘家湖保护区的二羊圈、托里镇的二牧场,博乐市的哈日图热格林场等地有分布。

种质编号:BLZ-ABH-722-T-0475、BLZ-ABH-722-T-0482、BLZ-BLS-10-B-0111、BLZ-JH-003-T-0356、BLZ-JH-09-B-0360。种质资源材料5份。

保护利用现状:原地保存。

繁殖方式:种子繁殖,未见引种栽培。

应用前景:典型盐生植物,鲜嫩茎叶可食;可入药,主治食积停滞、发热等。

唐古特白刺 *Nitraria tangutorum* Bobr

白刺科 Zygophyllaceae

白刺属 *Nitraria* Linn.

种质类型:野生种。

形态特征:灌木,高1~2m。多分枝,弯、平卧或开展;不孕枝先端刺针状;嫩枝白色。叶在嫩枝上2片或3(4)片簇生,宽倒披针形,长18~30mm,宽6~8mm,先端圆钝,基部渐窄成楔形,全缘,稀先端齿裂。花排列较密集。核果卵形,有时椭圆形,熟时深红色,果汁玫瑰色,长8~12mm,直径6~9mm。果核狭卵形,长5~6mm,先端短渐尖。花期5—6月,果期7—8月。

生态习性:抗旱,耐寒,耐盐碱。

分布地点:在精河县艾比湖保护区的鸭子湾、沙丘道班,博乐市夏尔希里保护区的小克拉达坂等地有分布。

种质编号:BLZ-ABH-08-T-0478、BLZ-BLS-09-T-0121、BLZ-JH-01-T-0397。种质资源材料3份。

保护利用现状:原地保存。

繁殖方式:种子繁殖。

应用前景:抗干旱、抗风沙、极耐盐碱,为重要的防风固沙植物。果实酸甜可食,种子可榨油,嫩枝叶可作饲料并可入药,具有广阔的开发利用前景。

西伯利亚白刺 *Nitraria sibirica* Pall.

白刺科 Zygophyllaceae

白刺属 *Nitraria* Linn.

种质类型:野生种。

形态特征:灌木,高0.5~1.5m,茎弯,多分枝,枝铺散,少直立。小枝灰白色,不孕枝先端刺针状。叶近无柄,在嫩枝上4~6片簇生,倒披针形,长6~15mm,宽2~5mm,先端锐尖或钝,基部渐窄成楔形,无毛或幼时被柔毛。聚伞花序,长1~3cm,被疏柔毛;萼片5,绿色,花瓣黄绿色或近白色,矩圆形,长2~3mm。果椭圆形或近球形,两端钝圆,长6~8mm,熟时暗红色,果汁暗蓝色,带紫色,味甜而微咸;果核卵形,先端尖,长4~5mm。花期5—6月,果期7—8月。

生态习性:生于轻度盐渍化低地、湖盆边缘沙地。在荒漠草原及荒漠地带、株丛下常形成小沙堆,可成为优势种并形成群落。海拔450~1200m。

分布地点:在精河县艾比湖保护区的鸭子湾及精河林场的乌图精、东图精,博乐市贝林乡、阿热勒牧场、三台林场的沃依曼吐别克,温泉县哈夏林场的奥尔塔克赛等地有分布。

种质编号:BLZ-ABH-08-T-0472、BLZ-BLS-05-T-0010、BLZ-BLS-06-B-0023、BLZ-JH-10-B-0314、BLZ-JH-10-T-0331、BLZ-JH-11-B-0290、BLZ-WQ-06-B-0181。种质资源材料7份。

保护利用现状:原地保存。

繁殖方式:种子繁殖。

应用前景:本种耐盐碱、干旱,为重要的防风固沙植物;枝叶和果实可作饲料;果实味酸甜,可食、药用;果核可榨油。

簇枝补血草 *Limonium chrysocomum* (Kar. et Kir.) Kuntze var. *chrysocomum*

白花丹科 Plumbaginaceae

补血草属 *Limonium* Mill.

种质类型:野生种。

形态特征:多年生草本至草本状半灌木。茎基

木质。叶数枚，线状披针形至长圆状匙形，先端渐尖至钝圆，下部渐狭成柄。头状花序顶生，花序轴细弱，各节的膜质鳞片腋部簇生针状开张不育枝；小穗组成穗状花序，于花序轴顶端成紧密头状团簇；外苞宽卵形，第一内苞先端圆；萼漏斗状，萼筒全长沿脉与脉间被毛，萼檐鲜黄色，裂片先端钝或有短尖，有时具间生裂片；花冠橙黄色。

生态习性：生于塔尔巴哈台山、天山中部山地荒漠草原和石质石坡，海拔1200~1800m。

分布地点：在博乐市夏尔希里保护区的江巴斯、小克拉达坂有分布。

种质编号：BLZ-BLS-09-T-0123、BLZ-BLS-9-B-0123。种质资源材料2份。

保护利用现状：原地保存。

繁殖方式：种子繁殖。

应用前景：补血草具有繁殖容易、管理粗放、耐盐碱、抗干旱等特点，在城市绿化中具有广泛的应用前景，是建植缀花草坪、花坛花池及护坡固土的优良节水型地被植物，同时也是重要的药用植物资源。

附：**大簇补血草** *Limonium chrysocomum*（Kar. et Kir.）Kuntze var. *semenowii*（Herd）Peng.

种质资源概述：白花丹科补血草属，花序轴通常较高，无疣；外苞和第一内苞草质部密被较长的毛和短毛，裂片先端通常有短尖。

生态习性：生于塔尔巴哈台山、天山中部石质低山坡。

矮簇补血草 *Limonium chrysocomum*（Kar. et Kir.）Kuntze var. *sedoides*（Regel）Peng.

种植资源概述：白花丹科补血草属，植株矮小；花序轴高2~3.5cm，节间短（0.5~1mm），光滑或上端略有疣；不育枝长1~2.5（4）mm，不分枝，比鳞片短或近等长，罕微长，近直立，藏于鳞片之内；头状花序小，通常仅有（1）2~5个小穗；外苞和第一内苞草质部密被短毛或无毛。萼长5~6mm，萼筒径约1mm。

生态习性：生于荒漠草原的砾石山坡，产于北疆西部。

大叶白麻 *Poacynum hendersonii*（Hook. f.）Woodson

夹竹桃科 Apocynaceae

白麻属 *Poacynum* Baill.

种质类型：野生种。

形态特征：直立半灌木，植株含乳汁；枝条倾向茎的中轴，无毛。叶坚纸质，互生，叶片椭圆形至卵状椭圆形，叶缘具细锯齿。圆锥状聚伞花序至顶生；花冠骨盆状，下垂，花外面粉红色，内面稍带紫色，花冠裂片反折，宽三角形，顶端钝。蓇葖果2枚，叉生或平行，倒垂，长而细，圆筒状；种子卵状长圆形，顶端具一簇白色绢质的种毛。花期4—9月，果期7—12月。

生态习性：生于荒漠地带河流两岸、渠旁、丘间低地、盐碱沙地。

分布地点：在精河县艾比湖保护区的桦树林河北岸、鸟岛管护站等地有分布。

种质编号：BLZ-JH-08-B-0399、BLZ-JH-08-B-0400。种质资源材料2份。

保护利用现状：原地保存。

繁殖方式：可用种子、根状茎和分株进行繁殖。

应用前景：叶中富含槲皮素等黄酮类化合物，具有清除自由基、降压、抑制肿瘤细胞增殖、消炎、利湿等多种功效。其叶片可作茶泡水，是深受当地居民喜爱的保健饮品。

罗布麻 *Apocynum venetum* Linn.

夹竹桃科 Apocynaceae

罗布麻属 *Apocynum* Linn.

种质类型：野生种。

形态特征：直立半灌木，具乳汁；枝条对生或互生，圆筒形，光滑无毛，紫红色或淡红色。叶对生，仅在分枝处为近对生，叶片椭圆状披针形至卵圆状长圆形，叶缘具细锯齿。圆锥状聚伞花序至多歧，通常顶生，有时腋生，花冠圆筒状钟形，紫红色或粉红色。蓇葖果2枚，平行或叉生，下垂，箸状圆筒形；种子多数，卵圆状长圆形，顶端有一簇白色绢质的种毛。花期4—9月，果期7—12月。

生态习性：生河湖渠边、河漫滩、盐碱地、盐渍化沙地。海拔100~1300m。

分布地点：在博乐市的青格里、阿热勒托海牧场，精河县艾比湖保护区的鸭子湾、沙丘道班等地有分布。

种质编号：BLZ-ABH-08-T-0474、BLZ-BLS-04-T-0176、BLZ-BLS-06-B-0019、BLZ-JH-010-T-0401。种质资源材料4份。

保护利用现状：原地保存

繁殖方式：播种繁殖、分株繁殖和根状茎繁殖。罗布麻种皮棕色，种子细小，千粒重0.5g左右。成熟种子发芽率达90%以上，无休眠期，四季皆可播种，每公顷播种量为7.5~15kg。以春季播种较好，当年苗高可达100~130cm。强烈的阳光可使种子发芽率受抑制，故播后需覆土。播种前用40℃~50℃的温水浸种，取出放在湿润处催芽，芽长3~5cm即可播种。播前将地整平，充分灌水至苗床中积水10~15cm时，将催好芽的种子放入盛水盆中，连种子带水泼洒入田中，至积水渗入地下以后，再覆盖细土或沙0.5~1cm。在20℃的条件下，播后2~3d可齐苗。出苗前采取措施保持土壤水分，防止土表板结。幼苗出现1对真叶时，根据土壤墒情再充分灌水一次，次日再用细土覆盖1cm左右，以真叶露出土为度，以保证幼苗正常生长。由于播种育苗技术要求较高，苗床幼苗极易形成不均匀出苗。为了便于管理，提高成苗率，使幼苗长势整齐，最好在幼苗长至10~20cm后进行移植。具有1对以上真叶的幼苗在营养生长期全年均可移活。以阴天或气温较低为宜，移后灌水保墒即可成活，分株繁殖宜在早春或秋季进行。挖出老株后，剪去地上部分和多余的根系，分株时，每株留2个或3个芽。按20cm×30cm株行距进行栽植，覆土深度为10cm。根状茎繁殖以秋季和春季萌动繁殖成活率高。结合采收，挖取健壮而鲜嫩的根状茎，截成10~15cm长的小段，每段留芽眼2~3个。横卧或斜放种植均可，埋在土面下10~15cm。覆土后浇水。

应用前景：罗布麻是一种经济价值较高的植物资源，其叶可以制药，也可以制保健茶；茎皮是一种良好的纤维原料，用罗布麻纤维精加工纺织而成的服装具有透气性好、吸湿性强、柔软、抑菌、冬暖夏凉等特点。罗布麻布比一般织品耐磨、耐腐性好，吸湿性强，缩水小，是麻织品中很有发展前途的品种。罗布麻根煎剂有强心作用。罗布麻叶浸膏有镇静、抗惊厥作用，并有较强的利尿、降低血脂、调节免疫、抗衰老及抑制流感病毒等作用，对高血压患者有一定辅助治疗效果。

鹰爪柴 *Convolvulu gortchakovii* Schrenk.

旋花科 Convolvulaceae

旋花属 *Convolvulus* Linn.

种质类型：野生种。

形态特征：亚灌木或近于垫状小灌木，具或多或少成直角开展而密集的分枝，小枝具短而坚硬的刺；枝条、小枝和叶均密被贴生银色绢毛；叶倒披针形、披针形或线状披针形，先端锐尖或钝，基部渐狭。花单生于短的侧枝上；萼片不相等，2个外萼片宽卵圆形，基部心形，较3个内萼片明显宽；花冠漏斗状，玫瑰色。蒴果阔椭圆形，顶端具不密集的毛。花期5—6月。

生态习性：生于准噶尔及塔里木盆地荒漠前山带。

分布地点：在博乐火车站西北有分布。

种质编号：BLZ-BLS-01-B-0041。种质资源材料1份。

保护利用现状：原地保存。

繁殖方式：种子繁殖。

应用前景：荒漠旱生植物，良好的旱生地被树种资源。

刺旋花 *Convolvulus tragacanthoides* Turcz

旋花科 Convolvulaceae

旋花属 *Convolvulus* Linn.

种质类型：野生种。

形态特征：匍匐有刺亚灌木，全体被银灰色绢毛，茎密集分枝，形成披散垫状；小枝坚硬，具刺；叶狭线形，稀倒披针形，先端圆形，基部渐狭，无柄，均密被银灰色绢毛。花2~5朵密集于枝端，稀单花，花冠漏斗形，粉红色，5浅裂。蒴果球形，有毛。种子卵圆形，无毛。花期5—7月。

生态习性：生于天山北坡前山带砾石山坡。

分布地点：在博乐市三台林场的那瓦布拉克、哈日图热格林场的玉科克，精河县精河林场的乌图精，温泉县哈夏林场的奥尔塔克赛和博格达山等地有分布。

种质编号：BLZ-BLS-001-T-0157、BLZ-BLS-10-B-0113、BLZ-JH-700-T-0328、BLZ-WQ-001-T－0207、BLZ-WQ-01-B-0146、BLZ-WQ-06-B-0182。种质资源材料6份。

保护利用现状：原地保存。

繁殖方式：种子繁殖。

应用前景：荒漠旱生植物，良好的旱生地被树种资源。

黑果枸杞 *Lycium ruthenicum* Murr.

茄科 Solanaceae

枸杞属 *Lycium* Linn.

种质类型：野生种。

形态特征：多棘刺灌木，高 20~150cm，多分枝；分枝斜伸或横卧于地面，有不规则的纵条纹，小枝顶端渐尖呈棘刺状。叶 2~6 枚簇生于短枝上，在幼枝上则单叶互生，肥厚肉质，近无柄，条形、条状披针形或条状倒披针形。花 1 朵或 2 朵生于短枝上；花冠漏斗状，浅紫色，筒部向檐部稍扩大，5 浅裂，裂片矩圆状卵形。浆果紫黑色，球状，有时顶端稍凹陷。种子肾形，褐色。花果期 5—10 月。

生态习性：生于南北疆平原荒漠、盐碱地、盐化沙地、河湖沿岸、干河床或路旁。

分布地点：在精河县艾比湖保护区的盐池桥、科克巴斯陶、托里镇、茫丁乡、八家户农场及精河林场的乌图精、东图精、爱门精，博乐市贝林乡的大连湖、怪石峪、阿热勒牧场、三台林场的沃依曼吐别克、夏尔希里保护区的赛力克和哈日图热格林场的三号桥、四号桥，温泉县哈夏林场的蒙克沟和卡里达斯等地有分布。

种质编号：BLZ-ABH-08-T-0486、BLZ-ABH-08-T-0492、BLZ-BLS-001-T-0144、BLZ-BLS-050-T－0049、BLZ-BLS-05-T-0008、BLZ-BLS-10-B-0060、BLZ-BLS-408-T-0116、BLZ-JH-10-T-0342、BLZ-WQ-01-B-0145、BLZ-WQ-06-B-0151 等。种质资源材料 26 份。

保护利用现状：原地保存。

繁殖方式：种子繁殖。从生长健壮、结果量大、无病虫害的优良母株上采集充分成熟（果实由绿变紫黑色）的果实，揉搓破碎的果实，取出种子，晾干，置低温贮存。春、夏、秋季均可播种，以春播为主。条播按行距 30cm 开沟，种子掺些细沙混匀，均匀播入播种沟内，稍覆细沙，轻填压后浇水，保持土壤湿润；种子出苗后要进行松土除草，以防止土壤板结，保证幼苗的健壮生长。

应用前景：黑果枸杞不但是优良的防风固沙和保持水土的先锋树种，在生态环境建设中具有很高的生态学应用价值，其果实还具有较高的保健和药用价值。据研究资料显示，黑枸杞含有丰富的黑果色素——天然原花青素（红果枸杞不含）和大量有益微量元素，具有清除自由基、抗氧化的功能，同时可预防并治疗高血压、冠心病、糖尿病、脑血栓等多种疾病，并有预防癌症和延年益寿等功效。黑果枸杞的果实可开发生产食品（保健饮料、果酱等）、药品、酿酒、食用色素等，并具有还原糖和色素的开发潜力。

宁夏枸杞 *Lycium barbarum* Linn.

茄科 Solanaceae

枸杞属 *Lycium* Linn.

种质类型：野生种。

形态特征：灌木，或因人工整枝而成大灌木；分枝细密，野生时多开展且略斜伸或弓曲，有纵棱纹，灰白色或灰黄色。叶互生或簇生，披针形或长椭圆状披针形，略带肉质。花冠漏斗状，紫堇色，花开放时平展。浆果红色，在栽培类型中也有橙色，果皮肉质，多汁液，形状广椭圆状、矩圆状、卵状或近球状。种子常20余粒，略呈肾脏形，扁压，棕黄色。花果期较长，一般从5月到10月边开花边结果。

生态习性：生于干旱山坡、河岸、渠边和盐碱地。

分布地点：在博乐市三台林场的沃依曼吐别克和贝林乡胡杨林区，精河县托里镇，温泉县北鲵生态园等地有分布。

种质编号：BLZ-BLS-05-T-0016、BLZ-JH-01-B-0253、BLZ-JH-01-T-0385、BLZ-JH-01-T-0386、BLZ - JH-04-T-0375、BLZ-JH-04-T-0374、BLZ-JH - 11-B-0294、BLZ-WQ-01 -B-0187。种质资源材料32份。

保护利用现状：原地保存。

繁殖方式：播种造林、扦插压条或育苗移植。将成熟枸杞果实采集阴干后存放在冷冻的环境中，次年3月下旬至4月中旬去皮选出种子，用40℃温水浸泡24h，条播或穴播于土壤中。种子掺些细沙混匀，均匀播入沟内，深度为1~3cm。枸杞四季均可育苗，但以春秋两季为佳。育苗选植株粗壮、根系发达的苗木，先在苗圃培育1年后，按照株、行距2.0m×2.5m，挖30cm×30cm×30cm的坑，施入少量农家肥后把苗栽入坑中。扦插分为硬枝扦插和嫩枝扦插。枸杞硬枝扦插在3月，选用粗0.4~0.6cm、长12~15cm的枝条，用浓度为15mg/kg的NAA浸泡24h后，插土踩实。嫩枝扦插在5月，选用粗0.2cm、长12~15cm的枝条，用枸杞生根剂1号加水稀释成2500倍液，速蘸插条下端后扦插。

应用前景：果实中药称枸杞子，性味甘平，有滋肝补肾、益精明目的作用；根皮中药称地骨皮，能凉血、清虚热；果柄及叶还是猪、羊的良好饲料。枸杞果中含有丰富的粗蛋白、粗脂肪、碳水化合物、硫胺素、核黄素、抗坏血酸、甜菜碱，还含有对人体有益的矿物质元素K、Na、Ca、Mg、Fe、Mn、Zn和维生素B1等。枸杞中含有的甘露糖、葡萄糖、鼠李糖、半乳糖、谷氨酸、丙氨酸、脯氨酸、维生素、胡萝卜素等成分均对人体的免疫系统、肝脏、心脏及血液系统有积极的影响。

食用价值：枸杞嫩叶营养丰富，用其煲汤有明目的作用。

药用价值：枸杞果实具有滋肾、补肝、明目的功效，主治肝肾阴亏、腰膝酸软、虚劳咳嗽。枸杞叶具有补虚益精、清热、止渴、祛风明目的功效，主治虚劳发热、目赤昏痛。根皮具有清热、退热、凉血、降血压的功效。

生态观赏价值：由于枸杞植株抗干旱，可生长在沙地和干旱地，所以可作为水土保持的灌木，同时枸杞具有抗盐碱性，又成为盐碱地的开树先锋。枸杞树形婀娜、枝叶繁茂、果实鲜红，是很好的街道绿化、庭院美化的观赏植物。

毛莲蒿 *Artemisia vestita* Wall.

菊科 Compositae

蒿属 *Artemisia* Linn.

种质类型：野生种。

形态特征：半灌木状或小灌木状草本。植株有浓烈的香气；茎丛生；茎、枝紫红色或红褐色。叶面绿色或灰绿色，有小凹穴，两面被灰白色密绒毛或上面毛略少，背面毛密；茎下部与中部叶卵形、椭圆状卵形或近圆形。头状花序多数，球形或半球形，雌花6~10朵，花冠狭管状，两性花13~20朵，花冠管状。瘦果长圆形或倒卵状椭圆形。花果期8—11月。

生态习性:耐旱、耐寒、耐瘠薄。

分布地点:在精河县精河林场的东图精等地有分布。

种质编号:BLZ-BLS-10-T-0062、BLZ-JH-10-B-0333。种质资源材料2份。

保护利用现状:原地保存。

繁殖方式:种子繁殖。未见引种报道。

应用前景:可以入药,有清热、消炎、祛风、利湿之效。

香叶蒿 *Artemisia rutifolia* Steph. ex Spreng.

菊科 Compositae

蒿属 *Artemisia* Linn.

种质类型:野生种。

形态特征:半灌木。植株有浓烈香气,茎多数,成丛,斜向上,叶两面被灰白色平贴的丝状短柔毛,二回三出全裂或二回近掌状式的羽状全裂。头状花序半球形或近球形,下垂或斜展,在茎上半部排成总状花序或部分间有复总状花序,花冠管状。瘦果椭圆状倒卵形,花果期7—10月。

生态习性:

分布地点:在温泉县哈夏林场的蒙克沟等地有分布。

种质编号:BLZ-WQ-06-B-0158。种质资源材料1份。

保护利用现状:原地保存。

繁殖方式:种子繁殖。未见引种报道。

应用前景:资源价值有待进一步研究。

戈壁绢蒿 *Seriphidium nitrosum* var. *gobicum*

菊科 Compositae

绢蒿属 *Seriphidium* (Bess.

种质类型:野生种。

形态特征:多年生草本或稍呈半灌木状。根状茎稍粗短。茎下部半木质,上部草质,并有少量斜向上长的短的分枝。叶稍柔弱,两面初时被蛛丝状柔毛,后部分脱落;茎下部叶长卵形或椭圆状披针形,二回羽状全裂,中部叶一至二回羽状全裂,上部叶羽状全裂。头状花序,长圆形或长卵形,两性花3~6朵,花冠管状,檐部红色或黄色。瘦果倒卵形。花果期8—10月。

分布地点:在博乐市夏尔希里保护区小克拉达坂,精河县艾比湖保护区、地方林场交界处等地有分布。

种质编号:BLZ-ABH-08-T-0491、BLZ-BLZ-

09-T-0124、BLZ-JH-10-B-0356。种质资源材料3份。

保护利用现状：原地保存。

繁殖方式：种子繁殖。未见引种报道。

应用前景：资源价值有待进一步研究。

灌木亚菊 *Ajania fruticulosa* (Ledeb.) Poljak

菊科 Compositae

亚菊属 *Ajania* Poljak.

种质类型：野生种。

形态特征：小半灌木。老枝麦秆黄色，花枝灰白色或灰绿色，被稠密或稀疏的短柔毛。中部茎叶圆形、扁圆形、三角状卵形、肾形或宽卵形，规则或不规则二回掌状或掌式羽状3~5分裂。头状花序小，少数或多数在枝端排成伞房花序或复伞房花序。总苞钟状，麦秆黄色，有光泽。边缘雌花5朵，花冠细管状，顶端3~(5)齿。瘦果长约1mm。花果期6—10月。

分布地点：在博乐市夏尔希里保护区保尔德，精河县精河林场东图精，温泉县哈夏林场的科克萨依等地有分布。

种质编号：BLZ-BLS-9-B-0101、BLZ-JH-10-B-0313、BLZ-WQ-06-B-0222。种质资源材料3份。

保护利用现状：原地保存。

繁殖方式：种子繁殖。

应用前景：资源价值有待进一步研究。

第五节 平原人工防护林种质资源

新疆杨 *Populus alba var. pyramidalis* Bge.

杨柳科 Salicaceae

杨属 *Populus* Linn.

种质类型：乡土栽培种。

形态特征：乔木，树冠塔形或圆柱形；树皮灰白或灰绿色，光滑或基部微浅裂。小枝圆筒形，嫩枝常被白绒毛。长枝叶长12~18cm，阔三角形或阔卵形，5~7裂，边缘具不规则粗齿牙，表面无毛或局部被毛，背面被白绒毛；短枝叶较小，近革质，初时背面被白绒毛，后无毛，广椭圆形，基部常平截，边缘有粗齿，齿牙常呈三角形，凹缺圆；叶柄长4~5cm，侧扁。雄花序长4~5cm，苞片膜质，淡红褐色或深棕色；雄蕊10~12枚，具纤细花丝；花药紫红色，圆形。雌花序不知。

生态习性：新疆杨以其塔形树冠，成为育种学家用作珍贵雄性亲本的材料。新疆杨喜光，不耐阴，较耐寒，抗风、抗热、抗烟尘。在深厚、湿润、肥沃的土壤中生长良好。

栽培地点：温泉县城附近有栽培。

种质编号：BLZ-WQ-01-B-0214。种质资源材料1份。

繁殖方式：引种栽培。种子或扦插繁殖。

应用前景：新疆杨具有树干直、高、粗，木材质量好、出材率高等特点，容重大，材质较好。可供建筑部门用，亦可做桥梁、门窗、家具等。新疆杨是新疆珍贵的造林和绿化树种。

银新杨 *Populus alba* var. *pyramidalis* Bunge

杨柳科（Salicaceae）

杨属（*Populus* Linn.）

种质类型：乡土栽培种。

形态特征：乔木，高15~30m。树干挺拔，树冠宽阔。树皮青白色，平滑。小枝圆筒形。萌枝和长枝叶宽卵圆形，掌状3~5浅裂，短枝叶较小。雄花序花药紫红色；雌花序花柱短，有淡黄色长裂片。蒴果圆锥形，2瓣裂，无毛。花期4—5月，果期5月。

生态习性：银新杨是新疆林业科学院通过对银白杨和新疆杨进行人工杂交育种获得的优良推广无性系，具有抗逆性强、抗病虫害、生长快、冠形窄小、树干通直等特性。

栽培地点：在精河县城苗圃附近有栽培。

种质编号：BLZ-JH-005-T-0439。种质资源材料1份。

繁殖方式：扦插繁殖。一般选择在银新杨落叶后或春季树液流动前采种条，极端干旱的和田地区最好在2月中旬至3月上旬采种条，此阶段银新杨的枝条经过了较好的低温春化处理阶段，枝条营养充足，有利于苗木无性繁殖，扦插成活率高。

应用前景：主要在北疆地区育苗、栽培。该品种可广泛应用于防护林、用材林和城镇绿化等，可逐步成为“三北”地区主栽的白杨新品种。

黑杨 *Populus nigra* Linn.

杨柳科 Salicaceae

杨属 *Populus* Linn.

种质类型：乡土栽培种。

形态特征：乔木，高至30m，树冠阔椭圆形。树皮暗灰色，老时沟裂。小枝圆筒形，淡灰黄色，无毛。芽长卵形，富黏质，赤褐色，6~8mm长，2~3mm宽；花芽先端常向外弯曲。叶在长、短枝上同形，薄革质，菱形，基部楔形或阔楔形，稀截形，边缘具圆锯齿，具半透明边缘，无缘毛，上面绿色，下面淡绿色。雄花序苞片膜质，淡褐色；花盘杯状，雄蕊40~45枚，花药紫红色，长圆形。蒴果卵圆形或近球形，2瓣裂，无毛，果皮具细小突起。花期4—5月，果期6月。

生态习性：生于荒漠河岸及沿河阶地沙丘上，海拔400~600m。喜光，喜湿润、深厚、肥沃的沙质壤土。抗寒、抗风，根系发达，但不耐阴，不耐干旱、黏重、瘠薄土壤和盐碱土壤。在背风河湾常见干形通直、圆满的参天大树，而在远离河岸的阶地或沙丘上，则干形低矮、弯曲，几呈灌木状。

栽培地点：在博乐市和温泉县城附近有栽培。

种质编号：BLZ-BLS-01-B-109、BLZ-WQ-01-B-0239。种质资源材料2份。

繁殖方式：可采用播种育苗和扦插育苗两种方式。

应用前景：黑杨不仅是珍贵的造林和更新树种，而且是中国北方营造杨树速生丰产林基地的主要树种。

钻天杨 *Populus nigra* var. *italica* Munch
杨柳科 Salicaceae
杨属 *Populus* Linn.

种质类型：乡土栽培种。

形态特征：乔木，高达30m。树皮暗灰褐色，老时沟裂，黑褐色；树冠圆柱形。侧枝呈20°~30°角开展，小枝圆，光滑。长枝叶扁三角形，通常宽大于长，先端短渐尖，基部截形或阔楔形，边缘具钝圆锯齿；短枝叶菱状三角形，先端渐尖，基部阔楔形或近圆形。葇荑花序。蒴果2瓣裂，先端尖，果柄细长。花期4月，果期5月。

生态习性：钻天杨喜光，耐寒，稍耐盐碱，适应大陆性气候条件，易栽易活，生长迅速，干形通直，树冠整齐，是理想的行道树种和防护林树种。它跟新疆杨、箭杆杨一道组成了富有新疆特色、遍及天山南北、巍峨壮丽的绿色长城。

栽培地点：在精河县城附近有栽培。

种质编号：BLZ-JH-01-B-0367。种质资源材料1份。

繁殖方式：扦插繁殖。选取生长健壮、侧芽饱满、木质化程度高、无病虫害的一年生种条。每年冬季采条储藏，4月上旬扦插育苗。

应用前景：是速生丰产和生态防护树种。

箭杆杨 *Populus nigra* var. *thevestina*（Dode）Bean
杨柳科 Salicaceae
杨属 *Populus* Linn.

种质类型：乡土栽培种。

形态特征：乔木。本变种极似钻天杨，但树冠更为狭窄；树皮灰白色，较光滑。叶较小，基部楔形；萌枝叶长、宽近相等。只见雌株，有时出现两性花。

生态习性：箭杆杨喜光，对气候条件要求不严，在年降水量70~170mm，蒸发量3000mm，最高气温4°C，最低气温-50°C的条件下正常生长，耐轻度盐碱，要求深厚、湿润、肥沃的沙壤土。3月下旬花芽膨大，4月初开花，5月上旬果实成熟。

栽培地点：在博乐市小营盘镇附近有栽培。

种质编号：BLZ-BLS-01-B-0032。种质资源材料1份。

繁殖方式：扦插育苗繁殖。

应用前景：箭杆杨是城镇绿化、行道树和护田林带的重要生态树种，其木材淡黄白色，纹理直，结构较细，年轮明显。木材易干燥，易加工，胶结性能及油漆性能良好。木材物理性能中等，可供建筑、造纸工业用，亦可做家具、箱、柜、椽以及火柴，还可做农村电杆。

加拿大杨 *Populus canadensis* Moench
杨柳科 Salicaceae
杨属 *Populus* Linn.

种质类型:乡土栽培种。

形态特征:落叶乔木,高可达30余米。干直,树皮粗厚,深沟裂,树冠卵形;萌枝及苗茎棱角明显,小枝圆柱形,稍有棱角。单叶互生,叶三角状卵形,长枝萌枝叶较大,边缘半透明,有圆锯齿,叶柄侧扁而长,带红色(苗期特明显)。雄花序长7~15cm,花苞片淡绿褐色,不整齐,丝状深裂,花盘淡黄绿色,雌花序有花45~50朵,柱头4裂。蒴果卵圆形,先端锐尖,2瓣裂或3瓣裂。花期4月,果期5—6月。

生态习性:性喜光,颇耐寒,喜湿润且排水良好的冲积土,对水涝、盐碱和瘠薄土地均有一定耐性,能适应暖热气候。对二氧化硫抗性强,并有吸收能力。生长快,适应性较强。

栽培地点:在温泉县城附近有栽培。

种质编号:BLZ-WQ-01-B-0240。种质资源材料1份。

繁殖方式:引种栽培。种子繁殖或扦插育苗。选用当年采收的籽粒饱满没有病虫害的种子(种子保存时间越长,其发芽率越低),消毒催芽后进行播种。常于春末或秋初用当年生的枝条进行嫩枝扦插,或于早春用上一年生的枝条进行老枝扦插。

应用前景:适合作行道树、庭荫树及防护林用,是四旁绿化、工矿区绿化和营造农田林网的理想树种。木材质软,纹理较细,易加工,可供建筑、造纸、火柴杆、包装箱等用材。

小叶杨 *Populus simonii* Carr.

杨柳科 Salicaceae

杨属 *Populus* Linn.

种质类型:乡土栽培种。

形态特征:乔木,高达20m。树皮幼时灰绿色,老时暗灰色,沟裂;树冠近圆形。叶菱状卵形、菱状椭圆形或菱状倒卵形,中部以上较宽,先端突急尖或渐尖,边缘细锯齿。雄花序长2~7cm,花序轴无毛,苞片细条裂,雄蕊8~9(25)枚;雌花序长2.5~6cm;苞片淡绿色,裂片褐色,无毛,柱头2裂。果序长达15cm;蒴果小,2(3)瓣裂,无毛。花期3—5月,果期4—6月。

生态习性:耐寒、耐旱,能忍受40℃高温和-36℃低温。雄株耐盐性大于雌株。根系发达,抗风力较强。

栽培地点:小叶杨在博州分布较为普遍,是农防林的重要组成。在博乐市哈日图热格林场有栽培。

种质编号:BLZ-BLS-10-B-0108。种质资源材料1份。

繁殖方式:种子繁殖或扦插繁殖。采种前要选择树干通直、性状优良的壮龄树作为采种母树。种子采集后,晾晒至种子含水量4%~5%,置于干燥、低温条件下密封保存。小叶杨种子容易丧失发芽力,一般随采随播。插条应选择一年生扦苗为宜或生长健壮、发育旺盛的幼、壮龄母株一年生健壮枝条。春、秋两季均可采集。秋季采集的插穗要坑藏、窑藏,沙堆贮藏过冬。春季扦插于4月上中旬进行。

应用前景:是防风固沙、护堤固土、绿化观赏的树种,也是东北和西北防护林及用材林的主要树种之一。具药用价值。木材轻软细致,可供民用建筑、家具、火柴杆、造纸等用。

青杨 *Populus cathayana* Rehd.

杨柳科 Salicaceae

杨属 *Populus* Linn.

种质类型：乡土栽培种。

形态特征：乔木，高达30m。树冠阔卵形；树皮初灰绿色，老时暗灰色，沟裂。枝圆柱形，有时具角棱。短枝叶卵形、椭圆状卵形，最宽处在中部以下，先端渐尖或突渐尖，基部圆形，稀近心形或阔楔形，边缘具腺圆锯齿，叶柄圆柱形；长枝或萌枝叶较大，卵状长圆形。雄花序长5~6cm，苞片条裂；雌花序柱头2~4裂。蒴果卵圆形，3或4瓣裂。花期3—5月，果期5—7月。

生态习性：喜温凉气候，适生于土层深厚、肥沃的湿润地方，不耐盐碱和积水地。

栽培地点：青杨在博州分布较为普遍，主要作为农防林树种。在博乐市小营盘镇有栽培。

种质编号：BLZ-BLS-01-B-0031。种质资源材料1份。

繁殖方式：种子繁殖和扦插育苗栽培。

应用前景：树冠丰满，干皮清丽，是西北荒漠地区重要的庭荫树、行道树，并可用于河滩绿化、防护林、固堤护林及用材林，可提高其生长量。在大范围、大规模构建生态屏障和改善生态环境中，青杨始终发挥着无可替代的主导作用。木材轻软，纹理细直，易干燥、易加工，可供家具、板料及造纸工业等用。

小青杨 *Populus pseudo-simonii* Kitag.

杨柳科 Salicaceae

杨属 *Populus* Linn.

种质类型：乡土栽培种。

形态特征：乔木，高达20m。树冠广卵形；树皮灰白色，老时浅沟裂；小枝圆柱形，淡灰色或黄褐色。芽有黏性。叶菱状椭圆形、菱状卵圆形、卵圆形或卵状披针形，最宽处在叶的中部以下，边缘具细密、交错、起伏的锯齿，叶柄圆形；萌枝叶较大。雄花序长5~8cm；雌花序长5.5~11cm，子房圆形或圆锥形。蒴果近无柄，长圆形，2~3瓣裂。花期3—4月，果期4—6月。

生态习性：阳性，喜温凉气候，耐干冷，生长快，耐修剪，适应性强。生于海拔2300m以下的山坡、山沟和河流两岸。忌低洼积水，但根系发达，耐干旱，不耐盐碱。

栽培地点：小青杨在博州分布较为普遍，是农防林树种。在温泉县城有栽培。

种质编号：BLZ-WQ-01-B-0215。种质资源材料1份。

繁殖方式：种子繁殖。

应用前景：可用作防护林、行道树和风景林。

油柴柳 *Salix caspica* Pall.

杨柳科 Salicaceae

柳属 *Salix* Linn.

种质类型：乡土栽培种。

形态特征：大灌木，高3~5m，皮灰色。小枝细长，淡黄色，有光泽。叶线状披针形或线形，常上部较宽，先端长渐尖，基部楔形，全缘。花先叶开放，花序近无梗，基部具易脱落的鳞片状小叶，花密生，轴被绒毛；苞片淡褐色，同色；雄蕊花丝合生，花药黄色；子房卵状圆锥形，密被绒毛，柱头头状，全缘或浅裂。蒴果淡褐色，有短柔毛。花期4—5月，果期6月。

生态习性：喜光、抗热、耐水涝，不耐阴，较耐盐碱，根系较发达，抗风、固堤作用较大。

栽培地点：在精河县沙丘道班有栽培。

种质编号：BLZ-JH-T-0398。种质资源材料1份。

繁殖方式：种子或扦插繁殖。

应用前景：油柴柳枝条茂密柔软、韧性强、修长而匀称，是柳编的最佳材料。同时也有护堤护岸功能。

竹柳 *Salix 'zhuliu'*

杨柳科 Salicaceae

柳属 *Salix* Linn.

种质类型：乡土栽培种。

形态特征：乔木。树皮幼时绿色，光滑。顶端优势明显，腋芽萌发力强，分枝较早，侧枝与主干夹角30℃~45℃。树冠塔形，分枝均匀。叶披针形，单叶互生，叶片长达15~22cm、宽3.5~6.2cm，先端长渐尖，边缘有明显的细锯齿。

生态习性：喜光，耐寒性强，能耐-30℃的低温，适宜生长温度在15℃~25℃；喜水湿，不耐干旱，有良好的树形，对土壤要求不严，在pH5.0~8.5的土壤或沙地、低湿河滩或弱盐碱地均能生长，但以肥沃、疏松、潮湿土壤最为适宜。根系发达，侧根和须根广布于各土层中。

栽培地点：在博乐市怪石峪附近有栽培。

种质编号：BLZ-BLS-10-T-0088。种质资源材料1份。

繁殖方式：扦插繁殖。

应用前景：作为速生经济林和防护林、盐碱地绿化新品种被使用，在四川、安徽、山东、天津、河北、北京、内蒙古等地区有栽植。

白榆 *Ulmus pumila* Linn.

榆科 Ulmaceae

榆属 *Ulmus* Linn.

种质类型：乡土栽培种。

形态特征：落叶乔木，高达25m。大树皮暗灰色，不规则深纵裂，粗糙；小枝淡黄灰色、淡褐灰色。叶椭圆状卵形、长卵形、椭圆状披针形或卵状披针形，先端渐尖或长渐尖，基部偏斜或近对称，边缘具重锯齿或单锯齿。花先叶开放，在二年生枝的叶腋呈簇生状。翅果近圆形，稀倒卵状圆形。花果期3—6月。

生态习性：阳性树种，喜光，耐旱，耐寒，耐瘠薄，不择土壤，适应性很强。根系发达，抗风力、保土力强。萌芽力强，耐修剪。生长快，寿命长。能耐干冷气候及中度盐碱，但不耐水湿。具抗污染性，叶面滞尘能力强。

栽培地点：在精河县、博乐市、温泉县等地有栽培。

种质编号：BLZ-BLS-06-B-0028、BLZ-JH-01-B－0370、BLZ-WQ-01-B-0218。种质资源材料3份。

繁殖方式：种子或扦插繁殖。

应用前景：新疆重要造林树种之一。

红皮沙拐枣 *Calligonum rubicundum* Bge.

蓼科 Polygonaceae

沙拐枣属 *Calligonum* Linn.

种质类型：乡土栽培种。

形态特征：灌木，高通常80~150cm。木质化老枝暗红色、红褐色或灰褐色；幼枝灰绿色。条形叶长2~5mm。花被片粉红色或红色，果期反折。果实（包括翅）卵圆形、宽卵形或近圆形；幼果淡绿色、淡黄色或鲜红色，熟果淡黄色、黄褐色或暗红色；瘦果扭转，肋较宽；翅近革质，较厚，质硬。花期5—6月，果期6—7月。

生态习性：生于流动沙丘、半固定沙丘、沙地及丘间低地。海拔450~800m。

栽培地点：在精河县沙丘道班有栽培。

种质编号：BLZ-JH-005-T-0395。种质资源材料1份。

繁殖方式：种子繁殖。

应用前景：防风固沙树种资源。

乔木状沙拐枣 *Calligonum arborescens* Litv.

蓼科 Polygonaceae

沙拐枣属 *Calligonum* Linn.

种质类型：乡土栽培种。

形态特征：灌木，高2~4m，通常自近基部分枝。茎和木质老枝黄白色，常有极显著的裂纹及褐色条纹，当年生幼枝草质，灰绿色。叶鳞片状，有褐色短尖头。花2或3朵生叶腋，中下部有关节。果（包括刺）卵圆形，幼果黄色或红色，熟果淡黄色或红褐色。瘦果椭圆形，具圆柱形长尖头，极扭转，4条果肋空出，刺在瘦果顶端略呈束状，每肋2行，稀疏，瘦果。花期4—5月，果期5—6月。

生态习性：抗干旱、高温、风蚀、沙埋、盐碱能力强。

栽培地点：在精河县托里镇沙丘有栽培。

种质编号：BLZ-JH-05-B-0259。种质资源材料1份。

繁殖方式：种子繁殖。吐鲁番、精河县有栽培，生长良好，是从宁夏、甘肃等地引入栽培。

应用前景：本种为优良固沙植物，有很强的生长势，生根、发芽、生长都很快，在沙地水分条件好时，一年就能长高两三米，当年即能发挥良好的防风固沙能力。也可作为生态绿化树种，有观赏价值。

沙木蓼 *Atraphaxis bracteata* A. Los.

蓼科 Polygonaceae

木蓼 *Atraphaxis* Linn.

种质类型：乡土栽培种。

形态特征：直立灌木。主干粗壮，淡褐色；枝顶端具叶或花。托叶鞘圆筒状，膜质；叶革质，长圆形或椭圆形，顶端钝，具小尖，基部圆形或宽楔形，边缘微波状。总状花序，顶生；苞片披针形，上部者钻形，膜质，每苞内具2或3朵花；花梗关节位于上部；花被片5，绿白色或粉红色，内轮花被片卵圆形，不等大，边缘波状，外轮花被片肾状圆形，果时平展，不反折。瘦果卵形，三棱形，黑褐色。

生态习性：生于流动沙丘间的低地，沙埋后经常能继续生长发育。

栽培地点：在精河县沙丘道班有栽培。

种质编号：BLZ-JH-005-T-0400。种质资源材料1份。

繁殖方式：种子繁殖。

应用前景：沙木蓼是一种较为优良的固沙树种，花为蜜源。嫩枝叶是羊、骆驼的好饲料。

柠条锦鸡儿 *Caragana korshinskii* Kom

豆科 Leguminosae

锦鸡儿属 *Caragana* Fabr.

种质类型：乡土栽培种。

形态特征：灌木，有时小乔状；老枝金黄色，有光泽。羽状复叶有6~8对小叶；小叶披针形或狭长圆形，先端锐尖或稍钝，有刺尖，基部宽楔形，灰绿色，两面密被白色伏贴柔毛。花梗密被柔毛，关节在中上部；花冠旗瓣宽卵形或近圆形，先端截平而稍凹，具短瓣柄，翼瓣瓣柄细窄，稍短于瓣片，耳短小，齿状，龙骨瓣具长瓣柄，耳极短；子房披针形，无毛。荚果扁，披针形。花期5月，果期6月。

生态习性：生于半固定和固定沙地。喜光、耐寒、耐高温。它对土壤要求不严，不论是在水土冲刷严重的石质山地、黄土丘陵还是风蚀强烈的沙地、荒漠地带，都能生长繁殖。

栽培地点：在精河县沙丘道班、托托乡等地有栽培。

种质编号：BLZ-JH-005-T-0399、BLZ-JH-05-B-0260。种质资源材料2份。

繁殖方式：种子成熟期在8—9月。采收下来的荚果晒干，除去夹壳和杂物。将采集好的种子放在通风背阴的地方或种子冷藏库里储藏，避免受潮和霉烂。处理好的种子最好是当年和次年育种，种子的发芽率可达到90%以上。

应用前景：该树种适应性强，耐干旱瘠薄，根系发达，萌蘖力强，保水性能好；嫩枝绿叶可作饲料；

枝条坚实。该树种是优良固沙植物和水土保持植物，是干旱半干旱地区防沙治沙造林的重要灌木树种，也可作为水保林、薪炭林树种。

尖果沙枣 *Elaeagnus oxycarpa* Schlechtend

胡颓子科 Elaeagnaceae

胡颓子属 *Elaeagnus* Linn.

种质类型：野生种。

形态特征：落叶乔木或小乔木，具细长的刺；幼枝密被银白色鳞片，老枝鳞片脱落，圆柱形，红褐色。叶纸质，窄矩圆形至线状披针形，边缘浅波状，微反卷，上面灰绿色，下面银白色，两面均密被银白色鳞片。花白色，略带黄色，常1~3朵簇生于新枝下部叶腋；裂片长卵形，顶端短渐尖，内面黄色，疏生白色星状柔毛。果实球形或近椭圆形，乳黄色至橙黄色，具白色鳞片；果肉粉质，味甜；果核骨质，椭圆形。花期5—6月，果期9—10月。

生态习性：喜光、抗寒、耐旱、耐轻度盐碱，适应性强，抗风沙能力强。

栽培地点：在精河县城附近、八家户农场的农三队，温泉县城区域有分布。

种质编号：BLZ-JH-01-B-0368、BLZ-JH-06-T-0426、BLZ-WQ-01-B-0242。种质资源材料3份。

保护利用现状：原地保存。

繁殖方式：种子繁殖。果实10月上旬成熟，选择优良母树采集。新采集的果实含水量多，摊晒，干后揉搓果实，脱除果皮、果肉，洗净晾干装袋。新鲜种子发芽率高达90%以上，千粒重464g。春播秋播皆可。

应用前景：新疆地区重要的防风固沙、荒漠绿化树种之一。其生长快，根系发达，枝繁叶茂，花香袭人，是干旱、半干旱地区以及荒山、荒滩、沙漠地区造林的优良树种。果、花、树皮可供药用。

第八章 经济林种质资源

第一节 核果类果树种质资源

一、李子

欧洲李 *Prunus domestica* Linn.

蔷薇科 Rosaceae

李属 *Prunus* Linn.

种质类型：乡土栽培种。

形态特征：乔木，高5-10m。树冠开展，宽卵形。树皮深褐灰色，开裂。枝无刺或少有刺，老枝红褐色。叶片椭圆形或倒卵形，先端有短尖或钝圆，基部楔形，边缘有圆钝锯齿，叶柄密被绒毛，常具腺。花1~3朵，簇生于短枝顶端，花先叶开放或花叶同放，花瓣白色。核果通常卵形，或长圆形，少球形，有明显的侧沟，红色、紫色、黄色、绿色，常被蓝色蜡粉。花期4—5月，果期8—9月。

生态习性：抗旱、抗寒、抗瘠薄能力强。

栽培地点：在温泉县城农家院落、风情园等地有栽培。

种质编号：BLZ-WQ-008-T-0260、BLZ-WQ-01-B-0244。种质资源材料2份。

繁殖方式：种子或扦插繁殖。

应用前景：久经栽培，品种甚多。果实除鲜食外，还可加工成果制品。花为白色，可供观赏。

李子 玉皇李 *Prunus salicina* Lindl.

蔷薇科 Rosaceae

李属 *Prunus* Linn.

种质类型：乡土栽培种。

形态特征：乔木，高9~12m。树皮灰褐色，粗糙，纵裂。老枝紫褐色或红褐色。叶片长圆状倒卵形或长椭圆形，稀长圆卵形，先端渐尖或具短尾尖，基部楔形，边缘有圆钝重锯齿。花常3朵并生；花瓣白色，长圆倒卵形，基部楔形，有明显的紫色脉纹，具短爪。核果球形、卵球形或心形，有明显侧沟，黄色或红色，有时绿色或紫色，先端微尖，外被蜡粉。花期4—5月，果期7—8月。

生态习性：对气候的适应性强，对土壤只要土层较深，有一定的肥力，不论何种土质都可以栽种。对空气和土壤湿度要求较高，极不耐积水，果园排水不良常致使烂根、生长不良或易发生各种病害。宜选择土质疏松、土壤透气和排水良好、土层深和地下水位较低的地方建园。

栽培地点：在博乐市银监局家属院、精河县八家户农场等地有栽培。

种质编号：BLZ-BLS-009-T-0184、BLZ-JH-004-T-0427。种质资源材料2份。

繁殖方式：种子或扦插繁殖。

应用前景：李子抗旱耐瘠薄，果实饱满圆润、玲珑剔透、形态美艳、口味甘甜，是人们最喜欢的水果之一。李子味酸，能促进胃酸和胃消化酶的分泌，并能促进胃肠蠕动，因而有改善食欲，促进消化的作用，尤其对胃酸缺乏、食后饱胀、大便秘结者有效。新鲜李肉中的丝氨酸、甘氨酸、脯氨酸、谷酰胺等氨基酸，有利尿消肿的作用，对肝硬化有辅助治疗效果。李子中含有多种营养成分，有养颜美容、润滑肌肤的作用。

二、桃

桃

蔷薇科Rosaceae

桃属 *Amygdalus*

形态特征：小乔木，高3~8m。树冠平展，树皮暗红褐色，粗糙。叶片长圆状被针形或倒卵状披针形，先端渐尖，基部宽楔形，边缘有细锯齿或粗锯齿。花单生，先于叶开放，直径2~3cm；花瓣长椭圆形或宽倒卵形，粉红色，少白色。果实球形、卵形或扁圆形，大小差异很大，表面密被柔毛；果肉肥厚多汁；核椭圆形，顶端有尖。花期3—4月，果期8—9月。

生态习性：桃树喜光、耐旱、耐寒力强。冬季温度在-25~-23℃以下时容易发生冻害，早春晚霜危害也时有发生，防冻防霜至关重要。最怕渍涝，淹水24h就会造成植株死亡，选择排水良好、土层深厚的沙质微酸性土壤最为理想。

栽培地点：在精河县八家户农场等地有栽培。调查获得种质材料15份。

应用前景：果实除鲜食外，还可进行果品加工，种仁可药用。精河县的桃品种较丰富，品质优良，有毛桃、春蜜、春瑞、小黄桃、甜春雪、出圃、夏之梦、红甘露、大白桃、中华福桃、中华寿桃、润红、金秋、霜红等很多品种，成熟期从6月可到10月下旬。

金秋

种质编号: BLZ-JH-004-T-0423。

栽培地点：精河县八家户农场桃盛园。

主要特性：晚熟种，个大皮薄，汁多味甜。

霜红

种质编号: BLZ-JH-004-T-0424。

栽培地点：精河县八家户农场桃盛园。

主要特性：树姿较直立，树势中等，成枝力强，一年生枝紫红色，节间长1.88cm，叶片披针形，较大。长15.30cm，宽3.57cm，叶色浓绿。花芽起始节位较低，复花芽为主。花为蔷薇形，花粉多，雌蕊低于雄蕊，自花结实力强。果实近圆形，平均果重350g，大果重可达750g，果顶圆或微尖，缝合线明显，梗洼深而狭。果皮底色黄绿，具鲜红至紫红色彩色，着色在2/3以上，皮稍厚不易剥离。果肉白色，近核紫红色，肉质细韧，汁中等，味甜；黏核，核椭圆形。

春蜜

种质编号: BLZ-JH-004-T-0412。

分布地点：精河县八家户农场桃盛园。

主要特性：大果，果实近圆形，平均单果重120g，大果205g以上；果皮全红色，底色乳白，成熟后整个果面着鲜红色，艳丽美观；果肉白色，肉质细，硬溶质，风味浓甜，可溶性固形物11%~12%，品质优。5月中旬成熟，成熟后可留树10d以上不落果、不裂果。耐储存，是树上挂果20d不落果的一个最新特早熟品种，果实甜度可达14.1%~16.9%，适合大面积种植。果质为硬质、不裂果。成熟后不易变软，耐贮运。有花粉，自花结实力强，丰产。

春瑞

种质编号: BLZ-JH-004-T-0413。

栽培地点：精河县八家户农场桃盛园。

主要特性：果实中大，平均单果重130.5g，最大单果重208g。大小均匀，果实近圆球形，果尖平，尖圆，缝合线浅，两半部基本对称。果皮中厚，不易剥离，果面绒毛短，底色白色，果实成熟时果面浓红色，色彩艳丽，着色程度达95%以上。果肉白色，不溶质，红色素少，肉质硬脆，纤维少，汁液多。风味甜，爽口，香气清香。黏核，核白色，核纹浅，裂核少。可溶性固形物10.9%，可滴定酸0.53%。去皮硬度10.25kg/cm²。品质上，果实硬度大，耐贮运。5月下旬果实开始着色，6月5—8日果实全红，并成熟。在树上可持续20d，果实不变软。

小黄桃

种质编号: BLZ-JH-004-T-0414。

栽培地点：精河县八家户农场桃盛园。

主要特性：色泽嫩黄，外形圆润、皮薄肉嫩，汁多味甜，有香味。

甜春雪

种质编号: BLZ-JH-004-T-04155。

栽培地点：精河县八家户农场桃盛园。

主要特性：果实近圆形，皮薄、绒毛少，较光滑，果面全红，色泽艳丽，汁多、味甜，有香气，丰产性能好，耐贮运。

出围

种质编号: BLZ-JH-004-T-0416。

栽培地点：精河县八家户农场桃盛园。

主要特性：中早熟种，适应性强。

夏之梦

种质编号: BLZ-JH-004-T-0417。

栽培地点：精河县八家户农场桃盛园。

主要特性：果实圆形，全面着嫩红色。肉质细嫩，耐贮，口感甜、爽、脆，风味特佳，自花结实，早期丰产性强。

红甘露

种质编号: BLZ-JH-004-T-0418。

栽培地点：精河县八家户农场桃盛园。

主要特性：丰产性好，适用性强。

大白桃

种质编号: BLZ-JH-004-T-0419。

栽培地点：精河县八家户农场桃盛园。

主要特性：早熟品系，果实外观美，近球形，表皮乳白色，顶端有红晕，果形大，品质优，肉质脆嫩，有芳香气。

中华福桃

种质编号: BLZ-JH-004-T-0420。

栽培地点:精河县八家户农场桃盛园。

主要特性:果实肥大,外形美观,汁多味甘,气味芬芳,营养丰富。

中华寿桃

种质编号: BLZ-JH-004-T-0421。

栽培地点:精河县八家户农场桃盛园。

主要特性:晚熟品种,适应性强。个头大,外形美观,果肉软硬适度,汁多如蜜。食后清香爽口,风味独特。

润红

种质编号: BLZ-JH-004-T-0422。

栽培地点:精河县八家户农场桃盛园。

主要特性:颜色鲜红,多汁有香味。

毛桃

种质编号: BLZ-JH-004-T-0411。

栽培地点:精河县八家户农场桃盛园。

主要特性:小乔木,树冠平展。叶披针形。花单生,先于叶开放,直径2.5~3.5cm;花梗极短或几无梗;萼筒钟形;花瓣长圆状椭圆形,粉红色;雄蕊约20~30枚;子房被短柔毛。果实形状和大小均有变异,卵形、宽椭圆形或扁圆形,直径(3)5~7(12) cm,长几与宽相等,色泽变化由淡绿白色至橙黄色,常在向阳面具红晕,外面密被短柔毛,腹缝明显,果梗短而深入果洼;果肉白色、浅绿白色、黄色、橙黄色或红色,多汁有香味,甜或酸甜;核大,离核或黏核,椭圆形或近圆形,两侧扁平,顶端渐尖,表面具纵、横沟纹和孔穴;种仁味苦。

蟠桃 *Amygdalus persica* Linn. var. *compressa* (Loud.) Yu et Lu

种质编号:BLZ-JH-004-T-0430。种质资源材料1份。

栽培地点:在精河县八家户农场农4队有栽培。

主要特性:小乔木,高3~8m。树冠平展,树皮暗红褐色,粗糙。叶片长圆状披针形或倒卵状披针形,先端渐尖,基部宽楔形,边缘有细锯齿或粗锯齿。花单生，先于叶开放，直径2~3cm；花瓣长椭圆形或宽倒卵形，粉红色，少白色。果实扁平；核小，圆形，有深沟纹。

三、杏

杏 *Armeniaca vulgaris* Lam.

蔷薇科 Rosaceae

杏属 *Armeniaca* Mill.

种质类型：乡土栽培种。

形态特征：乔木，高5~10m，树皮暗灰褐色，纵裂。多年生枝浅褐色，皮孔大而横生。叶片宽卵形或圆卵形，先端具短尖，基部圆形或近心形，叶缘具圆钝锯齿。花单生，先于叶开放，花瓣圆形或倒卵形，粉红色或白色，具短爪。果实球形，直径超过2.5cm，黄色或紫红色，少白色，常具红晕，外被绒毛；果肉多汁，成熟时不开裂。花期3—4月，果期6—7月。

生态习性：阳性树种，适应性强，深根性，喜光，耐旱，抗寒，抗风。

栽培地点：在温泉县农家院落有栽培。

种质编号：BLZ-WQ-008-T-0250。种质资源材料1份。

繁殖方式：种子或扦插繁殖，以种子繁育为主。播种时种子需湿沙层积催芽；也可由实生苗作砧木嫁接繁育。

应用前景：杏在早春开花，先花后叶；可与苍松、翠柏配植于池旁湖畔或植于山石崖边、庭院堂前，具观赏性。杏是常见水果之一，营养极为丰富，内含较多的糖、蛋白质以及钙、磷等矿物质，另含维生素A原、维生素C和B族维生素等。杏性温热，适合代谢速度慢、贫血、四肢冰凉的虚寒体质之人食用；患有受风、肺结核、痰咳、浮肿等病症者，经常食用杏大有裨益；人食杏果、杏仁后，经过消化分解，所产生的氢氰酸和苯甲醛两种物质，都能起到防癌、抗癌、治癌的作用，长吃还可延年益寿；杏仁可以止咳平喘、润肠通便，常吃有美容护肤的作用。

四、枣

枣 *Ziziphus jujuba* Mill. var. *jujuba*

鼠李科 Rhamnaceae

枣属 *Ziziphus* Mill.

种质类型：乡土栽培种。

形态特征：落叶小乔木；树皮褐色或灰褐色；有长枝，紫红色或灰褐色，具2个托叶刺；短枝短粗，矩状，自老枝发出；当年生小枝绿色，下垂。叶卵形、卵状椭圆形，具小尖头，基部稍不对称，边缘具圆齿状锯齿。花黄绿色，5基数，具短总花梗，单生或2~8朵密集成腋生聚伞花序；萼片卵状三角形；花瓣倒卵圆形，基部有爪，与雄蕊等长。核果矩圆形或长卵圆形，红色或红紫色，核顶端锐尖。

生态习性：喜光，适应性强，喜干冷气候，也耐湿热，对土壤要求不严，耐干旱瘠薄，也耐低温。

栽培地点：在精河县托里的大庄子村、县苗圃等地有栽培。

种质编号：BLZ-JH-01-T-0434、BLZ-JH-01-T-0435、BLZ-JH-T-0506、BLZ-JH-04-T-0369。种质资源材料3份。

繁殖方式：种子、嫁接或扦插繁殖。

应用前景：枣含有丰富的维生素C、维生素P，除供鲜食外，常可以制成蜜枣、红枣、熏枣、黑枣、酒枣及牙枣等蜜饯和果脯，还可以做枣泥、枣面、枣酒、枣醋等，为食品工业原料。有骏枣、赞新枣等多个品种。

酸枣 *Ziziphus jujuba* Mill. var. *spinosa* (Bunge) Hu ex H. F. Chow.

鼠李科 Rhamnaceae

枣属 *Ziziphus* Mill.

种质类型：乡土栽培种。

形态特征：本变种常为灌木，叶较小，核果小，近球形或短矩圆形，直径0.7~1.2cm，具薄的中果皮，味酸，核两端钝，与上述的变种显然不同。花期6—7月，果期8—9月。

生态习性：喜温暖干燥气候，耐旱，耐寒，耐碱。适于向阳干燥的山坡、丘陵、山谷、平原及路旁的沙石土壤栽培，不宜在低洼水涝地种植。

栽培地点：精河县县苗圃有栽培。

种质编号：BLZ-JH-01-T-0441。种质资源材料1份。

繁殖方式：种子繁殖。9月采收成熟果实，堆积，沤烂果肉，洗净。春播的种子须进行沙藏处理，在解冻后进行。秋播在10月中下旬进行。开沟播种，覆土2~3cm，浇水保湿。育苗1~2年即可定植，穴深、宽各30cm，每穴1株，培土1/2时，边踩边提苗，再培土踩实、浇水。分株繁殖在春季发芽前和秋季落叶后进行，将老株根部发出的新株连根劈下栽种，方法同定植。

应用前景：优良砧木，抗性较强，也可作用生态绿化。

第二节 仁果类果树种质资源

一、苹果

(一)树种概述

苹果为蔷薇科(Rosaceae)、苹果属(*Malus*)植物,分为野生种和栽培种,全世界约有35个种,品种1万多个。主要分布于北温带,横跨欧亚和北美大陆,纬度跨度达30°(20°N~50°N),由于纬度、海陆位置、地势高低、地貌差异组合形成复杂多样的生态环境条件,造就了世界苹果属植物分布的五大基因中心。中国原产的苹果属有27个种,是苹果属植物的起源中心和遗传多样性中心,分布于26个省(市、自治区)。中国也是世界上最大的苹果生产国和消费国,在世界苹果产业中占有举足轻重的地位。苹果是中国第一大水果,目前苹果已经成为主产区农村经济的支柱产业,在推进农业结构调整、增加农民收入以及促进出口创汇等方面发挥着重要作用。

新疆是苹果原产地之一,栽培历史已有1300多年。20世纪50年代以前,以绵苹果等本地品种为主,自50年代末到60年代初,各县乡及国有农场从陕西、山东、辽宁等地引入不少欧美苹果品种,已分布于全疆各地。

(二)种质资源概况

据调查,博州有各类型苹果种质资源11个,其中有新疆地方品种,也有引进的栽培品种,成规模栽培的品种多为黄元帅、新红、寒富等优质地方品种,农民和城市居民宅前屋后的院子里栽植的主要有红元帅、红星、秋梨木等品种。苹果在博州地区尚未形成产业,种植苹果的区域主要是精河县部分农场和农五师团场,居民宅前屋后也有少量零星栽培的苹果树。

新红

种质编号:BLZ-JH-06-T-0410、BLZ-WQ-01-T-0256。

栽培地点:精河县八家户农场农三队,温泉县城区。

主要特性:树冠开阔,树皮红褐色。嫩枝带红棕色,被细绒毛。叶片大,卵圆形,叶面较平,叶背密生绒毛。花期4月中旬,伞形花序,花瓣倒卵状圆形,淡红色;雄蕊多数。果实扁球形,单果平均重266.3g左右,纵径74.0mm,横径88.7mm,果肉乳白色,肉质硬,味酸甜,品质中上。10月中下旬成熟。

红元帅

种质编号:BLZ-JH-02-T-0513。

栽培地点:精河县大河沿子镇库木苏齐克。

主要特性:落叶乔木,高5~8m。树冠开阔,树皮红褐色。嫩枝带红棕色,被细绒毛。叶片卵圆形,叶背密生绒毛。伞形花序,花萼筒紫色,萼片披针形;花瓣倒卵状圆形,淡红色;雄蕊多数。果实大,圆锥形,平均单果79g,纵径48.6mm,横径56.3mm;果皮底黄,阳面3/4红色;果肉黄白色,肉质脆,质中粗,较脆,果汁多,味甜,可溶性固形物14%,有浓郁芳香,品质上等。种子卵形,褐色。花期4月中旬,果实成熟期9月中旬。

红富士

种质编号:BLZ-JH-06-T-0409。

栽培地点:精河县八家户农场农三队。

主要特性:树势强健,枝条较密,多年生枝暗灰褐色,皮孔稠密,中大微凸。主干黄褐色,叶片中大,较薄,多为椭圆形,基部较圆。伞形花序,花瓣白色,含苞时带粉红色。果实大型,平均单果重210g,纵径66.9mm,横径78.3mm,果形扁圆至近圆形,偏斜肩;果肉黄白色,致密细脆,多汁,酸甜适度,食之芳香爽口,可溶性固形物含量14.5%~15.5%,品质极上,果实极耐贮藏。果实成熟期10月底至11月中旬。表现风味好、晚熟、耐贮等优点。

新帅

种质编号:BLZ-JH-06-T-0431、BLZ-JH-06-T-0408。

栽培地点:精河县八家户农场农四队、农三队。

主要特性:小乔木,高4~8m。嫩枝密被绒毛,老枝紫褐色,无毛。叶片椭圆形、宽椭圆形或卵形,先端尖,基部圆形或宽楔形,叶初两面具毛,后脱落。伞房花序,花梗、萼筒均被绒毛;花瓣倒卵形,白色。果实扁球形,单果平均重300g左右,纵径75.6mm,横径88.5mm,先端常隆起,萼洼下陷,萼片宿存,果梗较粗。花期5月,果期7—10月。

黄元帅

种质编号:BLZ-JH-02-T-0517。

栽培地点:精河县大河沿子镇北村农家院。

主要特性:叶子椭圆形,花白色带有红晕。果实圆形,单果平均重74.5g左右,纵径45.4mm,横径48.9mm,成熟后果皮呈金黄色,阳面带有红晕,皮薄无锈斑,有光泽;肉质细密,呈黄白色,汁液较多,味深醇香,甜酸适口。具有丰富的营养成分,有食疗、辅助治疗功能。

寒富

种质编号:BLZ-JH-06-T-0429、BLZ-JH-004-T-0406。

栽培地点:精河县八家户农场农四队、农三队。

主要特性:红富士树势强健,枝条较密,多年生枝暗灰褐色，皮孔稠密，中大微凸。主干黄褐色，叶片中大，较薄，多为椭圆形，基部较圆。伞形花序，花瓣白色，含苞时带粉红色。花期4月中旬。果实大型，平均单果重172.25g，果形扁圆至近圆形，纵径63.0mm，横径82.1mm，果肉黄白色，致密细脆，多汁，酸甜适度，食之芳香爽口。果实极耐贮藏。果实成熟期10月底至11月中旬。表现风味好、晚熟、耐贮等优点。

冬果

种质编号：BLZ-JH-06-T-0405、BLZ-BLS-04-T-0183。

栽培地点：精河县八家户农场农三队，博乐市城区银监局小区。

主要特性：落叶小乔木，小枝幼时褐色，老时暗褐色，无毛。叶片长椭圆形，先端渐尖，幼时两面被柔毛，后无毛；叶柄长1.5~3cm，被短柔毛。花瓣近圆形，基部有短爪，粉红色。果实近球形，单果平均重271.4g左右，纵径72.3mm，横径87.3mm。花期4月中旬，果实成熟期11月。

脆心一号

种质编号：BLZ-WQ-06-T-0255。

栽培地点：在温泉县城农家院有栽培。

主要特性：果实颜色红略偏黄，果面光滑细腻，单果平均重184.9g左右，纵径68.2mm，横径79.5mm，果点隐约可见；肉质色泽略黄，咀嚼后果香浓郁，甘甜味厚，汁多无渣。

秋梨木

种质编号：BLZ-WQ-01-T-0257、BLZ-JH-02-T-0510。

栽培地点：在精河县八家户农场、温泉县城农家院等地有栽培。

主要特性：落叶乔木，高5~7m。树冠开阔，树皮红褐色。嫩枝带红棕色，被细绒毛。叶片大，卵圆

形，叶面较平，稍有皱褶和光泽，叶背密生绒毛。伞形花序，花萼筒紫色，花瓣倒卵状圆形，淡红色；雄蕊多数。花期4月中旬，果实成熟期8月。该品种树势生长强旺，易成花，连续结果力强，丰产性强。果个中型，单果平均重38.3g左右，纵径35.2mm，横径47.5mm，果实圆锥形，果面光洁，无果锈。底色黄绿，果面条纹红，果肉黄白色，质脆，汁液多，风味酸甜，香气浓，品质上乘。

二、梨

（一）树种概述

梨属于蔷薇科（Rosaceae）梨属（*Pyrus*）落叶果树。梨是新疆的重要特产果树，主要分布在南疆的喀什、和田、阿克苏、吐鲁番市，东疆的鄯善、吐鲁番和北疆伊宁市等地也有栽培。梨树喜光，耐旱性强，对土壤要求不严，较耐湿涝和盐碱。土壤含盐量低于0.2%，pH5.8~8.5范围内，均能栽种梨树。但以土层深厚、排水良好的沙质壤土或轻壤土最为理想。

（二）种质资源概况

新疆具有十分丰富的梨种质资源。梨在博州没有规模种植，只农家小院有零星种植。主要品种是秋子梨。秋子梨抗寒力强，可作培育梨的耐寒品种的砧木。栽培品种很多，果可供鲜食或贮藏后食用。

秋子梨1 *Pyrus ussuriensis* Maxim.

种质编号：BLZ-JH-505-T-0508、BLZ-BLS-T-0506。

栽培地点：精河县大河沿子、三台老场部等地有栽培。

主要特性：乔木，高5~8m。树皮粗糙，暗灰色，枝条黄灰色或褐色，常具刺，无毛。叶片宽卵形、卵形或近圆形，先端短渐尖，基部圆形或近心形，边缘具有芒刺状尖锐锯齿。伞房花序，有花5~7朵；花瓣倒卵形，白色，花药紫红色。果实近球形，绿色，或稍带褐色或黄色，果皮有斑点，单果平均重194.1g左右，纵径74.0mm，横径67.8mm。果味酸，石细胞较大而多；萼片宿存。花期4月，果期9月。

秋子梨2 *Pyrus ussuriensis* Maxim.

种质编号：BLZ-WQ-008-T-0252。

分布地点：温泉县农家院落有栽培。

主要特性：果实梨形，绿色或黄色，果皮有斑点，单果平均重77.1g左右，纵径54.9mm，横径50.8mm，果实偏酸。

苹果梨

种质编号：BLZ-JH-03-T-0507。

栽培地点：精河县大河沿子有栽培。

主要特性：果形扁圆，单果平均重180.6g左右，纵径65.8mm，横径68.8mm；果皮黄绿色，贮后转为鲜黄色，阳面有鲜红晕，黄红相映，鲜艳夺目；肉色乳白细腻，质地脆而汁多，味道甘甜。

第三节 浆果类果树种质资源

一、枸杞

（一）树种概述

枸杞是茄科枸杞属的多分枝灌木植物，高0.5~1m，栽培时可达2m多。国内外均有分布。枸杞是一种很好的水土保持树种，又是一种重要的中药材，其浑身是宝，叶、果、皮均可入药。明代李时珍所著《本草纲目》记载："春采枸杞叶，名天精草；夏采花，名长生草；秋采子，名枸杞子；冬采根，名地骨皮。"枸杞嫩叶亦称枸杞头，可食用或做枸杞茶。

枸杞分布于中国河南、河北、山西、陕西、宁夏、甘肃南部、青海东部、内蒙古乌拉特前旗以及西北、西南、华中、华南和华东各省区；朝鲜、日本和欧洲国家有栽培或亦为野生。常生于山坡、荒地、丘陵地、盐碱地、路旁及村边宅旁。在中国除普遍野生外，各地也有作药用、蔬菜或绿化栽培。

枸杞有野生和人工栽培两种。枸杞喜冷凉气候，耐寒力很强。当气温稳定在7℃左右时，种子即可萌发，幼苗可抵抗-3℃低温。春季气温在6℃以上时，春芽开始萌动。枸杞在-25℃越冬无冻害。枸杞根系发达，抗旱能力强，在干旱荒漠地仍能生长。生产上为获高产，仍需保证水分供给，特别是花果期必须有充足的水分。长期积水的低洼地对枸杞生长不利，甚至引起烂根或死亡。光照充足，枸杞枝条生长健壮，花果多，果粒大，产量高，品质好。枸杞多生长在碱性土和沙质壤土，最适合在土层深厚、肥沃的壤土上栽培。

枸杞具有丰富的营养价值，可食用、药用、菜用或做饲料。枸杞性味甘苦，别具风味。据测定，枸杞含有14种氨基酸及大量的胡萝卜素、生物碱、酸浆红素、亚油酸，还含有甜菜碱、烟酸、牛磺酸、维生素B、维生素C以及钙、磷、铁等物质。常吃枸杞可以美容，因为枸杞是补肾的，肾为先天之本，是人身体的生命之源，肾功能良好，身体各部分才能正常运转，面色才会红润洁白。此外，枸杞可以提高皮肤吸收养分的能力，起到美白养颜作用。枸杞子的食用方法很多，可直接嚼服、泡茶浸酒，也可做粥、汤等。枸杞常用于中药，经现代研究，枸杞子有降低血糖、抗脂肪肝作用，并能抗动脉粥样硬化。根皮（地骨皮）为解热止咳药，可解结核性湿热症。果实（枸杞子）为滋养强壮药，补肝养血，益精助阳，有治糖尿病、肺结核、虚弱消瘦及明目之功效。枸杞叶可食用，早春可代蔬菜。枸杞叶做菜的食用方法既简单而又多样，可以炒菜、凉拌、做汤，特别适合涮锅，是冬季吃火锅的理想配料。作为饲草，营养价值高于草木犀。近年来，随着滋补药品和食品的开发利用，枸杞子的市场需求量猛增，加之现有枸杞栽培零星，管理粗放，产量低而不稳，枸杞子的市场需求呈现供不应求的态势。为满足市场需求，种枸杞经济实惠、简单易行，有望扩大栽培。

枸杞是干旱陡岸陡坡上的一种优良水土保持灌木，其地上部分生长迅速，植株上端枝叶茂密，下端枯枝交错，紧贴坡壁，有减缓地面径流的作用。地下部分根系强大，主根深达10余m，侧根发达，密集于土层1m深处，水平根幅可达6m，固土作用极大，能有效地防止坡面滑塌。

枸杞是新疆优质林果树种，有补肾、养肝、明目、活血、抗癌、养生延年的功效，主要分布在博州和塔城地区，以博州精河县栽培面积最大。新疆枸杞有果实鲜红、粒大饱满、皮薄肉厚、含糖丰富和药用价值高等特点，其有效化学成分明显高于其他产区的产品。6—9月成熟，制干后极耐贮运。主要品种有精杞1号、大麻叶、宁杞1号、恒振1号等。新疆种植16666.67hm^2，挂果12000hm^2，产量20000t。其中，博州精河县9133.33hm^2，产量25000t；塔城地区乌苏市、沙湾县4200hm²,产量近10000t。产品销往欧美、日本及中国港澳等地。

(二)种质资源概况

2014年,新疆维吾尔自治区林业厅组织了针对博州的林木种质资源的专项调查,对果树、林木等种质资源进行了全面细致的实地调查,其中枸杞品种如下。

中国枸杞1401

种质编号:BLZ-JH-04-T-0344。

栽培地点:精河县托里镇东滩8大队1小队。

主要特性:多分枝灌木,高0.5~1m,栽培时可达2m多,枝条细弱,弓状弯曲或俯垂,淡灰色,有纵条纹,小枝顶端锐尖呈棘刺状。叶纸质或栽培者质稍厚,单叶互生或2~4枚簇生,卵形、卵状菱形、长椭圆形、卵状披针形,顶端急尖,基部楔形,花萼通常3中裂或4~5齿裂,裂片多少有缘毛;花冠漏斗状,淡紫色,筒部向上骤然扩大,稍短于或近等于檐部裂片。浆果红色,卵状。种子扁肾脏形。花果期6—11月。

宁杞1号

种质编号:BLZ-JH-04-T-0348。

栽培地点:精河县托里镇东滩8大队6小队。

主要特性:宁夏农科院枸杞研究所1987年选育的枸杞新品种,成龄树树高1.5~1.8m,结果枝细长柔软,鲜果千粒重为570g,干果特级率达到60%以上。该品种优质、高产且适应性强,是目前生产上栽培种植面积较大的品种。

宁杞4号

种质编号:BLZ-JH-04-T-0367。

栽培地点:精河县托里镇克孜勒加尔村1队。

主要特性:该品种是在宁夏枸杞栽培品种——大麻叶的基础上选育出的枸杞优良品系,具有早产、高产、优质等特点。宁杞4号的产量和品质与宁杞1号相当,但抗锈螨、瘿螨和抗黑果病能力强于宁杞1号。

宁杞5号

种质编号:BLZ-JH-01-T-0388。

栽培地点:精河县县苗圃。

主要特性：是宁夏农科院枸杞工程技术研究中心2009年选育的枸杞新品种，相对宁杞1号果粒更大、更均匀，易采摘，经济效益好。果粒呈长圆形，最长3.85cm，最大单粒重3g。平均千粒重为1450g，果实成熟期比宁杞1号提前一周左右。但该品种雄蕊花粉败育，无花粉散出，先天雄性不育，需混栽授粉树才能结果。

宁杞7号

种质编号：BLZ-JH-04-T-0345、BLZ-JH-04-T-0352、BLZ-JH-01-T-0389。

栽培地点：精河县托里镇东滩8大队6小队、一牧场绿兴合作社、县苗圃。

主要特性：宁夏农科院枸杞工程研究中心2010年选育的枸杞新品种。该品种树势生长旺盛，抽枝力强，枝条细长，鲜果千粒重为1040g，干果特级率达到80%以上。该品种优质、高产且适应性强，在宁夏、青海、甘肃等地有一定面积的栽培。具有抗逆性强、丰产、稳产、果粒大、等级率高等特点。

精杞1号

种质编号：BLZ-JH-04-T-0358。

栽培地点：精河县托里镇东滩8大队1小队。

主要特性：灌木，多分枝，枝条坚硬，淡黄色或深灰色，老枝具长0.6~6cm的硬棘刺。叶倒披针形、椭圆状倒披针形或椭圆形，花冠钟状或漏斗状，浅紫色。浆果卵形或卵状球形，成熟时红色；花果期6—9月。

精杞2号

种质编号：BLZ-JH-04-T-0364。

栽培地点：精河县托里镇克孜勒加尔村。

主要特性：该品系生长势强，树姿开张，树冠中大，半圆形，下垂果枝明显增多，易修剪宜培养树形；该品系结果早，扦插苗当年种植当年结果，丰产性好，比对照组平均增产9.8%；果枝每个叶腋着生2~4果，以2果为主，果实较大，鲜果千粒重平均达1277g；果实鲜艳，着色均匀，皮薄，果实圆柱形，制出的干果大、等级率高，在生产中表现出丰产、稳产、果粒大、鲜食口感好、采摘用工省、种植收益高等综合优势。

精杞3号0601

种质编号：BLZ-JH-04-T-0381。

栽培地点：精河县托里镇大庄子村4队。

主要特性：果粒长而饱满，色泽鲜艳。

精杞4号1005

种质编号：BLZ-JH-04-T-0358。

分布地点：精河县托里镇克孜勒村西滩开发区。

主要特性：硬枝型枸杞i，树冠大，半圆形，叶大，叶色深绿，花大，深紫色，果肉厚，果实圆形，丰产性好。

精杞5号

种质编号：BLZ-JH-04-T-0361

栽培地点：精河县托里镇克孜勒加尔村西滩开发区。

主要特性：中晚熟类型，植株生长势强，果粒大。

精杞6号

种质编号：BLZ-JH-01-T-0393。

分布地点：精河县县苗圃。

主要特性：树冠中大，树姿开张。成年树高1.6m，冠幅1.4~1.5m。树干灰褐色，斜生枝多，枝条角度开张，节间短，易形成腋花芽。成龄叶片宽披针形，长7.5~11cm，宽1.2~2.8cm，宽且较厚，深绿色，光滑无毛，叶脉清晰。根系粗壮，生长快。花1~3朵为簇，以1或2果为主。果实长椭圆形，果个大（纵径2.4~4.0cm，横径0.9~1.4cm），最大单果重2.82g。着色鲜艳，皮肉厚，鲜果千粒重1204g。种子大。种子数量5~47粒／果。

精杞7号

种质编号：BLZ-JH-01-T-0394。

分布地点：精河县县苗圃。

主要特性：该品种是特异果形品种，具结果性强、果粒大、产量高、种植收益高等综合优势。果实扁形，果肉厚、干鲜果比率高，鲜果千粒重852g。抗旱能力强，耐高温、耐寒冷，抗病虫害能力强。

精杞0802

种质编号：BLZ-JH-01-T-0390。

栽培地点：精河县县苗圃。

主要特性：果实近椭圆形，色泽橙红，肉厚。

精杞0803

种质编号：BLZ-JH-01-T-0391。

栽培地点：精河县县苗圃。

主要特性：果粒椭圆形，色泽鲜艳，丰产性好。

精杞0804

种质编号：BLZ-JH-01-T-0392。

栽培地点：精河县县苗圃。

主要特性：树势中等，果粒饱满，肉厚。

精杞1018

种质编号：BLZ-JH-01-T-0386。

栽培地点：精河县县苗圃。

主要特性：中早熟，果粒偏长，色橙黄。

精杞1101

种质编号：BLZ-JH-04-T-0375。

栽培地点：精河县托里镇轧花厂。

主要特性：植株叶色带紫，果柄绿中带紫，果粒圆而饱满。

精杞1201

种质编号：BLZ-JH-04-T-0347。

栽培地点：精河县托里镇东滩8大队6小队。

主要特性：中早熟品种，果粒长，肉厚，丰产性好。

精杞1202

种质编号：BLZ-JH-04-T-0351。

栽培地点：精河县托里镇。

主要特性：果粒近圆形，色橙黄，丰产性好。

精杞1203

种质编号：BLZ-JH-04-T-0359。

栽培地点：精河县托里镇克孜勒加尔村西滩开发区。

主要特性：果粒扁圆，树势强健。

精杞1204

种质编号：BLZ-JH-04-T-0360。

栽培地点：精河县托里镇克孜勒加尔村西滩开发区。

主要特性:植株长势旺,叶色灰绿。

精杞1205

种质编号:BLZ-JH-04-T-0362。

栽培地点:精河县托里镇克孜勒加尔村西滩开发区。

主要特性:长势旺,适应性强。

宁菜1号

种质编号:BLZ-JH-01-T-0387。

栽培地点:精河县县苗圃。

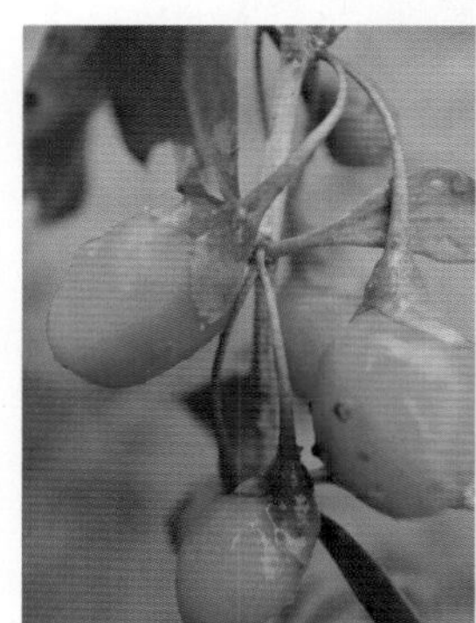

主要特性:宁夏农科院枸杞所2002年选育的菜用型枸杞新品种,是由野生枸杞与宁夏食用枸杞杂交而成的。叶单生,肉质较厚,露地栽培亩产鲜菜1695kg,生产周期长、易繁殖、好栽培、管理方便,保护地栽培可周年产菜。

大叶圆果1206

种质编号:BLZ-JH-04-T-0363。

栽培地点:精河县镇里乡克孜勒加尔村。

主要特性:当年生枝青灰、青黄色,多年生枝灰褐色。叶片叶色深绿,质地厚且硬。老枝叶披针形或条状披针形。熟果鲜红,近卵圆形或圆茄形,果味较甜,鲜果千粒重300g左右,干果千粒重75g,种子千粒重0.70g。

精杞1207

种质编号:BLZ-JH-04-T-0372。

栽培地点:精河县托里镇大庄子村1队。

主要特性:枝叶略带紫色,长势中等。

蒙杞1号

种质编号:BLZ-JH-04-T-0374。

栽培地点:精河县托里镇轧花厂。

主要特性:落叶小灌木,高约2m,枝有棱、具刺;单叶互生或簇生于短枝上,披针形或菱形,全缘;花紫红色;浆果,橙红色,卵形或长椭圆形。枸杞喜冷凉湿润的肥沃土壤,耐寒,耐旱,耐风雨,不耐高温。该品种是由内蒙古农牧科学院园艺研究所研究人员同内蒙古河套大学共同选育而成,2005年通过了内蒙古自治区农作物品种审定委员会审定。经过5年的品比实验,结果显示,该品种性状稳定,果实特大,含糖量高,等级率高,在当地有"寸杞"之称。其鲜果纵径平均3.56cm,横径1.38cm,鲜果千粒重1679.8g,特优级果率达95.5%。

蒙杞0901

种质编号:BLZ-JH-04-T-0346。

栽培地点:精河县托里镇东滩8大队6小队。

主要特性:枸杞苗木长势快,比宁杞颗粒大,每50g干果可以达到120~150粒以内。

蒙杞扁果

种质编号: BLZ-JH-04-T-0353。

栽培地点:精河县一牧场绿兴合作社。

主要特性:果实呈长椭圆形,偏压扁。

黄果枸杞

种质编号:BLZ-JH-04-T-0365。

栽培地点:精河县托里镇克孜勒加尔村。

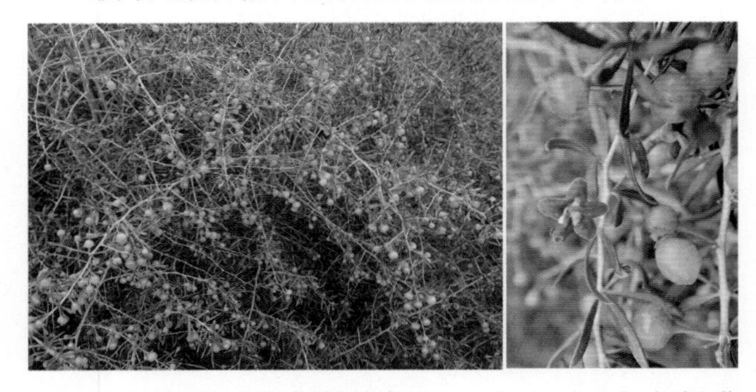

主要特性:是宁夏枸杞的一个变种,为多刺灌木,叶3~6片簇生于短枝上,高30~120cm。多分枝,枝条坚硬,浆果菱形,肉厚,味甜,含种子27~37粒,种子肾形。

白刺枸杞

种质编号:BLZ-JH-04-T-0366。

栽培地点:精河县托里镇克孜勒加尔村1队。

主要特性:为荆棘灌木,高10~150cm,多分枝,分枝呈白色或灰白色,分枝坚硬,小枝顶端渐尖呈荆棘状;花浅紫色,果实圆形,晶莹透亮。野生白果枸杞适应性很强、耐寒耐旱,在荒漠地仍能生长,对土壤要求不严,耐盐碱。

梨果

种质编号:BLZ-JH-04-T-0369。

分布地点:精河县托里镇大庄子村4队。

主要特性:果实呈梨形,较为椭圆。

大麻叶

种质编号:BLZ-JH-04-T-0370。

栽培地点:精河县托里镇大庄子村1队。

主要特性:当年生枝青灰或青黄色,多年生枝灰褐色。叶片绿色,质地较厚。熟果鲜红,先端尖,果身圆或略具棱,果肉较厚,鲜果千粒重400g~450g,干果千粒重110g~130g,种子千粒重0.85g。

黄果枸杞

种质编号:BLZ-JH-03-T-0385。

栽培地点:精河县县苗圃。

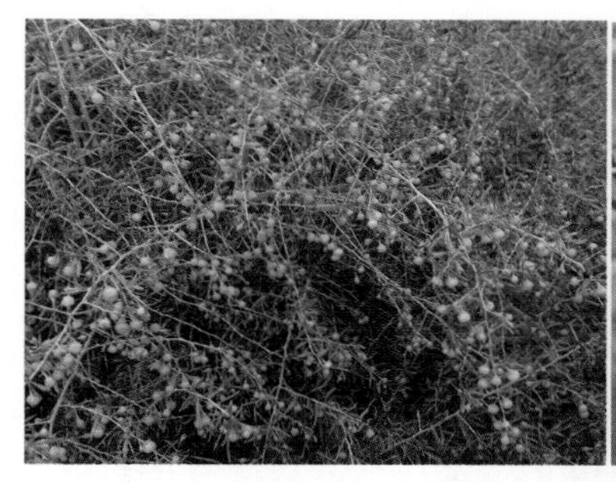

主要特性:叶色灰绿,叶质肥厚。老枝叶披针形,新枝粗壮、刺少,当年生枝青灰、青黄,多年生枝青灰、灰褐色,幼果先端具短尖或急尖或平顶,近熟时黄色,熟时橙红或橙黄色。黄果枸杞熟果先端具尖或平或微凹,果身具棱,先端大而基部略小,果肉厚,味甜,含种子27~37粒。

黑果枸杞(青海)

种质编号:BLZ-JH-06-T-0378。

栽培地点:精河县八家户农场南戈壁牧场3队。

主要特性:以甘肃、青海等地的野生黑果枸杞为母本培育的新品系。较野生黑果枸杞,其结果量较少,果粒更大,枝刺少,是目前发现花青素含量最高的黑色经济植物。浆果球形,成熟后纯黑色,直径10~16.5mm,种子肾形、褐色。耐干旱,常生于盐碱土的荒地或沙地上。

主要特性:果实结果量大。

雪青枸杞

种质编号:BLZ-JH-03-T-0377。

栽培地点:精河县八家户农场农三队。

主要特性:果实呈雪青色。

紫果枸杞

种质编号:BLZ-JH-04-T-0373。

栽培地点:精河县托里镇邮电局。

主要特性:果实呈圆形,偏透明,呈白紫色。

红果枸杞

种质编号:BLZ-JH-03-T-0381。

栽培地点:精河县茫丁乡维吾尔族坟。

主要特性:果实偏橙红色。

黑果枸杞1

种质编号:BLZ-JH-04-T-0349。

栽培地点:精河县托里镇东滩8大队6小队。

黄果枸杞(野)

种质编号:BLZ-JH-03-T-0381。

栽培地点:精河县茫丁乡皇宫南村。

主要特性:果实呈亮黄色。

紫枸杞

种质编号:BLZ-JH-03-T-0384。

栽培地点:精河县茫丁乡皇宫南村。

主要特性:果实呈暗紫色。

(三)资源收集、保存、利用情况

1. 枸杞种植和资源收集保存现状

新疆精河县是中国的“枸杞之乡”,有着50多年的种植历史。南宋诗人陆游曾经用“雪霁茅堂种磬清,晨斋枸杞一杯羹”赞美枸杞是一种养身贡品。枸杞是新疆红色产业的重要组成部分,更是精河县独具特色的优势支柱产业,近年来在原种基础上培育出的高产优质枸杞,因其粒大饱满、皮薄肉厚、红润鲜甜、营养丰富、药用价值高而被全国各地认可,销往国内各大药材市场,甚至连韩国、日本、美国及中国的香港、台湾等地客商也预先在广州与精河枸杞市场保持联系下单订货。

一提起枸杞,人们大多会联想到宁夏枸杞,殊不知,中国枸杞之乡在新疆维吾尔自治区博尔塔拉蒙古自治州精河县。“酒香也怕巷子深”,近年来精河县大力提升“精河枸杞”的知名度,枸杞“十三五”规划更将“全方位打造精河枸杞甲天下的地域品牌”作为产业发展的目标。精河枸杞素有“红玛瑙”之称,其果实鲜红、粒大饱满、皮薄肉厚、含糖丰富、药用价值高,颇受消费者青睐。其鲜果呈四棱形或纺锤形,浆果,果长2.2~2.8cm,果径0.8~1.2cm,果实鲜干比4:1,鲜果千粒重量670g,特级果率80%。干果呈鲜红色或紫红色,果实皮薄肉厚,口感纯正、甘甜,无苦味、涩味,无病斑粒、霉变粒、虫蛀粒,无破碎粒、未成熟粒及油粒,无杂质。干果挤压成团,松开后呈散状。

精河枸杞浆果多汁,能益肾明目,为名贵中药材,有保健强身作用,可药用,也可制作饮料。现相继开发出了枸杞浓缩液、发酵酒、色素、多糖、籽油、果酱等8个枸杞产品。

1998年,精河县被国家农业部命名为“中国枸杞之乡”;2001年,“精河枸杞”被认定为“新疆农业名牌产品”;2002年,“精河枸杞”获得国家工商总局颁发的原产地证明商标;2004年,精河县被国家林业局命名为“中国枸杞之乡”;2005年,“精河枸杞”被评为新疆著名商标。“精河枸杞”被确认为2012年国家第三批农产品地理标志产品予以依法保护,这是精河县第一个荣获国家农业部地理标志认证的农产品。精河枸杞农产品地理标志地域保护范围包括精河县托里镇、大河沿子镇、八家户农场、阿合奇农场、茫丁乡、托托乡等六个乡、镇、场,涉及56个中心村。2015年11月,精河县13万亩枸杞种植基地获批国家级出口食品农产品质量安全示范区。2017年6月,欧盟正式发布公告,将“精河枸杞”纳入首批100个与欧盟地理标志保护产品交换的农产品。

1986年,精河县组建了枸杞种质资源收集小组,优选出“精杞1号”优良品种,建立了部分品系资源档案;2005年,精河县枸杞开发管理中心成立以后,加大了种质资源的收集管理、实验研究、品种选育、示范推广的力度,选育出“精杞2号”优良品种,选出优良品系24个,引进10个优良品种,承担了国家、自治区科研项目12个,是新疆唯一的枸杞种质资源汇集中心。目前,共有枸杞4个种类36个品种(系)8923株,其中:保存精河本地原有26个品种(系),引进疆外10个品种(系),使很多濒危、稀有枸杞资源得到有效保护。

2. 产业发展现状

精河县建成符合集约化、规范化、标准化种植技术要求的枸杞有机出口种植基地66.67hm^2,建立绿色枸杞示范基地133.33hm^2、枸杞生态健康果园13.33hm^2。精河县还组织成立了枸杞规范化育苗合作社、企业5家，年均繁育枸杞优良苗木500万株，年创收1200万~1500万元。到2014年，精河县基本形成了以托里镇为核心，覆盖6个乡镇的产业种植基地，全县枸杞种植面积9133.33hm²，占新疆种植总面积的1/2，干果总产量达25 000t以上，产量占新疆的68%，产值超过4.5亿元，并逐步建设成为新疆枸杞的育苗中心、种植中心、交易中心、加工中心、检测中心和枸杞工程技术研发培训中心。同时，大力推广枸杞示范园建设及病虫害统防统治、枸杞机械标准化作业、枸杞节水滴管、枸杞烘干制干、枸杞机械采摘、枸杞速测等技术。通过科技特派员开展科技承包，蹲点开展技术示范推广、技术培训、病虫害预测预报等工作；建立枸杞示范田54块686.66hm²，建立了枸杞病虫害预测预报监测点3个，成立了枸杞农药专营店10个，成立了枸杞统防统治服务队10个，开展统防面积1333.33hm²，起到了良好的示范带动作用。修订了《枸杞标准体系总则》《枸杞病虫害防治技术规程》和《枸杞苗木基地建设规程》。新制定了《绿色枸杞栽培技术规程》和《有机枸杞栽培技术规程》。完善了精河枸杞标准化体系，从而为提升精河县枸杞标准技术和产品质量监控提供了理论依据。获得无公害枸杞认证面积5066.66hm²；获得有机枸杞基地认证两家，面积434.53hm²。编制了《精河枸杞无公害栽培技术规程》，积极针对协会枸杞种植农户开展农民科技培训推广授课活动，使精河县枸杞种植户的管理水平有了很大提高。

积极组织营销大户研发了枸杞鲜果烘干设备和技术，彻底改变了枸杞鲜果自然晾晒的局面。引进了枸杞制干设备76套，解决了阴雨天和秋季枸杞制干困难问题，产品质量达到国家标准要求；引进光电色选设备20多台。通过加工设备的改进，产品色泽度提高了10%。通过新设备的全面推广，每年枸杞烘干制干1万余吨干果；加快了市场流通环节的运转速度，有效提高了精河枸杞干果产品的品质。

为在市场流通环节实现新的突破，精河县委、县政府在枸杞批发市场搭建了枸杞系列产品的营销信息平台。在市场旁兴建了枸杞产品展示中心，将精河县企业生产的精杞神、鸿锦实业、珊怡等十多家包装、深加工企业的产品，涉及干果、枸杞蜜、蜂王浆、枸杞保健系列酒、叶茶等20余种进行展示。通过建造枸杞展示中心，搭建起了“精河枸杞”系列产品对外展示交易的平台，对提升“精河枸杞”知名度、促进市场流通将发挥积极作用。对枸杞交易市场进行了改扩建，投资1230万元。新建1.5万m²枸杞晾晒区，划出专用建设用地，通过广泛宣传、发动，吸引了7户枸杞经销大户筹建起了专业加工区，解决了枸杞交易市场基础设施落后、管理松散等问题；建立了枸杞食品安全检测体系和枸杞商标使用、包装、加工监督体系，鼓励营销加工户对枸杞进行精包装，逐步减少枸杞散货的出货量；吸引县外枸杞客商150家常驻精河进行枸杞收购；县内涌现了68家年销售枸杞百吨以上的民营运销企业。每年枸杞上市季节，这些企业从农民手中大量收购，简单筛拣、分等包装后，再通过大连、上海和广州等沿海城市设立的固定销售窗口，推向全国乃至国际市场。市场营销人员由200余人增加到1100余人。目前，精河枸杞交易市场发展成为集枸杞批发交易于一体的多功能市场。

在托里镇的枸杞加工园区，目前已引进精杞神、华美公司和杞福公司等12家深加工企业，年加工转化枸杞鲜果3.2万t，实现产值2.6亿元以上。干果、枸杞蜜、蜂王浆、枸杞保健系列酒、枸杞红色素、枸杞胶囊等20余种产品，已成功打入中国10余个省、市、自治区。

根据精河县枸杞“十三五”发展规划，到2020年，全县新植更新枸杞2333.33hm²，种植总面积发展到11 333.33hm²，干果总产量达到4万t，出口量占全国出口量的20%以上。枸杞加工转化率达到30%以上，农民人均来自枸杞产业的现金收入达到3000元以上，初步建立起以二维码为核心的枸杞及产品质量追溯系统，真正实现规模化种植、标准化管理、现代化经营、国际化销售的目标。

3.产业体系建设

（1）以基地建设促进特色林果业发展。一是科学规划，构建特色林果业基地。近年来，按照区域化、规模化、品牌化、产业化的思路，以市场需求为导向，在做优做强做大的目标基础之上，大力发展特色林果业枸杞。二是加大政策扶持力度，助推特色林果业发展。近几年，为推动枸杞产业持续、健康发展，精河县先后积极申报无公害、绿色、有机枸杞生产基地，同时出台枸杞相关扶持优惠政策，对新植优良枸杞品种给予相应补助，推动枸杞品种改良。

(2)加大科技对特色农业的支撑力度。一是完善精河枸杞产业科技支撑体系。以自治区林科院经济林研究所为依托，在政府引导下，按照“企业、协会、合作社主办，专家指导、下联农户”的原则，由中大型龙头企业牵头，采用企业、专家、农民利益结合的机制，按照市场化运作的服务方式，积极推动科技成果转化应用。二是注重科技培训，提高杞农技术水平。精河县先后编制出版了《新疆特色果树栽培实用技术》《新疆枸杞生产技术》等资料，并利用科技之冬、现场会、观摩会等多种形式加大对杞农的培训力度。三是加大项目申报实施力度，利用项目带动枸杞产业发展。近年来，精河县先后申报了国家项目《新疆枸杞高效栽培技术示范与推广》、自治区林业厅项目《精河枸杞健康果园项目》、自治区科技厅《新疆枸杞种质资源汇集圃建设》、自治区成果转化项目《精河枸杞科技成果转化基地》等，为精河枸杞产业提供了强有力的科技支撑，提升了枸杞技术人员组织实施项目的能力和水平。

(3)提高特色产业组织化程度。一是通过制定优惠政策，招商引资，扶优扶强，依托龙头企业带动特色林果产业发展。现有鸿锦公司、精杞神、华美等企业，依托枸杞加工园区发展深加工，提高精河枸杞的品牌化、专业化、产业化。二是建设新疆精河县枸杞市场，是新疆最大的枸杞交易集散地，更是新疆枸杞价格的“晴雨表”。三是发展枸杞专业合作社，提高特色林果业的组织化程度，带动、提升基地的种植规模、种植水平。

(四)应用前景及建议

1.枸杞产业发展面临的问题

(1)知名度不高，品牌竞争力不足。精河县栽培枸杞已有70多年的历史，独特的地理、气候条件使这里出产的枸杞果受国内外客商的青睐，远销欧美、日本及东南亚各国。但与宁夏枸杞相比，新疆枸杞在中国的地位和知名度较低，竞争力也相对较弱。据了解，目前以“精河枸杞”为名的包装不低于20种，品级良莠不齐，尚未形成统一的地方特色品牌，没有一个全国知名品牌，产品多作为原料以散货的形式销往外地，难以体现和反映出精河枸杞的优势和特色。

(2)枸杞基地建设规模小，标准化生产水平低。虽然精河县早在1998年便被命名为“中国枸杞之乡”，形成了从良种繁育、栽培模式到精深加工、市场营销为一体的较为完整的产业发展体系，并且为提高枸杞品质，政府大力支持以企业建基地、合作社建基地带动农户发展的新模式，在农业化学品投入、病虫害防控等方面加大了管理力度。但枸杞种植基地规模总体较小，精河枸杞种植面积和产量只有宁夏中宁县的1/5左右，产业基地的标准化生产水平低，科技投入和科学化、标准化不足，生产水平还有待进一步提高和完善。

(3)枸杞良种繁育工作滞后。由于枸杞在良种选育、苗木繁育等方面缺乏技术和资金投入，大面积开展枸杞种植存在较大难度。枸杞种质资源圃收集的种质资源很有限，枸杞良种繁育与枸杞种植户需求不能协调对接。

(4)枸杞栽培管理机械化程度低，田间管理劳动强度大，枸杞采摘劳动力紧缺，一般每户农民(两个劳动力)最多只能管理30亩，影响农民种植积极性。

(5)为提高干果质量，一些企业、经销商、种植大户建设烘干房，对鲜果进行设施制干，解决了二次污染的问题，保证了枸杞质量。但目前烘干房数量十分有限，全县仅41个，按照75d收购期，开足马力进行烘干，可烘干枸杞鲜果3.5万t，仅占枸杞鲜果产量的35%。

(6)枸杞加工产品转化率及附加值较低。目前精河县枸杞加工企业共有12家，其中能够进行深加工(枸杞浓缩汁、干粉、酿酒、胶囊等)的企业仅有3家。近年来，精河县加大科技投入，重点扶持枸杞深加工企业，取得初步成效，开发了枸杞酒、枸杞蜂蜜、枸杞浓缩汁、枸杞饮料、枸杞油、枸杞果酱、枸杞粉胶囊、枸杞多糖等30余种深加工产品。但精河县至少80%枸杞的加工方式只是晾晒、烘干、分拣等简单的加工操作，科技含量低，产品附加值难以提升。目前各个企业实际加工量远没有达到设计加工能力，即使全部达产对枸杞产业发展的带动作用也十分有限。

(7)对技术培训重视不够，没有与农民职业技能培训相结合，没有把枸杞育苗、栽植、田间管理、病虫害防治、采摘、晾晒等作为农民培训的重点内容，没有对农民进行强有力组织、有针对性的长期专业枸杞技术培训。

2.建议和对策

(1)用产业顶层设计来引领枸杞产业发展。一是立足自身优势和发展现实，科学制定和实施《精河县枸杞产业中长期战略规划》，制定《关于全面提升精河枸杞产业发展水平的实施意见》。二是坚持以枸杞产业现代化为目标，以提质增效为核心，以科技创新为引擎，以市场开拓为重点，统筹枸杞产业发展。三是加快推进枸杞产业科技创新与应用，深度开发枸杞产品健康、保健、养生等多种功能，着力培育壮大枸杞企业，加强枸杞市场流通网络建设，全面提升枸杞的良种化、标准化、专业化、组织化、国际化水平，努力打造世界一流的新疆枸杞产业品牌。

(2)保证枸杞产品质量安全性。一是建立精河枸杞I-OID统一标识体系二维码追溯制度，构建全县统一农产品追溯和电子商务平台，实现从生产源头—运输储备—市场流通—产品追溯—在线订购等全程监管。二是开展枸杞质量安全监管专项行动，加大对假冒“精河枸杞”违法行为的打击力度，保护精河枸杞品牌。三是加大对绿色、有机枸杞生产基地的申报力度，确保精河枸杞的品质。

(3)加强林果产品品牌发展战略。加大对现有特色林果产品品牌的整合力度，统一标识，创建名牌产品，提高产品的竞争力和市场占有率。积极开展特色林果产品地理标志产品保护认证，加大特有产品的保护力度。积极发展绿色和有机果品，努力推进果品的标准化生产，提高各类果品的品质和竞争力。努力打造名牌产品，打破区域界限，积极推进统一标准、统一品牌、统一检验检测，形成生产、销售、贮藏、运输、加工、包装一体化的经营模式。

二、葡萄

(一)树种概述

葡萄(*Vitis vinifera* Linn.)为葡萄科(Vitaceae)葡萄属(*Vitis*)木质藤本植物，是世界最古老的果树树种之一。葡萄原产亚洲西部，世界各地均有栽培。新疆种植葡萄的历史悠久，甚至可以追溯到两三千年前，是中国最早种植葡萄、酿造葡萄酒的地区。葡萄皮薄多汁，不仅味美可口，而且营养价值很高。成熟的浆果中含糖量高达10%~30%，以葡萄糖为主。葡萄中的多种果酸有助于消化，适当多吃些葡萄，能健脾和胃。葡萄中含有矿物质钙、钾、磷、铁以及维生素B_1、维生素B_2、维生素B_6、维生素C和维生素P等，还含有多种人体所需的氨基酸，常食葡萄对神经衰弱、疲劳过度大有裨益。

葡萄属喜光植物，对光的要求较高，光照时数长短对葡萄的生长发育、产量和品质有很大影响。光照不足时，新梢生长细弱，叶片薄，叶色淡，果穗小，落花落果多，产量低，品质差，冬芽分化不良。生长时所需最低气温约12℃~15℃，最低地温约为10℃~13℃，花期最适温度为20℃左右，果实膨大期最适温度为20℃~30℃。土壤以壤土及细沙质壤土为最好。

博州的葡萄种植主要集中在精河县和农五师的部分农牧团场，其中有新疆地方品种，也有国内外引进的栽培品种。成规模栽培的品种多为克瑞森、红提等优质地方品种，农民和城市居民宅前屋后的院子里栽植的主要有马奶子、玻璃脆、玫瑰香、绿葡萄等品种。

(二)种质资源概况

根据此次对博州林木种质资源的调查和相关资料收集，博州葡萄品种资源主要是本地农家品种，少量为引入品种，主要种质的特征特性如下。

马奶子

种质编号：BLZ-BLS-01-T-0181。

栽培地点：精河县大河沿子镇北村农家院。

主要特性：早熟品种，主蔓弯曲，呈红棕色，树皮呈片状剥落。叶片中等大、心脏形或肾形，叶薄。果穗圆锥形、圆柱形，歧肩大，有分枝，果穗大、整齐，果粒长椭圆形，平均粒重3.76g，纵径22.5mm，横径15.82mm。果皮成熟后为淡黄白色，皮薄而韧，肉质松软多汁，味甜，无香味，含可溶性固形物20%~22%，含酸量0.3%，品质上等。每果粒含种子2或3粒，种子千粒重50g。

红提

种质编号：BLZ-JH-06-T-0428。

栽培地点：精河县八家户农场农九队。

主要特性：红提葡萄幼嫩新梢上部有紫红色条纹，中下部为绿色；一年生枝浅褐色。幼叶微红色，叶背有稀疏绒毛；成龄叶5裂，上裂刻深，下裂刻浅，叶正背两面均无绒毛，叶片较薄，叶缘锯齿较钝，叶柄红色；果穗大，长圆锥形，果粒圆形或卵圆形，平均粒重10.24g，纵径25.65mm，横径23.95mm，果粒着生松紧适度，整齐均匀；果皮中厚，果实呈深红色；果肉硬脆，能削成薄片，味甜可口，风味纯正。

克瑞森

种质编号：BLZ-JH-06-T-0403。

栽培地点：精河县八家户农场农四队。

主要特性：主蔓弯曲，呈红棕色，树皮呈块状脱落，嫩梢亮褐红色或绿色，幼叶有光泽，无绒毛，叶缘绿色。成龄叶中等大，深5裂，锯齿略锐，叶片较薄，两面均光滑无绒毛，叶柄长，叶柄洼闭合呈椭圆形或圆形，成熟枝条粗壮、黄褐色。果穗中等大，果粒亮红色，具白色较厚的果粉，果粒椭圆形，平均粒重2.74g，纵径21.36mm，横径15.31mm，果肉黄绿色、细脆、半透明，不易落粒。果味甜，可溶性固形物含量19%，含酸量0.6%，品质佳，无核。展叶期4月初，开花期4月25日至5月初，果熟期8月中下旬。

绿葡萄

种质编号：BLZ-JH-02-T-0520。

栽培地点：精河县大河沿子镇北村农家院

主要特性：果实球形或椭圆形，平均粒重3.44g，纵径18.18mm，横径16.09mm，皮薄无核，果粒饱满，肉质细软，酸甜适口，滋味鲜美，香气馥郁，风味独特，营养丰富。花期4—5月，果期8—9月。

玻璃脆

种质编号：BLZ-JH-02-T-0518。

栽培地点：精河县八家户农场硫化碱厂。

主要特性：果实椭圆形，黄白色，果粒平均粒重2.82g，纵径22.87mm，横径19.10mm，果粉中等厚，皮薄脆；果肉浅绿色，半透明，肉脆、味甜，汁少，无香味。玻璃脆含有葡萄糖、果糖、苹果酸、柠檬酸、蛋白质以及钾、钙、钠、锰等人体必需的微量元素，还含有多种维生素和氨基酸等，营养价值丰富。

绿珍珠

种质编号：BLZ-JH-06-T-0432。

栽培地点：精河县县苗圃。

主要特性：木质藤本。小枝圆柱形，有纵棱纹，无毛或被稀疏柔毛。叶卵圆形，显著3~5浅裂或中裂，中裂片顶端急尖，裂片常靠合，基部常缢缩，上面绿色，下面浅绿色；圆锥花序密集或疏散，多花，与叶对生；花瓣5片，呈帽状粘合脱落；果实球形，果粒平均粒重4.59g，纵径21.46mm，横径21.46mm，种子倒卵状椭圆形，顶短近圆形，基部有短喙。花期4—5月，果期8—9月。

玫瑰香

种质编号：BLZ-JH-01-T-0438。

栽培地点：精河县县苗圃。

主要特性：中晚熟品种，原产于英国，植株生长中等，二次结果率高，丰产。嫩梢及嫩叶黄绿色，有稀疏黄白绒毛，略带紫红色。成叶中等大，心脏形，黄绿色，中厚，5裂，上裂刻深，下裂刻浅，叶缘向上弯曲，锯齿大，中锐。叶柄洼开张楔形。卷须间隔，花两性。果穗中等大，圆锥形。果粒着生中等紧密，椭圆形，平均粒重10.02g，纵径24.18mm，横径23.06mm，深紫红色，果皮中等厚，肉质中等，味甜，有浓郁的玫瑰香味。可溶性固形物含量22%。

红葡萄

种质编号:BLZ-JH-01-T-0437。

栽培地点:精河县县苗圃。

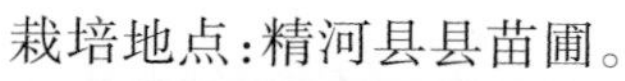

主要特性:掌状叶,3~5缺裂,复总状花序,通常呈圆锥形,浆果多为圆形或椭圆,平均粒重3.15g,纵径17.6mm,横径17.39mm,色泽暗红色。

白葡萄

种质编号:BLZ-JH-01-T-0436。

栽培地点:博乐市银监局小区。

主要特性:果穗呈圆锥形,穗大,果粒大,呈长椭圆形,平均粒重4.86g,纵径19.52mm,横径18.05mm,皮肉黄绿色,质脆而多汁,含糖量高。其味道鲜美,甜酸适度,有一股特殊的清香。

三、其他

无花果 *Ficus carica* Linn.

桑科 Moraceae

榕属 *Ficus* Linn.

种质类型:乡土栽培种。

形态特征:落叶灌木;树皮灰褐色;小枝直立,粗壮。叶互生,广卵圆形,长宽近相等,3~5裂,背面密生细小钟乳体及灰色短柔毛,基部浅心形;托叶卵状披针形,长1cm,红色。雌雄异株,花被片4~5枚,雄蕊3(1或5)枚,瘿花花柱侧生,短;雌花花被同雄花,子房卵圆形,花柱侧生,柱头2裂,线形。果单生叶腋,紫红色或黄色,大而梨形,顶部下陷,基生苞片3片,卵形;瘦果透镜状。

生态习性：适应性广，对环境条件要求不严，凡年均温度在13℃以上，冬季最低温-18℃以上，年降雨量400mm以上的地区均可正常生长结果。对土壤要求不严，在黏土、沙壤土、沙土、酸性和碱性土壤均生长良好。

栽培地点：在精河县八家户农场的农九队有栽培。

种质编号：BLZ-JH-004-T-0433。种质资源材料1份。

繁殖方式：种子或扦插繁殖。

应用前景：无花果的果实含有多种糖类物质；果实和叶片含有多种维生素、微量元素、淀粉酶、酯酶、蛋白质、抗疲劳抗衰老的天门冬氨酸；果、叶、根中含有抗癌抗高血压的佛手柑内脂、补骨脂素、苯甲醛、多糖等物质，营养丰富。无花果"甘，平，无毒"，具有健胃清肠、消肿解毒的功能，可治喉肿痛、便秘、痔疮、肠炎、痢疾、痈疮、疥癣等疾；中国新疆维吾尔族地区在传统药方中记载有72种疾病常用无花果入药；近代中医对多种病也用无花果入药，且对人体无毒副作用。无花果树形优雅，耐盐碱、适应力强，对二氧化硫、硝酸雾、苯等有毒有害气体有一定抗御作用，病虫害少，可作为绿化观赏树种。

第四节 坚果类果树种质资源

一、榛

榛 *Corylus heterophylla* Fisch. ex Trautv. var. *heterbphylla*

桦木科 Betulaceae

榛属 *Corylus* Linn.

种质类型：乡土栽培种。

形态特征：灌木或小乔木；树皮灰色；小枝黄褐色，密被短柔毛兼被疏生的长柔毛。叶矩圆形或宽倒卵形，顶端凹缺或截形，中央具三角状突尖，基部心形，有时两侧不相等，边缘具不规则重锯齿，中部以上浅裂。雄花序单生。果单生或2~6枚簇生呈头状；果苞钟状，外面具细条棱，密被短柔毛兼有疏生的长柔毛，密生刺状腺体，上部浅裂，裂片三角形，边缘全缘；序梗密被短柔毛。坚果近球形。

生态习性：喜光，耐干旱瘠薄，对气候适应性较强，能耐-45°C低温，喜湿润肥沃土壤。

栽培地点：在博乐市城区游泳园路旁绿地有栽培。

种质编号：BLZ-BLS-01-B-1。种质资源材料1份。

繁殖方式：种子及分蘖繁殖。

应用前景：榛子种仁含油50. 6%~54. 4%，蛋白质16.2%~23.6%，淀粉16. 5%，以及维生素等。为重要油料及干果树种。

二、核桃

核桃 *Juglans regia* Linn.

胡桃科 Juglandaceae

胡桃属 *Juglans* Linn.

种质类型：乡土栽培种。

形态特征：乔木；树皮灰白色纵向浅裂；小枝具光泽，被盾状着生的腺体，灰绿色，后来带褐色。奇数羽状复叶；小叶5~9片，椭圆状卵形至长椭圆形，顶端钝圆或急尖、短渐尖，基部歪斜、近于圆形，边缘全缘或在幼树上者具稀疏细锯齿，上面深绿色，下面淡绿色，腋内具簇短柔毛。雄性葇荑花序下垂。雌花的总苞被极短腺毛，柱头浅绿色。果实近于球状；果核稍具皱曲，顶端具短尖头。

生态习性：阳性树，耐寒性强，不耐湿热，对土壤肥力要求较高，不耐瘠薄，喜肥沃、湿润、排水良好的微酸性土至微碱性土。深根性，肉质根粗大，怕积水，根际萌芽力强，不耐移植。寿命长，可达300a以上。

栽培地点：在精河县大河沿子镇24村有栽培。

种质编号：BLZ-JH-002-T-0519。种质资源材料1份。

繁殖方式：种子繁殖，少量引种栽培。

应用前景：核桃的药用价值很高，中医应用广泛。中国医学认为核桃性温、味甘、无毒，有健胃、补血、润肺、养神等功效。核桃是食疗佳品，无论是配药用，还是单独生吃、水煮、作糖粘、烧菜，都有补血养气、补肾填精、止咳平喘、润燥通便等良好功效。

第九章 城乡园林绿化树种种质资源

第一节 裸子植物

青海云杉 *Picea crassifolia* Kom

松科 Pinaceae

云杉属 *Picea* Dietr.

种质类型：乡土栽培种。

形态特征：常绿针叶乔木，一年生嫩枝淡绿黄色，干后或二年生小枝呈粉红色或淡褐黄色，稀呈黄色，通常有明显或微明显的白粉（尤以叶枕顶端的白粉显著），或无白粉，老枝呈淡褐色、褐色或灰褐色；叶较粗，四棱状条形，先端钝，或具钝尖头，横切面四棱形，稀两侧扁，四面有气孔线。球果圆柱形或矩圆状圆柱形，长7~11cm，种子斜倒卵状圆形，长约3.5mm，花期4—5月，球果9—10月成熟。

生态习性：生长缓慢，适应性强，可耐-30℃低温。耐旱，耐瘠薄，喜中性土壤，忌水涝，幼树耐阴，浅根性树种，抗风力差。

栽培地点：在博乐市银监局小区、城区绿地，精河县生态园、温泉县哈夏林场老场部等有栽培。

种质编号：BLZ-BLS-01-T-0177、BLZ-BLS-10-B-0087、BLZ-JH-01-T-0462、BLZ-WQ-06-T-0241。种质资源材料4份。

繁殖方式：青海云杉喜光、抗寒、抗旱、生长较快，材质优良，适应性较强。

应用前景：枝姿壮丽，形色具美，适用于城市园林观赏。在博州中性土壤中表现较好，抗盐碱能力稍差，较耐阴。

红皮云杉 *Picea koraiensis* Nakai

松科 Pinaceae

云杉属 *Picea* Dietr.

种质类型：乡土栽培种。

形态特征：常绿针叶乔木，树皮灰褐色或淡红褐色，裂呈不规则薄条片脱落；大枝斜伸至平展，树冠尖塔形，一年生枝黄色、淡黄褐色或淡红褐色。叶四棱状条形，长1.2~2.2cm，先端急尖，横切面四棱形，四面有气孔线。球果卵状圆柱形或长卵状圆柱形，成熟前绿色，熟时绿黄褐色至褐色，长5~8cm；种子灰黑褐色，倒卵圆形，长约4mm。花期5—6月，球果9—10月成熟。

生态习性：稍阴性树种，耐全光、耐湿、耐寒，稍呈浅根性，侧根发达。

栽培地点：在博乐市银监局小区有栽培。

种质编号：BLZ-BLS-01-T-0178。种质资源材料1份。

繁殖方式：红皮云杉可采用播种或扦插繁殖，扦插宜选在早春抽出新梢后，剪取插穗在大棚内进行。

应用前景：冠形整齐，四季常绿，用于城市庭园树种，孤植或丛植。属抗性较强的针叶树种，适生性表现较好。

樟子松 *Pinus sylvestris* var. *mongolica* Litv.

松科 Pinaceae

松属 *Pinus* Linn.

种质类型：乡土栽培种。

形态特征：针叶乔木；树皮下部灰褐色或黑褐色，上部黄色至褐黄色；枝斜展或平展，幼树树冠尖塔形，老则呈圆顶或平顶，稀疏；一年生枝淡黄褐色；针叶2针1束，硬直，长4~9cm，先端尖；雄球花圆柱状卵圆形，雌球花有短梗，淡紫褐色。当年生小球果长约1cm，下垂。球果卵圆形或长卵圆形，长3~6cm，成熟前绿色，熟时淡褐灰色；种子黑褐色。花期5—6月，球果第2年9—10月成熟。

生态习性：喜光性强、深根性树种，能适应土壤水分较少的山脊及向阳山坡，以及较干旱的沙地及石砾沙土地区；耐寒性强，能忍受-50℃~-40℃低温，旱生，不苛求土壤水分。

栽培地点：在博乐市银监局小区、精河县城大十字广场、温泉县安格里乡政府大院等地有栽培。

种质编号：BLZ-BLS-01-B-131、BLZ-JH-01-B-417、BLZ-WQ-01-T-0243。种质资源材料3份。

繁殖方式：樟子松多采用播种育苗，宜选择土质疏松排水良好的土壤环境做育苗地，同时应对种子进行催芽处理。

应用前景：可做防护林、用材林和园林绿化树种。适生性较强，除抗盐碱能力稍差外，在生产绿地和庭园绿地中表现较好，只是抗大气干旱能力稍弱，宜于在公园、庭园、居住区绿化中使用，选择性地在行道林、防护林中使用。

油松 *Pinus tabulaeformis* Carr.

松科 Pinaceae

松属 *Pinus* Linn.

种质类型：乡土栽培种。

形态特征：针叶乔木；树皮灰褐色或褐灰色，裂呈不规则较厚的鳞状块片；枝平展或向下斜展，老树树冠平顶，小枝较粗。针叶2针1束，深绿色，粗硬，长10~15cm。雄球花圆柱形，球果卵形或圆卵形，长4~9cm，有短梗，向下弯垂，成熟前绿色，熟时淡黄色或淡褐黄色，常宿存树上近数年之久；种子卵圆形或长卵圆形，淡褐色，有斑纹。花期4—5月，球果第二年10月成熟。

生态习性：喜光、深根性树种，喜干冷气候，在土层深厚、排水良好的酸性、中性土上均能生长良好。

栽培地点：在精河县城大十字广场等地有栽培。

种质编号：BLZ-JH-01-B-416。种质资源材料1份。

繁殖方式：可播种育苗，也可容器育苗。春秋两季皆可进行，播种前要做好催芽措施，育苗地要选择在土壤肥沃、排水良好，土层深厚的沙壤土或壤土为宜。

应用前景：园林绿化树种，宜孤植、丛植于庭园。

日本落叶松 *Larix kaempferi*（Lamb.）Carr.

松科 Pinaceae

落叶松属 *Larix* Mill.

种质类型：乡土栽培种。

形态特征：乔木，高达30m；树皮暗褐色，纵裂粗糙；枝平展，树冠塔形；幼枝有淡褐色柔毛，短枝上历年叶枕形成的环痕特别明显。叶倒披针状条形，先端微尖或钝，通常5~8条。雄球花淡褐黄色，卵圆形；雌球花紫红色，苞鳞反曲。球果卵圆形或圆柱状卵形，熟时黄褐色，种鳞上部边缘波状，显著地向外反曲；种子倒卵圆形，种翅上部三角状，中部较宽。花期4—5月，球果10月成熟。

生态习性：适应性强、生长快、抗病力强，有相当的耐碱性。抗风力强，不耐干旱也不耐积水；生长速度中等偏快。

栽培地点：在精河县小海子苗圃等地有栽培。

种质编号：BLZ-WQ-700-T-0045。种质资源材料1份。

繁殖方式：播种、嫁接和扦插方式繁殖。在气候凉爽、空气湿度大、降水量多的地方，生长速度变快。喜肥沃、湿润、排水良好的沙壤土或壤土。

应用前景：树形优美，生长迅速，是有发展前途的造林树种。对土壤肥力和水分要求较其他落叶松为高。

圆柏 *Sabina chinensis*（Linn.）Ant. var. *chinensis*

柏科 Cupressaceae

圆柏属 *Sabina* Mill.

种质类型：乡土栽培种。

形态特征：乔木，高达20m；树皮深灰色，纵裂，呈条片开裂；老树形成广圆形的树冠；树皮灰褐色，纵裂，裂呈不规则的薄片脱落；小枝通常直或稍呈弧状弯曲，生鳞叶的小枝近圆柱形或近四棱形。叶二型，即刺叶及鳞叶。雌雄异株，稀同株，雄球花黄色。球果近圆球形，两年成熟，熟时暗褐色，被白粉或白粉脱落；种子卵圆形。

生态习性：喜光树种，较耐阴，喜温凉、温暖气候及湿润土壤。忌积水，耐修剪，易整形。耐寒、耐热，对土壤要求不严。

栽培地点：在精河县生态园等地有栽培。

种质编号：BLZ-JH-01-T-0454。种质资源材料1份。

繁殖方式：种子繁殖或扦插枝条。种子繁殖要进行催芽或沙藏；扦插繁殖时，用嫩枝扦插宜在春末或早秋，硬枝可在秋末冬初进行。

应用前景：庭院观赏及绿化树种。适生性表现良好，在一定庇护条件下可作庭院绿化、风景观赏树种，目前未广泛应用。木材淡褐红色，有香气，坚韧致密，耐腐力强。可供建筑用，亦可做家具、文具及工艺品等。根、枝、叶可提取柏木油；种子可提制润滑油。树姿优美，端正大方，是珍贵的庭园树种。

塔柏（刺柏） *Juniperus chinensis* 'Pyramidalis' 圆柏栽培变种

柏科 Cupressaceae

圆柏属 *Sabina* Mill.

种质类型：乡土栽培种。

形态特征：乔木，枝向上直展，密生，树冠圆柱状或圆柱状尖塔形；叶多为刺形，稀间有鳞叶。

生态习性：喜光树种，喜温凉、温暖气候及湿润土壤。

栽培地点：在博乐市银监局小区等地有栽培。

种质编号：BLZ-BLS-01-B-300。种质资源材料1份。

繁殖方式：种子繁殖或扦插育苗。

应用前景：庭院观赏及绿化先锋树种，适生性表现较好，可作地被、护坡和庭园观赏，目前未广泛应用。

丹东桧柏 *Sabina chinensis* Cv.Dandong

柏科 Cupressaceae

圆柏属 *Sabina* Mill.

种质类型：乡土栽培种。

形态特征：乔木，树冠圆柱状尖塔形，圆锥形，侧枝生长势强，冬季叶色深绿。树皮灰褐色，呈浅纵条剥离。主枝生长弱势，侧枝生长势强。树冠外缘较松散，稍有向上扭转趋势。具有鳞叶、刺叶两种叶型，鳞叶交互对生，多见于老树或老枝；刺叶常3叶轮生，长0.6~1.2cm，叶上面微凹，有两条白色气孔带；叶深黄绿色，冬季呈深绿色。球果近圆球形，次年成熟，暗褐色，被白粉。

生态习性：性喜光，耐寒，耐旱，对土壤要求不严。萌芽力强，耐修剪。易移植。

栽培地点：在博乐市精河路行道树有栽培。

种质编号：BLZ-BLS-01-B-16。种质资源材料1份。

繁殖方式：种子繁殖或扦插育苗。

应用前景：庭院观赏及绿化先锋树种，适生性表现较好，可作地被、护坡和庭院观赏。

杜松 *Juniperus rigida* Sieb. et Zucc

柏科 Cupressaceae

刺柏属 *Juniperus* Linn.

种质类型：乡土栽培种。

形态特征：灌木或小乔木，高达10m；枝条直展，形成塔形或圆柱形的树冠，枝皮褐灰色，纵裂；小枝下垂，幼枝三棱形。叶3叶轮生，条状刺形。雄球花椭圆状或近球状。球果圆球形，成熟前紫褐色，熟时淡褐黑色或蓝黑色，常被白粉；种子近卵圆形，顶端尖，有4条不显著的棱角。

生态习性：强阳性树种，耐阴、耐干旱、耐严寒、喜冷凉气候。深根性，对土壤的适应性强，耐干旱瘠薄土壤。

栽培地点：在精河县生态园等地有栽培。

种质编号：BLZ-JH-01-B-385。种质资源材料1份。

繁殖方式：种子繁殖或嫁接。杜松的种皮坚硬，透水性差，所以以高温浸种的方法打破种子的休眠。浸种3d后，再用40℃的温水浸种后进行沙藏，可采用变温混沙或低温层积催芽。种子经过一冬的沙藏后，已吸水膨胀，3月下旬可将种子搬出室外，随着气温回升，种子很快萌动，有部分种子裂开后即可播种。插条繁殖成活率低。

应用前景：木材质硬，纹理致密，供作工艺品之用，亦可作家具、器具等。果实入药，有利尿、发汗、祛风之效。树势优美，是珍贵的庭院观赏树种。

侧柏 *Platycladus orientalis*（Linn.）Franco

柏科 Cupressaceae

侧柏属 *Platycladus* Spach

种质类型：乡土栽培种。

形态特征：乔木，高达20余m；树皮薄，浅灰褐色，纵裂呈条片；枝条向上伸展或斜展，幼树树冠卵状尖塔形，老树树冠则为广圆形；生鳞叶的小枝细。叶鳞形，先端微钝。雄球花黄色，卵圆形；雌球花近球形，蓝绿色，被白粉。球果近卵圆形，成熟前近肉质，蓝绿色，被白粉，成熟后木质，开裂；种子卵圆形或近椭圆形，顶端微尖，灰褐色或紫褐色。花期3—4月，球果10月成熟。

生态习性：喜光，幼时稍耐阴，适应性强，对土壤要求不严，在酸性、中性、石灰性和轻盐碱土壤中均可生长。耐干旱瘠薄，萌芽能力强，耐寒力中等，耐强太阳光照射，耐高温、浅根性，抗风能力较弱。

栽培地点：在博乐市银监局小区、精河县大十字广场、温泉县安格里乡政府大院等地有栽培。

种质编号：BLZ-BLS-01-B-134、BLZ-JH-01-B-418、BLZ-WQ-01-T-0244。种质资源材料3份。

繁殖方式：种子繁殖。播种前为使种子发芽迅速、整洁，最好进行催芽处理，再用0.5%高锰酸钾溶液浸种进行种子消毒。然后，进行种子催芽处理。也可进行扦插或嫁接。

应用前景：庭院观赏及绿化树种。在博州适生性表现良好，在一定庇护条件下可作庭院绿化、风景观赏树种，目前未广泛应用。

银杏 *Ginkgo biloba* Linn.

银杏科 Ginkgoaceae

银杏属 *Ginkgo* Linn.

种质类型：乡土栽培种。

形态特征：乔木；树皮灰褐色纵裂；枝近轮生，斜上伸展；短枝密被叶痕，黑灰色，短枝上亦可长出长枝。叶扇形，有长柄，淡绿色，有多数叉状并列细脉，在短枝上常具波状缺刻，在长枝上常2裂，基部宽楔形，叶在一年生长枝上螺旋状散生，在短枝上3~8叶呈簇生状。球花雌雄异株，单性，生于短枝顶端的鳞片状叶的腋内，呈簇生状。种子具长梗，下垂，常为椭圆形、长倒卵形、卵圆形。

生态习性：喜光树种，深根性，对气候、土壤的适应性较宽，能在高温多雨及雨量稀少、冬季寒冷的地区生长，但生长缓慢或不良；能生于酸性土壤、石灰性土壤及中性土壤上，但不耐盐碱土及过湿的土壤。

栽培地点：在精河县大河沿子阿合奇农场、博乐市苗圃等地有栽培。

种质编号：BLZ-JH-001-T-0516、BLZ-WQ-012-T-0289。种质资源材料2份。

繁殖方式：播种繁殖多用于大面积绿化用苗或制作丛株式盆景。秋季采收种子后，去掉外种皮晒干，当年即可冬播或在次年春播。若春播，必须先进行混沙层积催芽。扦插繁殖可分为老枝扦插和嫩枝扦插。

应用前景：银杏为速生珍贵的用材树种，边材淡黄色，心材淡黄褐色，结构细，质轻软，富弹性，易加工，有光泽，比重0.45~0.48，不易开裂，不反挠，为优良木材，可供建筑、家具、室内装饰、雕刻、绘图版等用。种子供食用（多食易中毒）及药用。叶可作药用和制杀虫剂，亦可作肥料。种子的肉质外种皮含白果酸、白果醇及白果酚，有毒。树皮含单宁。银杏树形优美，春夏季叶色嫩绿，秋季变成黄色，颇为美观，可作庭院树及行道树。

第二节　被子植物

白桑 *Morus alba* Linn. var. *alba*

桑科 Moraceae

桑属 *Morus* Linn.

种质类型：乡土栽培种。

形态特征：乔木或灌木，树皮厚，灰色，具不规则浅纵裂；小枝有细毛。叶卵形或广卵形，先端急尖、渐尖或圆钝，基部圆形至浅心形，边缘锯齿粗钝。花单性，腋生或生于芽鳞腋内，与叶同时生出；雄花序下垂，花被片宽椭圆形，淡绿色；雌花序被毛，雌花无梗，花被片倒卵形，顶端圆钝。聚花果卵状椭圆形，成熟时白色或暗紫色。花期4—5月，果期5—8月。

生态习性：喜光，对气候、土壤适应性都很强。耐寒，可耐-40℃的低温，耐旱，耐水湿。也可在温暖湿润的环境生长。喜深厚、疏松、肥沃的土壤，能耐轻度盐碱。抗风，耐烟尘，抗有毒气体。根系发达，生长快，萌芽力强，耐修剪，寿命长。

栽培地点：在精河县精河公园、生态园，温泉县哈夏林场等地有栽培。

种质编号：BLZ-JH-01-B-0255、BLZ-JH-01-B-0387、BLZ-WQ-01-B-0206。种质资源材料3份。

繁殖方式：播种、嫁接、扦插、压条、分根等方法均可繁殖。常用播种、扦插和压条。

应用前景：小区绿化和工矿区绿化树种。

黑桑 *Morus nigra* Linn.

桑科 Moraceae

桑属 *Morus* Linn.

种质类型：乡土栽培种。

形态特征：乔木，高约10m；树皮暗褐色；小枝被淡褐色柔毛。叶广卵形至近心形，质厚，先端尖或短渐尖，基部心形，边缘具粗而相等的锯齿，表面深绿色，粗糙，背面淡绿色，被短柔毛和绒毛。花雌雄异株或同株，花序被柔毛或绵毛；雄花序圆柱形，雌花序短椭圆形。聚花果短椭圆形，成熟时紫黑色。花期4月，果期4—5月。

生态习性：喜光，抗旱，耐盐碱，耐干旱瘠薄，适应性强，耐烟尘和有害气体。

栽培地点：在精河县生态园等地有栽培。

种质编号：BLZ-JH-01-B-0256。种质资源材料1份。

繁殖方式：通常采用嫁接的方式育苗。黑桑嫁接有袋接、倒袋接、"T"形芽接等多种方法，其中以袋接法应用最为普遍。袋接法操作方便，成活率高，适合大面积育苗。

应用前景：宜作观赏树、庭荫树，可孤植于草坪、树坛中。也宜作工厂绿化、四旁绿化、防护林的树种。

日本小檗　紫叶小檗 *Berberis thunbergii* var. *atropurpurea* Chenault

小檗科 Berberidaceae

小檗属 *Berberis* Linn.

种质类型：乡土栽培种。

形态特征：落叶灌木。多分枝，幼枝紫红色或暗红色，老枝灰棕色或紫褐色。叶小，全缘，菱形或倒卵形，紫红到鲜红，叶背色稍淡。花2~5朵组成具总梗的伞形花序，花被黄色；浆果红色，椭圆形。花期4—6月，果期7—10月。

生态习性：喜阳，耐半阴，但在光线稍差或密度过大时部分叶片会返绿、耐旱，不耐水涝，尤其初植幼苗根部不能过湿，不然会烂根。

栽培地点：在博乐市三台林场的托孙、哈日图热格林场的青稞稞，精河县巴音阿门及精河林场的乌图精等地有栽培。

种质编号：BLZ-BLS-T-0171、BLZ-BLS-10-B-85、BLZ-JH-10-B-270、BLZ-JH-10-B-323、BLZ-JH-11-B-302、BLZ-JH-700-T-0339。种质资源材料6份。

繁殖方式：主要以播种、扦插繁殖为主。冬播和湿沙混合贮藏至翌年春播。扦插繁殖多采用嫩枝扦插。

应用前景：在博州表现良好，阳光充足时，叶常年紫红色，是观叶佳品，常用作观赏刺篱、庭院绿化、丛植。

疣枝桦　垂枝桦 *Betula pendula* Roth.

桦木科 Betulaceae

桦木属 *Betula* Linn.

种质类型：乡土栽培种。

形态特征：乔木；树皮灰色或黄白色，成层剥裂；枝条细长，通常下垂，暗褐色或黑褐色；小枝褐色，间或疏生树脂状腺体。叶厚纸质，三角状卵形或菱状卵形，顶端渐尖或尾状渐尖，基部阔楔形、楔形或截形；边缘具粗重锯齿或缺刻状重锯齿。果序矩圆形至矩圆状圆柱形；果苞两面均密被短柔毛，边缘密生纤毛，中裂片卵形或三角状卵形，顶端钝，侧裂片矩圆形，顶端圆，下弯。

生态习性：喜光，喜湿润，抗寒性强，生长较快，萌芽性强，对土壤要求不严。

栽培地点：在博乐市玉科克，温泉县税务局小区等地有栽培。

种质编号：BLZ-BLS-09-T-0107、BLZ-WQ-01B0213。种质资源材料2份。

繁殖方式：种子繁殖。直播造林成活率较低，宜用育苗造林。通常用三年生苗造林。种子千粒重约0.6g，发芽力可保存2~3年。

应用前景：材质较坚硬，结构均匀，抗腐性较差；可供做胶合板、家具、农具、细木工等用。木材可提取甲醇、醋酸、丙酮、糖醛等化工原料。疣枝桦是新疆提取桦树液、发展林化工业的珍贵树种。

白桦 Betula platyphylla Suk.

桦木科 Betulaceae

桦木属 *Betula* Linn.

种质类型：乡土栽培种。

形态特征：乔木；树皮灰白色；枝条暗灰褐色。叶厚纸质，三角状卵形或三角状菱形，顶端锐尖、渐尖至尾状渐尖，基部截形、宽楔形或楔形，边缘重锯齿。果序单生，圆柱形或矩圆状圆柱形；果苞背面密被短柔毛，至成熟时毛渐脱落，边缘具短纤毛，基部楔形或宽楔形，中裂片三角状卵形，顶端渐尖或钝，侧裂片卵形或近圆形。小坚果狭矩圆形、矩圆形或卵形，与果等宽或较果稍宽。

生态习性：喜光，不耐阴，耐严寒。对土壤适应性强，喜酸性土，沼泽地、干燥阳坡及湿润阴坡都能生长。深根性、耐瘠薄，常与红松、落叶松、山杨混生或成纯林。天然更新良好，生长较快，萌芽强，寿命较短。

栽培地点：在博乐市二水厂，精河县生态园等地有栽培。

种质编号：BLZ-BLS-01-T-0281、BLZ-JH-01-T-0442。种质资源材料2份。

繁殖方式：种子繁殖。

应用前景：营养价值：天然桦树汁含有20多种氨基酸，24种无机元素，维生素B_1、B_2和维生素C，多糖和还原糖，因而桦树汁饮料具有抗疲劳、抗衰老的保健作用，被欧洲人称为“天然啤酒”和“森林饮料”。

药用价值：树皮性苦、寒，可清热利湿，祛痰止咳，解毒消肿。用于风热咳喘，痢疾，泄泻，黄疸，水肿，咳嗽，乳痈，疖肿，痒疹，烧、烫伤。液汁（桦树液）用于止咳。

观赏价值：白桦枝叶扶疏，姿态优美，尤其是树干修直，洁白雅致，十分引人注目。孤植、丛植于庭院、公园草坪、池畔、湖滨或列植于道旁均颇美观。若在山地或丘陵坡地成片栽植，可组成美丽的风景林。

经济价值：木材致密，可制木器。树皮可提取栲胶、桦皮油，叶可作染料，种子可榨油。可用作胶合板、细木工、家具、单板、防止线轴、鞋楦、车辆、运动器材、乐器、造纸原料等。树皮可提桦油。

枫杨 *Pterocarya stenoptera* C. DC.

胡桃科 Juglandaceae

枫杨属 *Pterocarya* Kunth

种质类型：乡土栽培种。

形态特征：乔木；树皮浅灰色深纵裂；小枝灰色至暗褐色，具灰黄色皮孔。叶为偶数或稀奇数羽状复叶，被短毛；小叶对生或稀近对生，长椭圆形至长椭圆状披针形，顶端常钝圆或稀急尖，边缘有向内弯的细锯齿。雄性葇荑花序单独生于二年生枝条上叶痕腋内。雌性葇荑花序顶生，花序轴密被星芒状毛及单毛，具2枚不孕性苞片。果实长椭圆形，基部有宿存星芒状毛；果翅狭，条形或阔条形。

生态习性：喜光树种，不耐阴。耐湿性强，但不耐长期积水和水位太高之地。喜深厚、肥沃、湿润的土壤，深根性树种，主根明显，侧根发达。萌芽力很强，生长很快。对有害气体二氧化硫及氯气的抗性弱。

栽培地点：在精河县公园、温泉县税务局绿地等地有栽培。

种质编号：BLZ-JH-01-B-0406、BLZ-JH-01-B-257、BLZ-WQ-B-0228。种质资源材料3份。

繁殖方式：种子繁殖。

应用前景：广泛栽植作庭院树或行道树。树皮和枝皮含鞣质，可提取栲胶，亦可作纤维原料；果实可作饲料和酿酒，种子还可榨油。

胡桃楸 *Juglans mandshurica* Maxim.

胡桃科 Juglandaceae

胡桃属 *Juglans* Linn.

种质类型：乡土栽培种。

形态特征：乔木；树冠扁圆形；树皮灰色浅纵裂。奇数羽状复叶，小叶基部膨大，椭圆形至长椭圆形或卵状椭圆形至长椭圆状披针形，边缘具细锯齿。苞片顶端钝，小苞片2枚，花被片1枚与苞片重叠、2枚位于花的基部两侧。雌花被有绒毛，下端被腺质柔毛，花被片披针形或线状披针形。果实球状、卵状或椭圆状，顶端尖，果核具8条纵棱，顶端具尖头。

生态习性：阳性，耐寒性强，耐旱，深根性，抗风力强。

栽培地点：在博乐市金源苗圃有栽培。

种质编号：BLZ-BLS-01-B-8。种质资源材料1份。

繁殖方式：种子繁殖，未见引种栽培。

应用前景：种子油供食用，种仁可食；木材反张力小，不挠不裂，可作枪托、车轮、建筑等重要材料。树皮、叶及外果皮含鞣质，可提取栲胶；树皮纤维可作造纸等原料；枝、叶、皮可作农药。

夏橡 *Quercus robur* Linn.

壳斗科 Fagaceae

栎属 *Quercus* Linn.

种质类型：乡土栽培种。

形态特征：落叶乔木，树高可达40m。幼枝被毛，不久即脱落；小枝赭色，被灰色长圆形皮孔。叶片长倒卵形至椭圆形，顶端圆钝，基部为不甚平整的耳形，叶缘有4~7对深浅不等的圆钝锯齿，叶面淡绿色，叶背粉绿色，侧脉每边6~9条；叶柄长3~5mm。果序纤细，着生果实2~4个。壳斗钟形，包着坚果基部约1/5；小苞片三角形，排列紧密，被灰色细绒毛。坚果当年成熟，卵形或椭圆形；果脐内陷。

生态习性：抗寒性强，能耐-40℃低温，但幼树嫩枝抵抗晚霜性能差。耐高温且抗大气干旱。较耐盐碱，适应性广泛，对土壤要求不严，抗风力强。

栽培地点：在博乐市银监局、精河县苗圃有栽培。

种质编号：BLZ-BLS-01-B-129、BLZ-JH-005-T-0440。种质资源材料2份。

繁殖方式：多用种子繁殖。其幼龄期生长慢，为培育大规格苗木，满足社会的需求，在苗圃管理期间，要加强常规田间抚育管理。当年的播种苗，垂直根深达40~60cm，远远大于地上部分；为了促其茎叶生长发育，提高幼苗质量，可以采取断根措施；当苗龄有3~4a时，苗高在1m左右，在休眠期内换床栽植。

应用前景：庭荫树、观赏树种。夏橡树姿挺拔，冠层均匀，在博州适生性表现较好，只是抗大气干旱能力稍弱，宜于在公园、庭院、居住区绿化中使用，选择性地在行道树、防护林中使用。木材坚硬、沉重，可供建筑、桥梁、车辆工业用，亦可做家具等。

蒙古栎 *Quercus mongolica* Fisch. ex Ledeb. var. *mongolica*

壳斗科 Fagaceae

栎属 *Quercus* Linn.

种质类型：乡土栽培种。

形态特征：落叶乔木，高达30m，树皮灰褐色纵裂。叶片倒卵形至长倒卵形，顶端短钝尖或短突尖，基部窄圆形或耳形，叶缘7~10对钝齿或粗齿。雄花序生于新枝下部；花被6~8裂；雌花序生于新枝上端叶腋，有花4或5朵，只1或2朵发育，花被6裂。壳斗杯形，包着坚果，壳斗外壁小苞片三角状卵形，呈半球形瘤状突起，密被灰白色短绒毛，伸出口部边缘呈流苏状。坚果卵形至长卵形，果脐微突起。

生态习性：喜温暖湿润气候，也能耐一定寒冷和干旱。对土壤要求不严，酸性、中性或石灰岩的碱性土壤上都能生长，耐瘠薄，不耐水湿。根系发达，有很强的萌蘖性。

栽培地点：在博乐市城区建国路有栽培。

种质编号：BLZ-BLS-01-B-14。种质资源材料1份。

繁殖方式：种子繁殖。种子催芽后采用垄播，播种量为150g/m²。当年生苗高20~30cm。三年生苗可出圃栽培。博乐市少量引种栽培。

应用前景：庭荫树、观赏树种。木材材质坚硬，耐腐力强，可供车船、建筑、坑木等用材，压缩木可供做机械零件。叶含蛋白质12.4%，可饲柞蚕；种子含淀粉47.4%，可酿酒或作饲料；树皮入药有收敛止泻及治痢疾之效。

垂柳 *Salix babylonica* Linn.

杨柳科 Salicaceae

柳属 *Salix* Linn.

种质类型：乡土栽培种。

形态特征：乔木，高达12~18m，树冠开展而疏散。树皮灰黑色，不规则开裂；枝细，下垂，淡褐黄色。叶狭披针形或线状披针形，长9~16cm，宽0.5~1.5cm，先端长渐尖；托叶仅生在萌发枝上，斜披针形或卵圆形，边缘有齿牙。花序先叶开放，或与叶同时开放；雄花序花药红黄色，雌花序基部有3或4枚小叶，子房椭圆形。蒴果。花期3—4月，果期4—5月。

生态习性：喜光，喜温暖湿润气候及潮湿深厚之酸性及中性土壤。较耐寒，特耐水湿，但亦能生于土层深厚之高燥地区。萌芽力强，根系发达，生长迅速，对有毒气体有一定的抗性，并能吸收二氧化硫。

栽培地点：在精河县城区和温泉县城区有栽培。

种质编号：BLZ-JH-01-B-0390、BLZ-WQ-01-B-0219。种质资源材料2份。

繁殖方式：种子繁殖或扦插育苗栽培。

应用前景：垂柳是中国园林绿化树种中重要的乡土树种。其枝条纤细，袅袅下垂，虽无香艳，但微风摇荡、丝丝飘拂、景色殊佳，自古以来在园林绿化中发挥着重要的作用，适于河旁、池畔、堤岸、庭院等多处种植。此外，垂柳枝条可供编织，木材可供制作家具，柳炭宜作画，嫩叶可养蚕、入药，作解热剂、治肝炎等。

旱柳 *Salix matsudana* Koidz

杨柳科 Salicaceae

柳属 *Salix* Linn.

种质类型：乡土栽培种。

形态特征：乔木，高达18m。大枝斜上，树冠广圆形；树皮暗灰黑色，有裂沟；枝细长，直立或斜展，浅褐黄色或带绿色。叶披针形，先端长渐尖，基部窄圆形或楔形，有光泽，有细腺锯齿缘。花序与叶同时开放；雄花序圆柱形，花药黄色；苞片卵形，黄绿色；雌花序有3~5小叶生于短花序梗上，子房长椭圆形。果序长达2(2.5)cm。花期4月，果期4—5月。

生态习性：速生树种，较耐寒，在年平均温度2℃、绝对最低温度-39℃无冻害。耐旱，耐水湿，喜光不耐阴。

栽培地点：在博乐市三台林场的沃依曼吐别克有栽培。

种质编号：BLZ-JH-11-B-0301。种质资源材料1份。

繁殖方式：种子繁殖或扦插育苗栽培。

应用前景：旱柳生长快，树形丰满优美，可作速生用材、行道树、护岸林和庭院树种。其在博州适生性表现较好，由于抗寒性稍弱，在行道树和防护林中应用受到限制。

龙爪柳（变型） *Salix matsudana* var. *matsudana* f. *tortuosa* (Vilm.) Rehd.

杨柳科 Salicaceae

柳属 *Salix* Linn.

种质类型：乡土栽培种。

形态特征：与原变型主要区别为枝卷曲。

生态习性：速生树种，喜光，耐寒，湿地、旱地皆能生长，但以湿润且排水良好的土壤上生长最好；根系发达，抗风能力强，生长快，易繁殖。

栽培地点：在温泉县税务局有栽培。

种质编号：BLZ-WQ-01-B-0225。种质资源材料1份。

繁殖方式：种子繁殖或扦插育苗栽培。

应用前景：树形丰满优美，可作护岸林和庭院树种。

馒头柳 *Salix matsudana* var. *matsudana* f. *umbraculifera* Rehd

杨柳科 Salicaceae

柳属 *Salix* Linn.

种质类型：乡土栽培种。

形态特征：树冠半圆形，如同馒头状。

生态习性：速生树种，喜光，耐寒，耐水湿，生长快，易繁殖。

栽培地点：在博乐市枫园游泳池附近有栽培。

种质编号：BLZ-BLS-01-B-0006。种质资源材料1份。

繁殖方式：种子繁殖或扦插育苗栽培。

应用前景：树形丰满优美，可作护岸林和庭院树种。

金丝垂柳 *Salix* X *aureo-pendula*

杨柳科 Salicaceae

柳属 *Salix* Linn.

种质类型：乡土栽培种。

形态特征：落叶乔木，高可达10m以上，树冠长卵圆形或卵圆形，枝条细长下垂。小枝黄色或金黄色。叶狭长披针形，长9~14cm，缘有细锯齿。生长季节枝条为黄绿色，落叶后至早春则为黄色。

生态习性：速生树种，喜光，耐寒，耐水湿，生长快，易繁殖。

栽培地点：在博乐市城区有栽培。

种质编号：BLZ-BLS-01-B-0005。种质资源材料1份。

繁殖方式：种子繁殖或扦插育苗栽培。

应用前景：树形丰满优美，可作护岸林和庭院树种。

垂枝榆 *Ulmus pumila* Linn. var. *pendula* Rehd.

榆科 Ulmaceae

榆属 *Ulmus* Linn.

种质类型：乡土栽培种。

形态特征：树干上部的主干不明显，分枝较多，树冠伞形；树皮灰白色，较光滑；一至三年生枝下垂而不卷曲或扭曲。

生态习性：速生树种，喜光，耐寒，耐水湿，生长快，易繁殖。

栽培地点：在博乐市银监局，精河县生态园，温泉县安格里乡政府和哈夏林场等地有栽培。

种质编号：BLZ-BLS-01-B-0133、BLZ-JH-005-T-0457、BLZ-WQ-005-T-0247、BLZ-WQ-01-B-0195。种质资源材料4份。

繁殖方式：嫁接繁殖。

应用前景：垂枝榆干形通直，枝条下垂细长柔软，树冠呈圆形蓬松，形态优美，适合作庭院观赏及公路、道路行道树绿化，是园林绿化栽植的优良观赏树种。

圆冠榆 *Ulmus densa* Litw.

榆科 Ulmaceae

榆属 *Ulmus* Linn.

种质类型：乡土栽培种。

形态特征：落叶乔木，枝条直伸至斜展，树冠密，近圆形。叶卵形，先端渐尖，基部多少偏斜，边缘具钝的重锯齿或兼有单锯齿。花在二年生枝上排成簇状聚伞花序。翅果长圆状倒卵形、长圆形或长圆状椭圆形，除顶端缺口柱头面被毛外，余处无毛，果核部分位于翅果中上部，上端接近缺口。花果期4—5月。

生态习性：喜光、耐寒、抗高温，适合盐碱土壤生长，在土层深厚、湿润、疏松沙质土壤中生长迅速。

栽培地点：在博乐市城区，精河县大十字广场，温泉县安格里乡政府和哈夏林场等地有栽培。

种质编号：BLZ-BLS-01-B-0139、BLZ-JH-01-B－0410、BLZ-WQ-005-T-0245、BLZ-WQ-01-B-0194。种质资源材料4份。

繁殖方式：嫁接繁殖。

应用前景：圆冠榆枝条上长，侧枝丛生，树冠圆满，自然呈球体，树形优美，生命力强，为北方常见绿色景观树种。

裂叶榆 *Ulmus laciniata*（Trautv.）Mayr.

榆科 Ulmaceae

榆属 *Ulmus* Linn.

种质类型：乡土栽培种。

形态特征：落叶乔木，高达27m；树皮淡灰褐色或灰色，浅纵裂；二年生枝淡褐灰色、淡灰褐色或淡红褐色。叶倒卵形、倒卵状长圆形，先端通常3~7裂，基部明显偏斜，边缘具较深的重锯齿，叶面密生硬毛，粗糙。花在二年生枝上排成簇状聚伞花序。翅果椭圆形或长圆状椭圆形，果核部分位于翅果的中部或稍向下。花果期4—5月。

生态习性：适应性强，耐盐碱，耐寒，喜光，稍耐阴，较耐干旱瘠薄。在土壤深厚、肥沃、排水良好的地方生长良好。

栽培地点：在博乐市中开酒店附近，精河县生态园，温泉县税务局院子等地有栽培。

种质编号：BLZ-BLS-01-B-0135、BLZ-JH-005-T-0467、BLZ-WQ-01-B-0234。种质资源材料3份。

繁殖方式：种子或嫁接繁殖。及时采种，随采随播，以提高发芽率。5月下旬至6月初采种，采种后可进行催芽处理。种子经催芽处理后7~10d，见有少量种子咧嘴露白即播种。种子发芽后，幼苗长到10cm左右时进行定苗。

应用前景：可用于城市绿化，防护林建设，作行道树、风景林。其树姿、叶形优美，枝条开展，冠层均匀，在行道树和庭园绿地中应用较多。由于其抗盐碱能力较弱，应用时要注意。

欧洲大叶榆 *Ulmus laevis* Pall.

榆科 Ulmaceae

榆属 *Ulmus* Linn.

种质类型：乡土栽培种。

形态特征：落叶乔木，在原产地高达30m；树皮淡褐灰色，不规则纵裂。叶倒卵状宽椭圆形或椭圆形，先端凸尖，基部明显偏斜，边缘具重锯齿。花常自花芽抽出，稀由混合芽抽出，20~30花排成密集的短聚伞花序。翅果卵形或卵状椭圆形，边缘具睫毛，两面无毛，顶端缺口常微封闭，果核部分位于翅果近中部，上端微接近缺口。花果期4—5月。

生态习性：喜光树种，适应性强，耐寒也抗高温，根深，生长迅速，对土壤要求不严，为深根性树种，寿命长。抗病虫害能力强。

栽培地点：在博乐市中亚宾馆等地有栽培。

种质编号：BLZ-BLS-009-T-0278。种质资源材料1份。

繁殖方式：种子或嫁接繁殖。

应用前景：可用于城市绿化观赏。在博州引种栽培表现较好，但抗大气干旱能力稍弱，可有选择地应用。

春榆 *Ulmus propinqua* Koidz

榆科 Ulmaceae

榆属 *Ulmus* Linn.

种质类型：乡土栽培种。

形态特征：落叶乔木，高达26m；树皮灰白色或灰褐色，纵裂；当年生枝无毛。叶椭圆形、长圆状椭圆形或卵形，先端渐窄长尖，尖头边缘有明显的锯齿，基部多少偏斜，边缘具重锯齿。花自花芽抽出，在二年生枝上排成簇状聚伞花序，稀出自混合芽而密集于当年生枝基部。翅果宽倒卵形、倒卵状圆形、近圆形或长圆状圆形，果核部分位于翅果的中部或稍偏下。花果期3—5月。

生态习性：喜光树种，适应性强，耐寒也抗高温，根深，生长迅速，对土壤要求不严，为深根性树种，寿命长。抗病虫害能力强。

栽培地点：在博乐市城区等地有栽培。

种质编号：BLZ-BLS-009-T-0378。种质资源材料1份。

繁殖方式：喜光，耐寒，耐干旱瘠薄，稍耐盐碱，根系发达，寿命长。种子繁殖。

应用前景：常用绿化树种，可作行道树、庭荫树。在博乐市生长表现较好，观赏性状和应用同裂叶榆。

中华金叶榆 *Ulmus pumila* cv. *jinye*

种质类型：乡土栽培种。落叶乔木，系白榆变种。叶片金黄色，叶卵圆形，叶缘具锯齿，叶尖渐尖，比普通白榆叶片稍短，有自然光泽，色泽艳丽；叶脉清晰，质感好。金叶榆的枝条萌生力很强，枝条比普通白榆更密集，树冠更丰满，造型更丰富。

生态习性：喜光树种，对寒冷、干旱气候具有极强的适应性，同时有很强的抗盐碱性，可广泛应用。

栽培地点：在博乐市南城街等地有栽培。

种质编号：BLZ-BLS-009-T-0297。种质资源材料1份。

繁殖方式：对寒冷、干旱气候具有极强的适应性，同时有很强的抗盐碱性。嫁接或扦插繁殖。

应用前景：可培育为黄色叶乔木，作为园林风景树，又可培育成黄色灌木和球形、柱形等，广泛应用于绿篱、色带、拼图。中华金叶榆根系发达，耐贫瘠，水土保持能力强，除用于城市绿化外，还可应用于山体景观生态绿化中，营造景观生态林和水土保持林。

香茶藨 *Ribes odoratum* Wendl.

虎耳草科（Saxifragaceae）

茶藨子属（*Ribes* Linn.）

种质类型：乡土栽培种。

形态特征：落叶灌木，高1~2m；小枝圆柱形，灰褐色，皮稍条状纵裂或不剥裂，嫩枝灰褐色或灰棕色，具短柔毛。叶圆状肾形至倒卵圆形，掌状3~5深裂。花两性，芳香；总状花序常下垂，具花5~10朵；花萼黄色，花瓣近匙形，浅红色。果实球形或宽椭圆形，长8~10mm，宽几与长相似，熟时黑色，无毛。花期5月，果期7—8月。

生态习性：喜光，较耐阴，应栽植于光照处。在散光处也可正常生长，但在大树下及建筑物背阴处生长不良。园林常见于草坪、林缘、坡地、角隅、岩石旁。耐寒力强，怕湿热，喜湿润土壤，有一定耐旱能力，不耐积水。喜肥，较耐瘠薄，对土壤要求不严，在排水良好的肥沃沙质壤土中生长最好。

栽培地点：在精河县大十字广场等地有栽培。

种质编号：BLZ-JH-01-B-0420。种质资源材料1份。

繁殖方式：种子或扦插繁殖。主要采用扦插育苗繁育。扦插可分为采用硬枝扦插和嫩枝扦插2种方式。插穗选择从生长健壮、无病虫害、长势好的母树上剪取。在6月中旬花期过后，剪15~20cm长一年生半木质化、带有顶芽的嫩枝条，剪去树冠上部当年生的枝条，并将大部分枝上叶子剪去，只留枝端3~5片小叶，再将叶片剪取1/3。扦插生根后定植。

应用前景：花色鲜艳，花时一片金黄，香气四溢，是良好的园林观赏花木品种。香茶藨子喜光，耐阴、耐寒力强，有一定耐旱性，是良好的园林观赏花木品种。宜丛植于草坪、林缘、坡地、角隅、岩石旁，也可作花篱栽植。

光叶绣线菊 粉花绣线菊 日本绣线菊 *Spiraea japonica* Linn.

蔷薇科 Rosaceae

绣线菊属 *Spiraea* Linn.

种质类型：乡土栽培种。

形态特征：直立灌木，高达1.5m；枝条细长，开展，小枝近圆柱形。叶片卵形至卵状椭圆形，基部楔形，边缘有缺刻状重锯齿或单锯齿。复伞房花序生于当年生的直立新枝顶端，花朵密集，花瓣卵形至圆形，粉红色；雄蕊25~30枚，远较花瓣长。蓇葖果半开张，无毛或沿腹缝有稀疏柔毛。花期6—7月，果期8—9月。

生态习性：喜光，阳光充足则开花量大，耐半阴；耐寒性强，能耐-10℃低温，喜四季分明的温带气候，耐瘠薄，不耐湿，在湿润、肥沃、富含有机质的土壤中生长茂盛；生长季节需水分较多，但不耐积水，也有一定的耐干旱能力。

栽培地点：在博乐市南城街附近有栽培。

种质编号：BLZ-BLS-012-T-0299。种质资源材料1份。

繁殖方式：种子或扦插繁殖。从6月中旬到9月中旬均可进行绿枝（新梢）扦插，从三年生以上植株上剪取半木质化（开花后）新梢，插后喷透水，最后盖上塑料薄膜并保证床内的温、湿度。绣线菊幼苗移植在生长季均可进行，但春季是移栽的最佳时期，一般可在4月上旬叶芽萌动时进行移栽，扦插苗在扦插的第二年早春移栽。幼苗须在插床内越冬，结冻前浇透水，用塑料薄膜覆盖。移植时对根系进行修剪，以防须根太多窝根；地上部分适当修剪，减少养分消耗利于缓苗。移植扦插苗浇足底水，加强肥水管理。

应用前景：叶色金黄夺目且花期长，在园林实践中，可运用片植、带植、孤植、丛植等手段，应用于花坛、花镜、草坪、园路、庭院、公园、广场、街道等园林绿地，是栽植彩篱、花篱、模纹、图案的首选优良树种。春秋艳丽的彩色叶与夏季绚烂的花期紧密相接，相得益彰；由于其小巧玲珑、株形整齐、花期一致、色叶期长，片植可形成优良的彩色地被，非常壮观，所以它既可作观花、观叶地被，或群植作色块，又可作花镜和花坛植物。

黄刺玫 *Rosa xanthina* Lindl.

蔷薇科 Rosaceae

蔷薇属 *Rosa* Linn.

种质类型：乡土栽培种。

形态特征：灌木，高1~1.5m。小枝密集，紫褐色，无毛，具散生皮刺，刺直，基部宽扁。小叶9~15片，先端钝圆，基部圆形，边缘有钝锯齿。花单生叶腋，花直径约4cm，花瓣黄色，重瓣，倒卵形，先端微凹。果近球形，果直径约1 cm，紫褐色；萼片反折。花期4—5月，果期7—8月。

生态习性：喜光，稍耐阴，耐寒力强。对土壤要求不严，耐干旱和瘠薄，在盐碱土中也能生长，以疏松、肥沃土地为佳。不耐水涝。为落叶灌木，少病虫害。

栽培地点：在博乐市金源苗圃、博州党校等地有栽培。

种质编号：BLZ-BLS-01-B-0007、BLZ-BLS-01-B-0037。种质资源材料2份。

繁殖方式：繁殖方式可以分为播种、扦插、分株、压条以及嫁接等。利用扦插繁殖的方法进行黄刺玫繁殖主要集中在6月中下旬至7月中、下旬，剪取黄刺玫植株上的当年生木质化枝条，并将其作为插穗，并保持黄刺玫插穗上部有2或3枚叶片。分株繁殖中，需要在3月下旬也就是在芽萌动前进行，每份黄刺玫植株应该带有1~2根枝条与部分根系，重新将植株栽植。压条繁殖利用当年生的黄刺玫嫩枝压入松软的土壤中，此种繁殖方法不仅很容易就能生根，而且在黄刺玫种植后的第2年春季，可以将黄刺玫压条与母株进行分离移栽。

应用前景：叶片秀丽，花色鲜艳，春季观花，秋季观果，是花、果、叶俱佳的园林树种，适合种植于庭院、草坪、路旁绿化带、河岸等处，单植、丛植或绿篱都有良好的观赏效果。优良蜜源植物。

多花蔷薇 *Rosa multiflora* Thumb.

蔷薇科 Rosaceae

蔷薇属 *Rosa* Linn.

种质类型：乡土栽培种。

形态特征：灌木，枝上伸或蔓生，具短粗微弯曲的皮刺。小叶5~9片，倒卵形、长圆形或卵形，边缘有尖锐单锯齿，托叶披针形，边缘羽状裂。圆锥花序，花直径2~3cm；花瓣白色，宽倒卵形，先端微凹，基部楔形。果近球形或卵形，红褐色，有光泽。花期6—7月。

生态习性：喜光、耐旱、耐寒，也耐水湿。性强健、半阴、对土壤要求不严，在黏重土中也可正常生长。耐瘠薄，忌低洼积水。以肥沃、疏松的微酸性土壤最好。

栽培地点：在精河县生态园等地有栽培。

种质编号：BLZ-JH-01-B-0007。种质资源材料1份。

繁殖方式：种子或扦插繁殖。

应用前景：初夏开花，花繁叶茂，芳香清幽。花形千姿百态，花色五彩缤纷，且适应性极强，栽培范围较广，易繁殖，是较好的园林绿化材料。可植于溪畔、路旁及园边、地角等处，或用于花柱、花架、花门、篱垣与栅栏绿化、墙面绿化、山石绿化、阳台、窗台绿化、立交桥绿化等，往往密集丛生，满枝灿烂，极具观赏价值。

玫瑰 *Rosa rugosa* Thunb.

蔷薇科 Rosaceae

蔷薇属 *Rosa* Linn.

种质类型：乡土栽培种。

形态特征：灌木，高可达2m。小枝粗壮，密被绒毛并密生皮刺和刺毛。小叶5~9片，小叶片有椭圆形或椭圆状倒卵形，先端钝或尖，基部圆形或宽楔形，边缘有锯齿。花单生叶腋，或3~6朵簇生；花瓣倒卵形，重瓣，紫红色或白色。果实扁球形，直径2~2.5cm，砖红色，平滑，萼片宿存。花期5—6月。

生态习性：喜阳光充足，耐寒、耐旱，喜排水良好、疏松肥沃的壤土或轻壤土，在黏壤土中生长不良，开花不佳。对空气湿度要求不严，气温低、湿度大时易发生锈病和白粉病；开花季节要求空气有一定的湿度。玫瑰对土壤的酸碱度要求不严，微酸性土壤至微碱性土壤均能正常生长。浅根性，根颈部及水平根易生萌蘖。生长速度快。

栽培地点：在精河县生态园等地有栽培。

种质编号：BLZ-JH-005-0449。种质资源材料1份。

繁殖方式：种子或扦插繁殖。喜通风良好环境，荫蔽与通风不良处生长不良。适宜栽培在排水良好、肥沃疏松的沙质壤土上。

应用前景：庭院观赏、丛植、花篱。在克拉玛依表现较好，在采取防冻措施的情况下，宜用于花篱、花坛、花镜或作庭院观赏。鲜花可提取芳香油，又可制玫瑰酒、玫瑰糖；花蕾可入药，果皮含丰富的维生素C。花色艳丽，又富观赏价值。

白玉堂 *Rosa multiflora* Thunb. var. *albo-plena* Yü et Ku

蔷薇科 Rosaceae

蔷薇属 *Rosa* Linn.

种质类型：乡土栽培种。

形态特征：小灌木。小枝粗壮，具散生、稀疏的钩状皮刺，有时无刺。小叶3~5片，稀7片，宽卵形或卵状矩圆形，先端渐尖，基部宽楔形或近圆形，边缘有锐锯齿；花单生或数朵聚生。花重瓣，红色、粉红色、白色或黄色，宽倒卵形，基部宽楔形。果实卵球形或梨形，红色。花期4—9月，果期6—11月。

生态习性：性喜温暖、日照充足、空气流通的环境。对气候、土壤要求虽不严格，但以疏松、肥沃、富含有机质、微酸性、排水良好的壤土较为适宜。

栽培地点：在精河县公园等地有栽培。

种质编号：BLZ-JH-01-B-0405。种质资源材料1份。

繁殖方式：种子或扦插、压条繁殖。种子可供育苗，但因种子培育较难成活，一般不建议使用种子进行培育。生产上多用当年嫩枝扦插育苗，容易成活。

应用前景：园林观赏树种。久经栽培，优良品种甚多，观赏价值极高，为著名的观赏植物之一。根、花还可入药。

香水月季 *Rosa odorata* (Andr.) Sweet

蔷薇科 Rosaceae

蔷薇属 *Rosa* Linn.

种质类型：乡土栽培种。

形态特征：常绿或半常绿灌木。茎蔓生，粗壮，无毛，具钩状刺。小叶5~9片，椭圆形、卵形或长圆形，边缘有紧贴的锐锯齿，两面无毛，革质。花单生或2~3朵，直径5~8cm；花瓣芳香，白色或粉红色、橘黄色。果球形或扁球形，红色。花期6—9月。

生态习性：性喜温暖、日照充足、空气流通的环境。生长适温白天为22℃~25℃。夏季忌阳光直射，强烈阳光对花蕾发育及开花均不利。对气候、土壤要求虽不严格，但以疏松、肥沃、富含有机质、微酸性、排水良好壤土较为适宜。

栽培地点：在精河县公园等地有栽培。

种质编号：BLZ-JH-005-0500。种质资源材料1份。

繁殖方式：种子或扦插繁殖。

应用前景：久经栽培，优良品种甚多，观赏价值极高，为著名的观赏植物之一。根、花还可入药。

灌木樱桃 *Cerasus fruticosa* (Pall.) G. Woron.（草原樱桃）

蔷薇科 Rosaceae

樱属 *Cerasus* Mill.

种质类型：乡土栽培种。

形态特征：灌木，高可达1m。小枝紫褐色，嫩枝绿色，无毛。叶片倒卵状长圆形，先端急尖或短渐尖，基部楔形，叶缘有圆钝锯齿，两面无毛。伞形花序，有花3~4朵；花叶同放；花序基部有数枝小叶；花梗长2~4cm，花瓣白色，长圆状倒卵形。核果球形，直径1~1.5cm，红色或暗红色，味酸。花期4—5月，果期7月。

生态习性：喜光、喜温、喜湿、喜肥，适宜在土层深厚、土质疏松、透气性好、保水力较强的沙壤土或砾质壤土上栽培。在土质黏重的土壤中栽培时，根系分布浅，不抗旱，不耐涝也不抗风。

栽培地点：在温泉县城农家小院有栽培。

种质编号：BLZ-WQ-008-T-0248。种质资源材料1份。

繁殖方式：种子或扦插繁殖。樱桃核果坚硬，结构致密，透水性差，需经催芽处理，否则当年难出苗，或出苗不整齐。用于秋播的种子不需催芽处理，而春播的种子必须进行沙藏(或雪藏)处理。秋季播种一般在10月中旬到下旬，土壤封冻前为宜。春季播种一般在4月下旬。将经过沙藏或雪藏的种子待40%~50%咧嘴时，取出开沟条播，覆土。苗木出齐后及时松土除草。插穗选取生长健壮、无病虫害的一年生萌条或顶端一年生枝条，将插穗下切口剪成斜口，上切口剪成平口，扦插基质为干净的河沙；采用直插法，浇透水，使插穗与基质充分接触，覆上拱棚。木本植物硬枝扦插能否生根，除插条本身的生根潜能外，提供插条生根的环境条件也是至关重要的。

应用前景：主要是作为园林观赏花木用。在园林中的应用空间很广，可与早春开花的灌木配植进行园林绿化，也适宜以常绿树为背景配置应用，更能够突出色彩的强烈对比，也较适宜在公园、公路旁的草坪上孤植、丛植，也可以和小乔木配合，构成小灌木形成的林地和草地完美结合的景观，是很有发展潜力的优质的食、药用和观花、观果植物。

紫叶矮樱 *Cerasus nakaii* (Levl.) Bar. et Liou

蔷薇科(Rosaceae)

樱属(*Cerasus* Mill.)

种质类型：乡土栽培种。

形态特征：灌木，高0.5~1m；树皮灰褐色。枝纤细，灰褐色。叶卵形或椭圆状卵形，先端有长尾尖，基部圆形，叶缘有不规则的重锯齿，上面无毛，背面沿脉有绒毛。花3~6朵，簇生，与叶同放；花瓣白色或粉红色，倒卵状椭圆形。核果近球形，红色，光滑，果径约1cm。花期5月，果期6—7月。

生态习性：喜光树种，喜湿润环境，忌涝，但也耐寒、耐阴。在光照不足处种植时，其叶色会泛绿，因此应将其种植于光照充足处。对土壤要求不严，但在肥沃深厚、排水良好的中性、微酸性沙壤土中生长最好，轻黏土亦可。

栽培地点：在精河县生态园等地有栽培。

种质编号：BLZ-JH-01-T-0458。种质资源材料1份。

繁殖与管理：种子或扦插繁殖。从当年健壮母枝上剪取枝条，放在阴凉潮湿处或用湿润材料包好，以免失水；然后将其截成10~12cm的插条，每个插条保留4~6个芽节。紫叶矮樱宜在11月下旬至12月上旬扦插，即在叶片完全凋落20d后进行。在扦插后100~120d当种苗的根系达到10~15cm时，即可移栽定植。

应用前景：紫叶矮樱因其枝条萌发力强、叶色亮丽，加之从出芽到落叶均为紫红色，因此既可作为城市彩篱或色块整体栽植，也可单独栽植，是绿化美化的优良树种。

红肉苹果 *Malus niedzwetzkyana* Dieck.

蔷薇科 Rosaceae

苹果属 *Malus* Mill.

种质类型：乡土栽培种。

形态特征：小乔木，高5—8m。树冠开阔，树皮红褐色。嫩枝带红棕色，被细绒毛。叶片椭圆形或倒卵圆形，基部圆形或宽楔形，叶缘有锯齿，叶脉及叶柄带红色。伞房花序，花直径3~5cm；花瓣倒卵圆形，鲜紫红色。果实球形，直径3~5cm，果肉粉紫色。种子卵形，鲜粉紫色。花期4—5月，果期8月。

生态习性：喜光、不耐阴，耐贫瘠土壤和粗放管理，抗旱、抗寒力强。要求比较冷、凉和干燥气候，不耐湿热多雨天气，喜肥沃、深厚、排水良好的沙质壤土。

栽培地点：在精河县城区公园等地有栽培。

种质编号：BLZ-JH-01-B-0256。种质资源材料1份。

繁殖方式：种子或扦插繁殖。

应用前景：红肉苹果花、果鲜艳美丽，为优良的园林观赏树种。春季可观花、夏秋能赏叶、秋冬还有串串果实宿存，是目前北方常用景观植物中为数不多的拥有多种观赏效果的品种之一。由于此树种适应性强，特别适合公园景区、道路与广场、单位附属绿地、居住区绿地及容器、盆景栽植观赏。

山荆子 *Malus baccata* (Linn.) Borkh

蔷薇科 Rosaceae

苹果属 *Malus* Mill.

种质类型：乡土栽培种。

形态特征：小乔木，高6~12m。树冠开展，树皮灰褐色。小枝红褐色。叶片椭圆形或卵形，先端渐尖，基部楔形或圆形，边缘有细锯齿。花序伞形或伞房状；花梗细长；花直径3~3.5cm；花瓣倒卵形，白色。果实球形，直径8-10mm，红色或黄色，柄洼与萼洼微凹，萼片脱落，果梗细长、无毛。花期5月，果期8—9月。

生态习性：喜光，耐寒性极强，耐瘠薄，不耐盐碱，深根性，寿命长。

栽培地点：在精河县城区精河公园，博乐市金源苗圃，温泉县税务局等地有栽培。

种质编号：BLZ-BLS-01-B-0010、BLZ-JH-01-

B-0246、BLZ-JH-01-B-0381、BLZ-WQ-01-B-0229。种质资源材料4份。

繁殖方式：种子或扦插繁殖。

应用前景：树姿优雅娴美，花繁叶茂，白花、绿叶、红枝互相衬托，是优良的观赏树种。除具有观赏价值外，还有许多用途。幼苗可供苹果、花红和海棠果的嫁接砧木；是很好的蜜源植物；木材纹理通直、结构细致，可用于印刻雕版、细木工、工具把等；嫩叶可代茶，还可作家畜饲料；也可作培育耐寒苹果品种的原始材料。

樱桃苹果 *Malus cerasifera* Spach.

蔷薇科 Rosaceae

苹果属 *Malus* Mill.

种质类型：乡土栽培种。

形态特征：乔木。本种与海棠果相似，其区别在于该种花梗、花托、花萼多少被毛；果期萼片脱落或部分脱落；果实较小，直径1~2cm，黄色、粉红色或带红晕。花期5月，果期8月。

生态习性：喜光，喜暖热气候，耐干旱、盐碱、贫瘠，抗风性强，耐寒性极强，深根性，寿命长。

栽培地点：在精河县大河沿子镇库木苏齐克，温泉县财政局等地有栽培。

种质编号：BLZ-JH-02-T-0511、BLZ-WQ-01-B-0207。种质资源材料2份。

繁殖方式：种子或扦插繁殖。

应用前景：树姿优美，花粉色、繁多，果实红色，春天观花，秋季观果，是优良的观赏树种。

王族海棠 *Malus spetabilis* Royalty.

蔷薇科 Rosaceae

苹果属 *Malus* Mill.

种质类型：乡土栽培种。

形态特征：乔木，高6~7m，树形直立，树冠圆形，枝条暗紫红色，叶片椭圆形，锯齿钝。花蕾暗黑红色，开后逐渐转为暗红色至深紫红色；花瓣6~10片，排成两轮，花梗直立，花直径5cm，花萼筒紫黑色，光滑，萼齿细长，内被稀毛。果实球形，黑红色，直径1.5cm，表面被霜状蜡质。果萼宿存，是最具观赏价值的紫叶品种。花期4—5月，果期7—9月。

生态习性：喜光，喜肥、耐旱、耐贫瘠，而且抗寒、抗盐碱能力都比较强。

栽培地点：在博乐市金源苗圃、二水厂苗圃等地有栽培。

种质编号：BLZ-BLS-04-T-0285、BLZ-BLS-01-B-0011。种质资源材料2份。

繁殖方式：种子或扦插繁殖。

应用前景：王族海棠树姿优美，花、叶、果甚至枝干均为紫红色，呈深玫瑰红色，是罕见的彩叶海棠品种。集观叶、观花、观果于一体，特别是其花朵，色泽独特，高贵典雅。特别适宜中国北方园林绿地栽植应用，可作行道树，可植于庭院、草地、林缘，也可植于建筑物前。种植形式既可孤植、列植，也可片植、林植，景观效果好。可在绿化中用作花篱栽培树种。王族海棠的叶色紫红，故可密植组成色块，也可与金叶女贞、珍珠绣线菊、小叶黄杨、金叶风箱果等配植成模纹花坛。

北美海棠 *Malus micromalus* cv. "American"

蔷薇科 Rosaceae

苹果属 *Malus* Mill.

种质类型：乡土栽培种。

形态特征：落叶小乔木，株高一般在2.5~5m，树型由开展型到紧凑型。树干颜色为新干棕红色，老干灰棕色，有光泽。叶片长椭圆形或椭圆形，边缘有尖锐锯齿，叶色由绿色到红色、紫色或先红后绿。花序伞房状总状花序，多有香气，有花4~7朵，花瓣近圆形或长椭圆形，花色粉红色、紫红色、桃红色等。肉质梨果，果有绿色、紫红色、桃红色等，观果期长达2—5个月，果期8—9月。

生态习性：喜光，喜肥，耐旱、耐贫瘠，抗性、耐寒性强，忌渍水，抗盐碱能力比较强。

栽培地点：在博乐市二水厂苗圃等地有栽培。

种质编号：BLZ-BLS-04-T-0282。种质资源材料1份。

繁殖方式：种子或扦插繁殖。在干燥地带生长良好，管理容易。

应用前景：北美海棠叶色由绿色到红色、紫色或先红后绿，可谓色彩斑斓；花型由过去的野生种单瓣浅色变为深色、多色、重瓣，色彩绚丽，花量之大令人叹为观止。谢花后珍珠般的果实挂在枝头，有的可至雪降，极具观赏价值。适合在园林绿化中列植于道路两旁，亦可孤植、丛植于草坪上或点缀于岩石旁、湖水边。

红叶海棠

蔷薇科 Rosaceae

苹果属 *Malus* Mill.

种质类型：乡土栽培种。

形态特征：乔木，高3~7m，树形直立，树冠圆形，枝条暗紫红色，叶片椭圆形，锯齿钝。春、夏、秋三季其叶色始终以紫色为基调深浅变化，叶有金属光泽。花紫红、桃红色，花瓣6~10片，排成两轮，花梗直立，花直径5cm。果实球形，黑红色，直径1.5cm，表面被霜状蜡质。果萼宿存，是具观赏价值的紫叶品种。花期5月，果期8—9月。

生态习性：抗逆性好，适应性广。

栽培地点：精河县公园有栽培。

种质编号：BLZ-JH-01-B-0380。种质资源材料1份。

繁殖方式：种子或扦插繁殖。

应用前景：红叶海棠叶红艳美观，果色鲜艳，果实玲珑，观赏期长，观赏效果醒目，是优良的观叶、观花、观果树种。适用于各类园林绿化、旅游观光园区和盆栽制景。可在公园游步、道旁两侧列植或片植，在亭台周围、门庭两侧对植、片植或在丛林、草坪边缘及水边湖畔成片群植。

红宝石海棠 *Malus micromalus* cv. “Ruby”

蔷薇科 Rosaceae

苹果属 *Malus* Mill.

种质类型：乡土栽培种。

红宝石海棠

形态特征：小乔木，高3m，冠幅3.5m；树干及主枝直立，小枝纤细；树皮棕红色，呈块状剥落。叶长椭圆形，锯齿尖，先端渐尖，密被柔毛，新生叶鲜红色，叶面光滑细腻，润泽鲜亮，后由红变绿。花为伞形总状花序，花蕾粉红色，花瓣呈粉红色至玫瑰红色，多为5片以上，半重瓣或者重瓣，花瓣较小，初开皱缩，直径3cm。果实亮红色。花期4月中下旬，果熟期8月。

生态习性：适应性很强，比较耐瘠薄，在荒山薄地的沙壤土上生长良好；耐轻度盐碱，在pH8.5以下，能适应且生长旺盛；耐修剪，耐寒冷。

栽培地点：在博乐市二水厂苗圃等地有栽培。

种质编号：BLZ-BLS-04-T-0283。种质资源材料1份。

繁殖方式：种子或扦插繁殖。

应用前景：红宝石海棠是一个叶、花、果、枝与树形同观共赏的绿化、彩化名贵树种。具有"叶红、花红、果红、枝亦红"的特点，花、果、枝干、叶在生长期中均表现出红宝石颜色。春季红色的枝条发芽后，其嫩芽嫩叶血红色，花朵粉红色，坐果后鲜红的果实挂满全树；秋季成熟的果实紫红色，酸甜适口；冬季，鲜红的枝条令人耳目一新，是公园、庭院、街道绿化的优良树种。因其易修剪、好整形，常在庭院门旁或亭、廊两侧种植，也是草地和假山、湖石的配置材料，不仅长势好，且景观靓丽。

海棠果 *Malus prunifolia*（Willd.）Borkh

蔷薇科 Rosaceae

苹果属 *Malus* Mill.

种质类型：乡土栽培种。

形态特征：小乔木，高3~8m。老枝灰褐色。叶片卵形或椭圆形，先端渐尖，基部宽楔形或近圆形，边缘有细尖锯齿，幼叶两面有柔毛，成熟叶仅在下面沿脉有毛或脱落无毛。伞房花序，花梗长3~5cm，花瓣倒卵形，粉白色，在芽中为粉红色。果实球形或卵形，果径2~3cm，红色或黄色，萼片宿存，果梗细长，长于果实。花期4—5月，果期8—9月。

生态习性：耐干旱、盐碱、贫瘠，抗风性强。

栽培地点：在博乐市城区，精河县八家户农场、大河沿子，温泉县农家院等地有栽培。

种质编号：BLZ-BLS-04-T-0179、BLZ-JH-02-T-0407、BLZ-JH-02-T-0512、BLZ-WQ-01-T-0258。种质资源材料4份。

繁殖方式：种子或扦插繁殖。

应用前景：海棠抗寒耐旱，适应性强，是苹果的优质砧木。新疆各地普遍栽培，品种很多，如黄海棠、红海棠、甜海棠等，果可生食或加工成果晶。花枝繁茂，又是良好的庭院绿化树种。

紫叶李 *Prunus cerasifera* cv. *pissardii*

蔷薇科 Rosaceae

李属 *Prunus* Linn.

种质类型：乡土栽培种。

形态特征：灌木或小乔木。多分枝，枝条细长开展，暗灰色；小枝暗红色。叶片紫红色，椭圆形或卵形，边缘有圆钝锯齿。花1朵，稀2朵，花瓣白色，长圆形或匙形，边缘波状。核果近球形或椭圆形，黄色、红色或黑色，微被蜡粉，具有浅侧沟。花期4月，果期8月。

生态习性：喜阳光、温暖湿润气候，有一定的抗旱能力。对土壤适应性强，不耐干旱，较耐水湿，但在肥沃深厚、排水良好的中性、酸性土壤中生长良好，不耐碱。以沙砾土为好，黏质土亦能生长，根系较浅，萌生力较强。

栽培地点：在博乐市温泉路等地有栽培。

种质编号：BLZ-BLS-01-B-0018。种质资源材料1份。

繁殖方式：种子或扦插繁殖。插条选择树龄3~4a，生长健壮的树作为母树。在深秋落叶后从母树上剪取无病虫害的当年生枝条，也可结合整形修剪将剪下的粗壮、芽饱满，无病虫害及机械损伤的枝条作为插条。先将刚剪下的插条或贮藏在湿沙中的枝条，剪去细弱枝和失水干缩部分，然后自下而上，将长枝条剪成长有3~5个芽的插穗。插穗下端近芽处剪成光滑斜面，以增加形成层与土壤的接触面，有利于生根。插条充分吸足水，蘸生根剂以利生根。扦插后立即放水，使插穗与土壤密接。待地面稍干后用地膜覆盖保墒。4月下旬，选阴雨天或晴天的下午4点后进行移植。

应用前景：叶常年紫红色，为著名观叶树种，孤植、群植皆宜，能衬托背景。

西伯利亚杏 *Armeniaca sibirica*（Linn.）Lam.

蔷薇科 Rosaceae

杏属 *Armeniaca* Mill.

种质类型：乡土栽培种。

形态特征：灌木或小乔木，高2~6m。树皮暗灰色。枝条开展，灰褐色或淡红褐色。叶片卵形或近圆形，先端长渐尖，基部圆形或近心形，叶缘有细圆锯齿。花单生，先叶开放，花萼紫红色；花瓣近圆形或倒卵形，粉红色或白色。果实扁球形，径1~2cm，黄色，被短柔毛；果肉薄而干燥，开裂。花期5月，果期6—7月。

生态习性：适应性强，深根性，喜光，耐旱，抗寒、抗风、适应性强，较耐盐，寿命可达百年以上，为低山丘陵地带的主要栽培果树。

栽培地点：温泉县农家小院有栽培。

种质编号：BLZ-WQ-008-T-0250。种质资源材料1份。

繁殖方式：种子或扦插繁殖。

应用前景：开花期早，用途广泛，经济价值高，可绿化荒山、保持水土，也可作沙荒防护林的伴生树种。同时可入药，还是滋补佳品。经加工提炼后还是一种高级的油漆涂料、化妆品及优质香皂的重要原料，是北疆地区有发展前途的早春观赏树种之一。

杜梨 *Pyrus betulaefolia* Bge.

蔷薇科 Rosaceae

梨属 *Pyrus* Linn.

种质类型：乡土栽培种。

形态特征：乔木，高6~8m。树冠开展，枝具刺。当年生小枝密被灰白色绒毛。叶片菱状卵形或长圆状卵形，先端渐尖，基部宽楔形，边缘有粗锐锯齿。伞房花序，花10~15朵，直径1.5~2cm；花瓣宽卵形，先端圆钝，白色，花药紫色。果实近球形，直径5~10mm，褐色，有淡色斑点，萼片脱落。花期4月，果期8—9月。

生态习性：适生性强，喜光，耐寒，耐旱，耐涝，耐瘠薄，在中性土及盐碱土上均能正常生长。

栽培地点：精河县生态园有栽培。

种质编号：BLZ-JH-005-0452。种质资源材料1份。

繁殖方式：种子或扦插繁殖。秋季采种后堆放于室内，使其果肉自然发软。其间需经常翻搅，防止其腐烂，待果肉发软后，放在水中搓洗，将种子捞出，放在室内阴干。11月土壤上冻前进行混沙贮藏，湿沙与种子之比为3∶1，拌匀后放在室外背阴的贮藏池内；为防种子脱水，可再盖10cm左右的湿沙。来年春季解冻后，要每天一次及时翻搅，以防霉烂变质；种芽露白后，及时播种，20d左右即可发芽，定植5a左右可开花。

应用前景：本种抗干旱，耐寒冷，多作栽培梨的砧木，结果期早，寿命很长。又为庭院观赏树种。木材致密，可做各种器物。树皮含鞣质，可提制栲胶，亦可入药。

榆叶梅 *Amygdalus triloba* (Lindl.) Ricker.

蔷薇科 Rosaceae

桃属 *Amygdalus* Linn.

种质类型：乡土栽培种。

形态特征：灌木，高2~3m。叶片宽椭圆形或倒卵形，先端渐尖，常3浅裂，基部宽楔形，上面具疏毛或无毛，下面被短柔毛，边缘具粗重锯齿。花1朵或2朵，腋生，梗短，先于叶开放；花瓣近圆形或宽倒卵形。先端微凹或钝圆，粉红色。果实近球形，表面密被毛；果肉薄，成熟后开裂；核近球形，坚硬。花期4—5月，果期5-7月。

生态习性：温带树种，喜光，稍耐阴，耐寒，能在-35℃下越冬。对土壤要求不严，以中性至微碱性的肥沃土壤为佳。根系发达，耐旱力强。不耐涝。抗病力强。生于低至中海拔的坡地或沟旁乔、灌木林下或林缘。

栽培地点：博乐市银监局小区、精河县生态园等地有栽培。

种质编号：BLZ-BLS-01-B-0132、BLZ-JH-005-T-0202。种质资源材料2份。

繁殖方式：繁殖可以采取嫁接、播种、压条等方法，但以嫁接效果最好，只需培育两三年就可成株，开花结果。嫁接方法主要有切接和芽接两种，可选用山桃、榆叶梅实生苗和杏做砧木，砧木一般要培养2a以上，基径应在1.5cm左右。

应用前景：榆叶梅在博州表现良好，枝叶茂密，花繁色艳。初植时由于冠丛小，生发枝条能力中等，常用作小型花灌木，宜植于公园草地、路边，或庭院中的墙角、池畔等。如将榆叶梅植于常绿树前，或配植于山石处，则能产生良好的观赏效果。与连翘搭配种植，盛开时红黄相映更显春意盎然。也可盆栽或做切花。开花早，花茂盛、艳丽，观赏性强。

山桃 *Amygdalus davidiana* (Carr.) de Vos ex Henry

蔷薇科 Rosaceae

桃属 *Amygdalus* Linn.

种质类型：乡土栽培种。

形态特征：乔木，高可达10m。树冠开展，树皮暗紫色，有光泽。枝细长，灰褐色。叶片卵状披针形或椭圆状披针形，先端长渐尖，基部宽楔形或楔形，两面无毛，叶缘具细锐锯齿，叶柄常具腺。花单生，先叶开放，花瓣倒卵圆形，粉红色，先端钝圆或微凹。果实球形，直径约3cm，淡黄色，表面被毛，果肉干燥；不可食。花期3—4月，果期7—8月。

生态习性：喜阳光、耐寒、耐旱、耐盐碱贫瘠，对自然环境适应性很强。怕涝而萌蘖力强，对土壤要求不严，荒山荒地均可生长。耐修剪，寿命较短。在肥沃高燥的沙质壤土中生长最好，在低洼碱性土壤中生长不良，亦不喜土质过于黏重。山桃虽抗旱，但仍喜肥沃、湿润土壤。

栽培地点：博乐市中泉广场、小学，精河县生态园等地有栽培。

种质编号：BLZ-BLS-009-T-0186、BLZ-BLS-009-B-0033、BLZ-JH-01-B-0388。种质资源材料3份。

繁殖方式：种子或扦插繁殖。

应用前景：本种可作桃、杏、李等果树砧木，又可供观赏。北方园林中早春观花树种。适生性表现较好，由于其冠幅大、开花早，观冠赏花皆可，宜于公园、庭院或居住区等有建筑物屏蔽或局部有一定防冻措施的环境栽植，是观赏类的优良树种。

紫叶稠李 *Prunus wilsonii*/*Prunus virginiana*（加拿大红樱）

蔷薇科 Rosaceae

稠李属 *Padus* Mill.

种质类型：乡土栽培种。

形态特征：高大落叶乔木，树高可达20~30m；树干灰褐色或黑褐色，小枝光滑，单叶互生，叶椭圆形、倒卵形或长圆状倒卵形，先端突渐尖，基部宽楔形或圆形，缘具尖细锯齿，近叶片基部有2腺体。紫叶稠李初生叶为绿色，进入5月后随着温度升高，逐渐转为紫红绿色至紫红色，秋后变成红色，是变色树种。

生态习性：喜光，在半阴的生长环境下，叶子很少转为紫红色，栽种时可耐-40℃的低温环境，没有冻害。根系发达，耐干旱、紫叶稠李喜欢温暖、湿润的气候环境，在湿润、肥沃疏松且排水良好的沙质壤土上生长健壮。

栽培地点：博乐市温泉路行道，精河县生态园等地有栽培。

种质编号：BLZ-BLS-01-T-0017、BLZ-JH-605-T-0468。种质资源材料2份。

繁殖方式：种子或嫁接扦插繁殖。嫁接繁殖是目前繁殖紫叶稠李的最好方法。如采用稠李的种子进行播种，当年或第二年即可芽接或枝接，成活率可达90%以上。扦插繁殖也是繁殖稠李的好方法，可采用紫叶稠李的半成熟枝于6—7月进行扦插，枝条用促进根系生长的促根素进行处理后，生根率可达50%~60%。

应用前景：紫叶稠李枝叶紧密，其树冠呈伞形，作为行道树，遮阴效果好，观赏价值高，同时能阻滞尘埃，吸收氯气、二氧化硫等有害气体。

山楂 *Crataegus pinnatifida* Bge.

蔷薇科 Rosaceae

山楂属 *Crataegus* Linn.

种质类型：乡土栽培种。

形态特征：小乔木，高3~5m。树皮粗糙，暗灰色，有刺。当年生小枝紫褐色，多年生枝灰褐色。叶片宽卵形或三角状卵形，基部截形或宽楔形，常3~5深裂，裂片边缘有不规则的重锯齿。多花的伞房花序；花瓣倒卵形或近圆形，白色。果实球形或梨形，深红色，有灰白斑点。花期5—6月，果期9—10月。

生态习性：抗寒、抗风能力强，一般无冻害问题。

栽培地点：在博乐市有栽培。

种质编号：BLZ-BLS-04-T-0284。种质资源材料1份。

繁殖方式：种子或扦插繁殖。

应用前景：山楂具有结果早、寿命长和耐粗放管理等优点。对环境要求不严，山坡、岗地都可栽种，可以充分利用沙荒和荒山栽培。山楂果实营养丰富，其中铁、钙等矿物质和胡萝卜素、维生素C的含量均超过或大大超过苹果、梨、桃和柑橘等大型水果。此外，维生素B_1、B_2及维生素K的含量也相当丰富。山楂的药用价值非常广泛，具有散瘀、消积、化痰、解毒、开胃、收敛等多种功效。

准噶尔山楂 *Crataegus songorica* C. Koch.

蔷薇科 Rosaceae

山楂属 *Crataegus* Linn.

种质类型：乡土栽培种。

形态特征：小乔木，稀灌木，高3~5m。当年生枝条紫红色，刺粗，叶片阔卵形或菱形，常2或3羽状深裂，顶端裂片有规则的缺刻状粗齿牙，托叶呈镰刀状弯曲，边缘有齿。多花的伞房花序；花白色，花药粉红色。果实椭圆形或球形，直径1.5cm，黑紫色，具少数淡色斑点。花期5—6月，果期7—8月。

生态习性：喜光，耐旱，有一定程度的耐阴性，能耐低温，喜湿润土壤，耐干旱瘠薄，怕涝；不择土壤，抗病虫害能力强，适应能力强。

栽培地点：博乐市金源苗圃，温泉县哈夏林场等地有栽培。

种质编号：BLZ-BLS-01-B-0012、BLZ-WQ-01-B-201。种质资源材料2份。

繁殖方式：种子或扦插繁殖。

应用前景：庭院绿化及观赏树种。在博州适生性表现较好，观花观果皆可，适于作庭院绿化观赏。

珍珠梅 *Sorbaria sorbifolia*（Linn.）A. Br.

蔷薇科 Rosaceae

珍珠梅属 *Sorbaria*（Ser.）A. Br. ex Aschers.

种质类型：乡土栽培种。

形态特征：灌木，高1~2m。枝条开展，小枝黄褐色。羽状复叶。小叶5~9对，披针形或卵状披针形，边缘有锯齿。顶生大型密集圆锥花序，花梗被毛；花瓣长圆形或倒卵形，白色。蓇葖果长圆形，花柱顶生弯曲；萼片反折，宿存。花期7—8月，果期9—10月。

生态习性：喜光，耐半阴，耐修剪，喜温暖的环境及湿润而排水良好 的土壤，有一定的耐寒性。在排水良好的沙质壤土中生长较好，易萌蘖，冬季可耐-25℃的低温，对土壤要求不严，在肥沃的沙质壤土中生长最好，也较耐盐碱土。珍珠梅喜湿润环境，积水易导致植株烂根，缺水则影响植株生长，故雨季应注意及时排水，干旱季节应浇足水，浇水后要及时松土保墒。珍珠梅耐瘠薄，除在栽植时施入适量有机肥外，每年开春应适当追施一次氮磷钾复合肥，可使植株生长旺盛，花多，花期长。

栽培地点：博乐市中泉广场等地有栽培。

种质编号：BLZ-BSL-04-T-0187。种质资源材料1份。

繁殖方式：分株或扦插繁殖。分株繁殖一般在春季萌动前或秋季落叶后进行。将植株根部丛生的萌蘖苗带根掘出，以3~5株为一丛，另行栽植。扦插繁殖一般采用硬枝扦插。在秋季落叶后或者来年萌芽前采集长势旺盛、节间短而粗、无病虫害的枝条，截取中段饱满芽的部分扦插。

应用前景：良好的观花植物。因其具有硕大繁茂之花序、丰满秀丽的姿色，在园林观赏、街景美化中被广泛应用。通常成丛栽植在草坪边缘及路旁，也可栽成自然式绿篱，园林中常作为耐阴树木种植。

文冠果 *Xanthoceras sorbifolia* Bunge.

无患子科 Sapindaceae

文冠果属 *Xanthoceras* Bunge

种质类型：乡土栽培种。

形态特征：落叶灌木或小乔木；小枝粗壮，褐红

色，无毛。小叶4~8对，膜质或纸质，披针形或近卵形，两侧稍不对称，顶端渐尖，基部楔形，边缘有锐利锯齿，顶生小叶通常3深裂。花序先叶抽出或与叶同时抽出，两性花的花序顶生，雄花序腋生，直立，总花梗短；花瓣白色，基部紫红色或黄色，有清晰的脉纹。蒴果；种子黑色而有光泽。花期春季，果期秋初。

生态习性：喜光树种，耐干旱瘠薄，耐低温，耐半阴。对土壤适应性很强，耐盐碱。抗寒能力强，可在-41.4℃的环境中安全越冬；抗旱能力极强，在年降雨量仅150mm的地区也有散生树木。文冠果不耐涝、怕风，在排水不好的低洼地区、重盐碱地和未固定的沙地不宜栽植。

栽培地点：博乐市城区游泳池，精河县生态园等地有栽培。

种质编号：BLZ-BLS-01-B-0002、BLZ-JH-01-T-0465。种质资源材料2份。

繁殖方式：主要用播种法繁殖，嫁接、根插、分株、压条和扦插也可。一般在秋季果熟后采收，取出种子即播，也可用湿沙层积储藏越冬，翌年早春播种。

应用前景：重要的油料树种和观赏树种。在博州适生性好，生长势中，属中疏冠形。春季白花满树，秋季果形奇特，片植、丛植、孤植皆可，适于用作庭院观赏，可广泛使用。

元宝槭 *Acer truncatum* Bunge.

槭树科 Aceraceae

槭属 *Acer* Linn.

种质类型：乡土栽培种。

形态特征：落叶乔木。树皮灰褐色或深褐色，深纵裂。小枝无毛。叶纸质，常5裂，稀7裂，基部截形，稀近于心脏形，边缘全缘。花黄绿色，杂性，雄花与两性花同株，常呈无毛的伞房花序；花瓣5枚，淡黄色或淡白色，长圆状倒卵形。翅果嫩时淡绿色，成熟时淡黄色或淡褐色，常成下垂的伞房果序；小坚果压扁状吗，翅长圆形，两侧平行，张开呈锐角或钝角。花期4月，果期8月。

生态习性：弱阳性，不耐干热和强烈日晒，耐半阴，喜温凉湿润气候，耐寒性强，但过于干冷对生长不利，在炎热地区也如此。对土壤要求不严，在酸性土、中性土及石灰性土中均能生长，但以湿润、肥沃、土层深厚的土中生长最好。深根性，生长速度中等，病虫害较少。对二氧化硫、氟化氢的抗性较强，吸附粉尘的能力亦较强。

栽培地点：博乐市金源苗圃等地有栽培。

种质编号：BLZ-BLS-01-B-0009。种质资源材料1份。

繁殖方式：种子繁殖。

应用前景：元宝槭嫩叶红色，秋叶黄色、红色或紫红色，树姿优美，叶形秀丽，为优良的观叶树种。宜作庭荫树、行道树或风景林树种。现多用于道路绿化。元宝槭对二氧化硫、氟化氢的抗性较强，吸附粉尘的能力亦较强，是优良的防护林、用材林、工矿区绿化树种。木材坚硬，为优良的建筑、家具、雕刻、细木工用材。

复叶槭 *Acer negundo* Linn.

槭树科 Aceraceae

槭属 *Acer* Linn.

种质类型：乡土栽培种。

形态特征：落叶乔木。树皮黄褐色或灰褐色。小枝圆柱形，无毛。羽状复叶，有3~7（稀9）枚小叶；小叶纸质，卵形或椭圆状披针形，边缘常有3~5个粗锯齿，稀全缘。雄花的花序聚伞状，雌花的花序总状，常下垂，花小，黄绿色，开于叶前，雌雄异株。小坚果凸起，近长圆形或长圆状卵形，无毛；翅稍向内弯，连同小坚果长3~3.5cm，张开成呈角或近于直角。花期4—5月，果期9月。

生态习性：喜光，喜冷凉气候，耐旱，耐干冷，耐轻度盐碱，耐烟尘，生长较快。耐寒，适应性强，可耐-45℃的绝对低温。

栽培地点：博乐市金源苗圃等地有栽培。

种质编号：BLZ-JH-005-0449。种质资源材料1份。

繁殖方式：播种与嫁接繁殖。复叶槭种子发芽较快，无须沙藏。播种前先用60℃左右的温水浸种，再将其捞出置于25℃的环境中催芽，4~5d有30%发出白芽，晾干表面水分后即可播种。嫁接繁殖时砧木应选4~5年的实生苗。移植应带土坨，以保证成活。

应用前景：复叶槭冠层均匀，枝叶秀美，在博州适生性表现较好，可作庭荫树、行道树和防护林树种。

尖叶槭 *Acer platanoides* Linn.

槭树科 Aceraceae

槭属 *Acer* Linn.

种质类型：乡土栽培种。

形态特征：落叶乔木，通常高20m，少数可达30m，无毛；树皮褐色，少数近黑色。叶片轮廓近圆形，一般长5~12cm，宽8~13cm，5裂，裂片顶端渐尖，边缘有1或2对稀疏尖齿，通常无毛。花绿黄色，多花组成伞房花序。果实下垂，小坚果同翅长4-5cm，通常几呈水平开展，少数呈钝角。

生态习性：适应性强，可耐-45℃绝对低温，喜光，喜干冷气候，暖湿地区生长不良。耐轻度盐碱、耐烟尘，生长迅速。

栽培地点：精河县生态园，温泉县水厂苗圃等地有栽培。

种质编号：BLZ-JH-01-B-0383、BLZ-WQ-01-T-0288。种质资源材料2份。

繁殖方式:播种繁殖。

应用前景:园林绿化树种。在博州适生性表现较好,可作庭院观赏、小型道路绿化树种。

茶条槭 *Acer ginnala* Maxim.

槭树科 Aceraceae

槭属 *Acer* Linn.

种质类型:乡土栽培种。

形态特征:落叶灌木或小乔木。树皮粗糙、微纵裂,灰色。小枝细瘦,近圆柱形,无毛。叶纸质,基部圆形、截形或略近于心脏形,叶片长圆卵形或长圆椭圆形,常较深的3~5裂。伞房花序无毛,具多数花。花杂性,雄花与两性花同株;花瓣5片,长圆卵形,白色,较长于萼片。果实黄绿色或黄褐色;小坚果嫩时被长柔毛,脉纹显著;翅连同小坚果,张开近于直立或呈锐角。花期5月,果期10月。

生态习性:阳性树种,耐阴,耐寒,喜湿润土壤,但耐干燥瘠薄,耐烟尘,抗病力强,适应性强。常生于海拔800m以下的向阳山坡、河岸或湿草地,散生或形成丛林,在半阳坡或半阴坡杂木林缘也常见。

栽培地点:博乐市中亚宾馆前广场,温泉县哈夏林场等地有栽培。

种质编号:BLZ-BLS-01-T-0277、BLZ-WQ-01-B-0199。种质资源材料2份。

繁殖方式:当翅果发育成熟、果皮变成黄褐色时即可采收。每年9月至次年3月均可采种,果实不脱落,冷室贮藏。种子千粒重95g,发芽率60%。播种地应选择土壤肥沃、排水良好的壤土、沙壤土地块,提前进行整地。春播前10d左右施肥和耙地,播种量50g/m^2,覆土厚1.5cm,镇压后浇水,床面再覆盖细碎的草屑或木屑等,保持床面湿润。种子播后15d左右即能发芽出土,当苗木长到2cm高时即可进行第1次间苗,当苗木长到4~5cm高时定苗。定苗后要及时浇水。一年生苗木也可根据需要再留床生长1~2a,适时除草和松土。

应用前景:树干直,花有清香,夏季果翅红色美丽,秋叶又很易变成鲜红色,翅果成熟前也红艳可爱,是良好的庭院观赏树种,也可栽作绿篱及小型行道树,且较其他槭树耐阴。萌蘖力强,可盆栽。在博州适生性表现较好,由于其生长较慢,分枝点低,枝干平展,宜于作四旁绿化和工矿区抗污绿化树种。

桃叶卫矛 *Euonymus bungeana* Maxim.

卫矛科 Celastraceae

卫矛属 *Euonymus* Linn.

种质类型：乡土栽培种。

形态特征：小乔木。叶卵状椭圆形、卵圆形或窄椭圆形，先端长渐尖，基部阔楔形或近圆形，边缘具细锯齿，有时极深而锐利；叶柄通常细长，常为叶片的1/4~1/3，但有时较短。聚伞花序3花至多花，淡白绿色或黄绿色。蒴果倒圆心状，4浅裂，成熟后果皮粉红色；种子长椭圆状，种皮棕黄色，假种皮橙红色，全包种子，成熟后顶端常有小口。花期5—6月，果期9月。

生态习性：阳性树种，稍耐阴，对气候适应性很强，耐寒，耐干旱，耐湿，耐瘠薄，对土壤要求不严。根系深而发达，能抗风，根蘖萌发力强，生长较缓慢。对二氧化硫、氟化氢、氯气的抗性和吸收能力皆较强，对粉尘的吸滞能力也强。

栽培地点：博乐市银监局家属院，精河县生态园，温泉县哈夏林场等地有栽培。

种质编号：BLZ-BLS-01-B-0130、BLZ-JH-01-T-0459、BLZ-WQ-01-B-0193。种质资源材料3份。

繁殖方式：繁殖可用播种、分株及硬枝扦插等法。10月中下旬即可采种，一般播种时间在3月中下旬至4月中上旬，适时早播为好。一般常规用量为每667m²10kg左右。采用条播，用犁开沟，将种子均匀撒入沟内，覆土厚度约1cm，覆土后适当镇压。墒情适宜条件下20d左右出苗。扦插在3月下旬至4月上旬进行，宜早不宜晚，一般在土壤解冻后、腋芽萌动前进行。嫩枝扦插多在6月上中旬进行，随采随插。

应用前景：枝叶秀丽，红果密集，观赏性强，可作园林观赏树种。在博州适生性表现较好，可用于庭院绿化，造景观赏。

黄金树 *Catalpa speciosa* Warder ex Engelm.

紫葳科 Bignoniaceae

梓属 *Catalpa* Scop.

种质类型：乡土栽培种。

形态特征：乔木；树冠伞状。叶卵心形至卵状长圆形，顶端长渐尖，基部截形至浅心形，上面亮绿色，无毛，下面密被短柔毛。圆锥花序顶生，有少数花，花冠白色，喉部有2条黄色条纹及紫色细斑点，裂片开展。蒴果圆柱形，黑色，2瓣开裂。种子椭圆形，两端有极细的白色丝状毛。花期5—6月，果期8—9月。

生态习性：喜光，稍耐阴，喜温暖湿润气候，耐干旱，在酸性土、中性土、轻盐碱以及石灰性土上均能生长。有一定耐寒性，在绝对气温不低于20℃的地区均能正常生长。适宜深厚湿润、肥沃疏松且排水良好的地方。不耐瘠薄与积水，深根性，根系发达，抗风能力强；抗污染，对二氧化硫等有害气体有较强抗性。

栽培地点：博乐市城区，精河县城区绿地等地有栽培。

种质编号：BLZ-BLS-01-B-0136、BLZ-JH-01-B-0408。种质资源材料2份。

繁殖方式：播种繁殖和扦插繁殖。10月下旬采收果实，将种子湿藏或干藏。播前浸种催芽。播种量5g/m²左右。扦插采用成年树的半木质化插条，截成20cm左右，为促进生根，扦插前对插穗需进行一定的处理，可采用ABT2号生根粉，将枝条基部浸蘸2~4h，经过处理的接穗立即插在苗床上。

应用前景：常作庭院绿化树种用；木材轻软，纹理粗，淡褐色，边材狭窄近白色，为优良的篱栅、栏杆、家具及室内装修用材树种。在博州表现中等，其叶大荫浓，花形美丽，常作为庭荫树以及工矿区和庭院绿化及观赏。

梓树 *Catalpa ovata* G. Don

紫葳科 Bignoniaceae

梓属 *Catalpa* Scop.

种质类型：乡土栽培种。

形态特征：乔木；树冠伞形，主干通直，嫩枝具稀疏柔毛。叶对生或近于对生，阔卵形，长宽近相等，顶端渐尖，基部心形，全缘或浅波状，常3浅裂，叶片上、下两面均粗糙。顶生圆锥花序；花序梗微被疏毛，花冠钟状，淡黄色，内面具2条黄色条纹及紫色斑点。蒴果线形，下垂。种子长椭圆形，两端具有平展的长毛。

栽培地点：博乐市二水厂苗圃，温泉县哈夏林场等地有栽培。

种质编号：BLZ-BLS-04-T-0280、BLZ-WQ-01-B-0205。种质资源材料2份。

繁殖方式：种子繁殖或嫁接繁殖。每年9月底至11月采种，种子干藏，翌年3月将种子混湿沙催芽，待种子有30%以上发芽时条播，覆土厚度2~3cm，发芽率40%~50%。嫩枝扦插于6—7月采取当年生半木质化枝条，剪成长12~15cm的插穗，基部速蘸500mg/L吲哚乙酸，插入扦插床内，保温保湿，遮阳，约20d即可生根。

应用前景：常栽培作庭院观赏树、行道树；为速生用材树种，木材坚实，是建筑和制家具的优质材料。果实、树皮入药。果实有利尿、消肿之效，治肾病；树皮有利湿热、杀虫之效，治湿疹、皮肤瘙痒等。花可作密源。

黄檗 *Phellodendron amurense* Rupr.

芸香科 Rutaceae

黄檗属 *Phellodendron* Rupr.

种质类型：乡土栽培种。

形态特征：落叶乔木。枝扩展，成年树的树皮有厚木栓层，浅灰或灰褐色，深沟状或不规则网状开裂，内皮薄，鲜黄色，味苦，黏质，小枝暗紫红色，无毛。叶轴及叶柄均纤细，有小叶5~13片，小叶薄纸质或纸质，卵状披针形或卵形，叶面无毛或中脉有疏短毛，叶背仅基部中脉两侧密被长柔毛。花序顶生；花瓣紫绿色。果圆球形，蓝黑色；种子通常5粒。花期5—6月，果期9—10月。

生态习性：喜阳光，耐严寒，根系发达，适应性强，萌发能力较强，对土壤适应性较强，适生于土层深厚、湿润、通气良好、含腐殖质丰富的中性或微酸性壤质土。

栽培地点：博乐市中亚宾馆前广场，精河县生态园等地有栽培。

种质编号：BLZ-BLS-04-B-0276、BLZ-JH-01-T-0455。种质资源材料2份。

繁殖方式：种子繁殖。以秋播为宜，使种子在低温下自然催芽。但春播时应在秋冬季将种子层积。造林时采用混交林或密植，有利于主干生长。亦可试行扦插法。

应用前景：黄檗的木栓层是制造软木塞的材料。木材坚硬，边材淡黄色，心材黄褐色，是枪托、家具、装饰的优质材，亦为胶合板材。果实可作驱虫剂及染料。种子含油7.76%，可制肥皂和润滑油。树皮内层经炮制后入药，称为黄檗，味苦、性寒，清热解毒、泻火燥湿，主治急性细菌性痢疾、急性肠炎、急性黄疸型肝炎、泌尿系统感染等炎症。外用治火烫伤、中耳炎、急性结膜炎等。

红丁香 *Syringa villosa* Vahl.

木犀科 Oleaceae

丁香属 *Syringa* Linn.

种质类型：乡土栽培种。

形态特征：灌木。枝直立，粗壮，灰褐色，小枝淡灰棕色。叶片卵形、椭圆状卵形、宽椭圆形至倒卵状长椭圆形，先端锐尖或短渐尖，基部楔形或宽楔形至近圆形。圆锥花序直立，由顶芽抽生，长圆形或塔形，花芳香；花冠淡紫红色、粉红色至白色，花冠管细弱。果长圆形，先端凸尖，皮孔不明显。花期5—6月，果期9月。

生态习性：喜光，喜温暖、湿润及阳光充足。稍耐阴，阴处或半阴处生长衰弱，开花稀少。具有一定耐寒性和较强的耐旱力。对土壤的要求不严，耐瘠薄，喜肥沃、排水良好的土壤，忌在低洼地种植，积水会引起病害。

栽培地点：博乐市城区绿地有栽培。

种质编号：BLZ-BLS-01-B-0004。种质资源材料1份。

繁殖方式：播种、扦插、嫁接、分株、压条繁殖。

应用前景：红丁香生长强健，枝干茂密，顶生大型圆锥花序灿烂无比，花色美丽芳香，抗病虫害能力极强，对粉尘及氟化氢、二氧化硫等有毒气体有较强的吸附能力。可作为西北城市行道树及绿化、美化树种，庭院种植或丛植于草坪中效果更佳。丁香花中提取的丁香酚，有消炎功效，主治牙科疾病，防腐止痛。且丰富的丁香酚对人的大脑皮层中枢神经有兴奋作用，有利于调节情绪，提神养性，促进健康，为优良的保健原材料。丁香酚中所含的化学物质的杀菌能力比石灰酸高5倍以上，对肺炎双球菌、流感细菌等有一定的抑制作用。同时，丁香的根、茎可入药，在藏医中称之为“沉香”，可清心解热，治疗头痛、健忘和失眠等症，也可镇咳化痰、顺气平喘，主治慢性支气管炎。

紫丁香 *Syvinga oblata* Lindl.

木犀科 Oleaceae

丁香属 *Syringa* Linn.

种质类型：乡土栽培种。

形态特征：灌木或小乔木；树皮灰褐色或灰色。小枝较粗，疏生皮孔。叶片革质或厚纸质，卵圆形至肾形，先端短凸尖至长渐尖或锐尖，基部心形、截形至近圆形。圆锥花序直立，由侧芽抽生，近球形或长圆形；花冠紫色，裂片呈直角开展，卵圆形、椭圆形至倒卵圆形。果倒卵状椭圆形、卵形至长椭圆形,先端长渐尖,光滑。花期4—5月,果期6—10月。

生态习性:阳性,稍耐阴,耐寒,耐旱,忌低湿。

栽培地点:博乐市枫园游泳池,精河县大十字广场,温泉县城绿地等有栽培。

种质编号:BLZ-BLS-01-B-0003、BLZ-JH-01-B-0411、BLZ-WQ-01-T-0253。种质资源材料3份。

繁殖方式:播种、扦插、嫁接、分株、压条繁殖。播种苗不易保持原有性状,但常有新的花色出现;种子须经层积,翌春播种。夏季用嫩枝扦插,成活率很高。嫁接为主要繁殖方法,扦插选当年生半木质化健壮枝条作插穗,插穗长15cm左右,用50~100PPM的吲哚丁酸水溶液处理15~18h,插后用塑料薄膜覆盖,1个月后即可生根,生根率达80%~90%。嫁接可用芽接或枝接,砧木多用欧洲丁香或小叶女贞。

应用前景:庭院观赏、丛植。紫丁香在博州表现良好,冠丛中等大小,有自然整枝,春末开花,气味芬芳,观赏性强,宜植于庭院、路旁、草地。

小叶丁香 *Syringa pubescens* Turcz

木犀科 Oleaceae

丁香属 *Syringa* Linn.

种质类型:乡土栽培种。

形态特征:灌木;树皮灰褐色。小枝四棱形。叶片卵形、椭圆状卵形、菱状卵形或卵圆形。先端锐尖至渐尖或钝,基部宽楔形至圆形,叶缘具睫毛,上面深绿色,无毛。圆锥花序直立,通常由侧芽抽生,稀顶生,花冠紫色,盛开时呈淡紫色,后渐近白色,裂片展开或反折。果通常为长椭圆形,先端锐尖或具小尖头。花期5—6月,果期6—8月。

生态习性:喜欢阳光,也能耐受半阴,相对来讲适应性比较强,对寒冷、干旱、土壤瘠薄都有比较强的耐受性,而且不易受病虫害侵害。在酸性土壤条件下生长得不好,相对来讲比较适合在疏松的土壤环境中生长,但比较怕涝,也不耐湿热。

栽培地点:博乐市城区州党校,精河县城生态园。

种质编号:BLZ-JH-005-0449、BLZ-BLS-01-B-0034、BLZ-JH-01-T-0453。种质资源材料3份。

繁殖方式:播种、扦插、嫁接、分株、压条繁殖。种子一般在每年的9月中旬以后便可以开始采收,冷室贮藏。在播种前3~4周进行种子处理,经过催芽后,便可以进行播种。育苗地宜选在土壤肥沃、排水良好的壤土或沙壤土地块,在播种前要进行施肥和耙地,撒播或条播,播后覆盖一层薄土,厚度在1cm左右;播后要进行镇压,再浇上水,利于小叶丁香种子发芽,一般一个月左右才能出苗。

应用前景:植株丰满秀丽,枝叶茂密,且具独特的芳香,广泛栽植于庭园院、机关、厂矿、居民区等地;也可作盆栽、促成栽培、切花等用。树皮可药用,具有清热、镇咳、利水的作用。

暴马丁香 *Syringa amurensis* Rupr.

木犀科 Oleaceae

丁香属 *Syringa* Linn.

种质类型:乡土栽培种。

形态特征:落叶小乔木或大乔木,具直立或开展枝条;树皮紫灰褐色,具细裂纹。枝灰褐色,无毛。叶片厚纸质,宽卵形、卵形至椭圆状卵形,基部常圆形,或为楔形。圆锥花序由一对至多对着生于同一枝条上的侧芽抽生，花冠白色，呈辐状，花冠管裂片卵形。果长椭圆形，先端常钝，或为锐尖、凸尖，光滑或具细小皮孔。花期6—7月，果期8-10月。

生态习性：喜光，喜温暖、湿润及阳光充足。稍耐阴，阴处或半阴处生长衰弱，开花稀少。具有一定耐寒性和较强的耐旱力。对土壤的要求不严，耐瘠薄，喜肥沃、排水良好的土壤。

栽培地点：博乐市州苗圃，精河县生态园，温泉县财政局绿地等有栽培。

种质编号：BLZ-BLS-01-T-0290、BLZ-JH-01-T-0447、BLZ-WQ-01-B-0208。种质资源材料3份。

繁殖方式：成熟期9月下旬采种，种子千粒重24g。播种前需对种子进行处理。播种后第3年换床移栽。移栽前把床面浇透水，挑选无病虫害的优质壮苗，施足基肥，按株行距30cm×40cm移栽。栽苗时要注意使根系舒展，不要窝根，然后踏实、填土、灌水，注意除草松土。第5年苗木出圃定植。

应用前景：暴马丁香花序大，花期长，树姿美观，花香浓郁，为著名的观赏花木之一。其植株丰满秀丽，枝叶茂密，且具独特的芳香，广泛栽植于庭院、机关、厂矿、居民区等地。常丛植于建筑前、茶室凉亭周围；散植于园路两旁、草坪之中；与其他种类丁香配植成专类园，形成美丽、清雅、芳香，青枝绿叶，花开不绝的风景，效果极佳。同时也是蜜源植物。

欧丁香 *Syringa vulgaris* Linn.

木犀科 Oleaceae

丁香属 *Syringa* Linn.

种质类型：乡土栽培种。

形态特征：灌木，树皮灰褐色或灰色。小枝棕褐色，略带四棱形，疏生皮孔。叶片卵形、宽卵形或长卵形。圆锥花序直立，由侧芽抽生，宽塔形至狭塔形，或近圆柱形；花冠白色，花冠管细弱，近圆柱形，长0.6~1厘米，裂片呈直角开展，椭圆形、卵形至倒卵圆形。果倒卵状椭圆形、卵形至长椭圆形，先端长渐尖，光滑。花期4—5月，果期6—7月。

生态习性：阳性，稍耐阴，耐寒，耐旱，忌低湿。

栽培地点：博乐市州苗圃有栽培。

种质编号：BLZ-BLS-01-T-0290。种质资源材料1份。

繁殖与管理：播种、扦插、嫁接、分株、压条繁殖。播种苗不易保持原有性状，但常有新的花色出现；种子须经层积，翌春播种。夏季用嫩枝扦插，成活率很高。嫁接为主要繁殖方法，可用芽接或枝接，扦插选当年生半木质化健壮枝条作插穗。

应用前景:庭院观赏、丛植。欧丁香在博州表现良好,春末夏初开花,气味芬芳,观赏性强,宜植于庭院、路旁、草地。

披针叶白蜡 *Fraxinus lanceolata* Borkh

木犀科 Oleaceae

白蜡树属 *Fraxinus* Linn.

种质类型:乡土栽培种。

形态特征:乔木,高达20m。小枝幼时微有柔毛,绿褐色,后光滑,暗灰色。单数羽状复叶,对生,小叶5~7对,小叶片长椭圆形或披针形,渐尖,边缘有锯齿或齿牙。雄花花萼4深裂,雌雄异株,雌花序为圆锥花序,侧生于二年生枝上;雌花花萼浅裂,宿存。翅果,小坚果凸起,等翅里之半或稍短。花期5月;果期7—9月。

生态习性:喜光、耐寒、耐水湿也耐干旱,对土壤要求严格,环境适应性强。

栽培地点:精河县大十字广场,温泉县哈夏林场等有栽培。

种质编号:BLZ-JH-01-B-0419、BLZ-WQ-01-B-0198。种质资源材料2份。

繁殖方式:种子繁殖。9—10月成熟采种,春季播种必须先行催芽,催芽处理的方法有低温层积催芽和快速高温催芽。开沟条播,每667m²用种量3~4kg,深度为4cm,随开沟、随播种、随覆土,覆土厚度2~3cm,镇压。扦插前细致整地,施足基肥,使土壤疏松,水分充足。每穴插2根或3根,使插条分散开,行距40cm,株距20cm。

应用前景:树种抗烟尘、二氧化硫和氯气,是工厂、城镇绿化美化的好树种,也是防风固沙和护堤护路的优良树种。

美国白蜡 *Fraxinus americana* Linn.

木犀科 Oleaceae

白蜡树属 *Fraxinus* Linn.

种质类型:乡土栽培种。

形态特征:乔木,高达25m;小枝暗灰色,幼时暗绿或淡紫色,光滑,有皮孔。奇数羽状复叶;小叶7(5~9)枚,卵形或卵状披针形,边缘具钝锯齿或近全缘。雌雄异株;圆锥花序生于二年生无叶的侧枝上,无毛。翅果长2.4~3.4cm,果实长圆筒形,短于果翅的1/2,狭窄的果翅不下延,顶端钝或微凹。花期4—5月;果期8—9月。

生态习性:喜光,能耐侧方庇荫,喜温暖,也耐寒。喜肥沃湿润也能耐干旱瘠薄,稍能耐水湿,喜钙质壤土或沙壤土,耐轻盐碱,抗烟尘,深根性。

栽培地点:精河县大十字广场、精河公园,温泉县税务局家属院等有栽培。

种质编号:BLZ-JH-01-B-0043、BLZ-JH-01-B-0254、BLZ-WQ-01-B-0211。种质资源材料3份。

繁殖方式:播种繁殖。

应用前景:可作庭荫树、行道树、堤岸树,在当地表现较为适生，干形和冠形虽不如小叶白蜡，但作为小叶白蜡的补充和替代种，广泛应用。

小叶白蜡 *Fraxinus sogdiana* Bunge.

木犀科 Oleaceae

白蜡树属 *Fraxinus* Linn.

种质类型：乡土栽培种。

形态特征：落叶乔木。小枝灰褐色，粗糙，无毛，皱纹纵直。羽状复叶在枝端呈螺旋状3叶轮生，小叶7~13枚，纸质，卵状披针形或狭披针形，先端渐尖，基部楔形下延至小叶柄，叶缘具不整齐且稀疏的三角形尖齿。聚伞圆锥花序生于二年生枝上，花杂性，2朵或3朵轮生，无花冠也无花萼。翅果倒披针形，上中部最宽，先端锐尖，翅下延至坚果基部，强度扭曲，坚果扁，脉棱明显。花期6月，果期8月。

生态习性：喜光树种，能抗寒，不耐干旱瘠薄，对土壤适应性强，为中度耐盐性树种。

栽培地点：博乐市北京路行道，精河县公园，温泉县税务局绿地等有栽培。

种质编号：BLZ-BLS-01-T-0185、BLZ-JH-01-B-0407、BLZ-WQ-01-B-0235。种质资源材料3份。

繁殖方式：种子繁殖。采种时间在每年9月底至10月初，种子采集后，应充分晾干，放在干燥通风的室内，贮藏备用。播种前需进行种子处理，圃地一般选择在交通方便、地势平坦、排水良好、土壤肥沃疏松的沙壤土地。播种前施足底肥，播种采用条播方式，行距60cm，沟深5cm，每667m²播种量4kg左右。播种时尽量播撒均匀，且边播种边覆盖，覆土厚度2cm。

应用前景：是城市绿化树种，可作行道树、堤岸树，也可配植于防护林带，是优良的用材树种。其树干通直，姿态秀美，在博州应用多，表现好，可作为骨干树种广泛应用。

毛白蜡 *Fraxinus pennsylvanica* March.

木犀科 Oleaceae

白蜡树属 *Fraxinus* Linn.

种质类型：乡土栽培种。

形态特征：落叶乔木；树皮灰色，粗糙，皱裂。小枝红棕色，圆柱形，被黄色柔毛或秃净，老枝红褐色，光滑无毛。羽状复叶，小叶7~9枚，薄革质，长圆状披针形、狭卵形或椭圆形，叶缘具不明显钝锯齿或近全缘；花密集，雄花与两性花异株，与叶同时开放；雄花花萼小，花丝短；两性花花萼较宽，柱头2裂。翅果狭倒披针形，翅下延近坚果中部，坚果圆柱形。花期4月，果期8—10月。

生态习性：喜光树种，喜肥、喜水、耐旱、耐湿、耐高温，适生于深厚肥沃及水分条件较好的土壤上，具有较强的抗寒性，对气温适应较广。

栽培地点：博乐市银监局绿地，温泉县乡政府绿地、哈夏林场等有栽培。

种质编号：BLZ-BLS-01-B-0137、BLZ-WQ-01-B-0197、BLZ-WQ-T-0246。种质资源材料3份。

繁殖与管理：种子繁殖。

应用前景：可用作行道树、庭荫树。其干形通直，树形美观，抗烟尘、二氧化硫及氯气，是工厂、城镇绿化美化的好树种。还可用于防风固沙、护堤护路。在当地应用多,适生性强。

花曲柳 *Fraxinus rhynchophylla* Hance.

木犀科 Oleaceae

白蜡树属 *Fraxinus* Linn.

种质类型:乡土栽培种。

形态特征:落叶大乔木,树皮灰褐色,光滑,老时浅裂。当年生枝淡黄色,通直,无毛,二年生枝暗褐色。羽状复叶,小叶5~7枚,革质,阔卵形、倒卵形或卵状披针形,顶生小叶显著大于侧生小叶。圆锥花序顶生或腋生于当年生枝,雄花与两性花异株;花萼浅杯状;无花冠;两性花具雄蕊2枚,雌蕊具短花柱,柱头2深裂。翅果线形,翅下延至坚果中部,坚果具宿存萼。花期4—5月,果期9—10月。

生态习性:是主根短、侧根发达的较喜光树种,耐寒,喜肥沃湿润土壤,生长快,抗风力强,耐水湿,适应性强,较耐盐碱,在湿润、肥沃、土层深厚的土壤上生长旺盛。

栽培地点:温泉县税务局家属院有栽培。

种质编号:BLZ-WQ-01-B-0210。种质资源材料1份。

繁殖方式:种子繁殖。播种以撒播为主,播种前温水浸泡。

应用前景:是名贵的商品木材,可作城市绿化树种。干形和冠形观赏性强,在博州表现中等,抗寒性稍弱,宜在公园、庭院和有挡风措施的环境下应用。

水蜡树 *Ligustrum obtusifolium* Sieb.et Zucc.

木犀科 Oleaceae

女贞属 Ligustrum Linn.

种质类型:乡土栽培种。

形态特征:直立灌木。小枝黄褐色或褐色,圆柱形。叶片近革质,长圆形、长卵形或椭圆形,稀披针形,两面光滑无毛,上面具光泽。圆锥花序顶生,花多朵,排列疏松;花冠裂片稍长于花冠管;雄蕊伸出花冠管外;子房近球形,无毛。果椭圆形,呈黑色。花期7—8月,果期10-12月。

生态习性:喜光,稍耐阴,较耐寒,性强健,能耐湿、耐热,喜肥沃湿润土壤,生长快,萌芽力强,病虫害少,易于管理。

栽培地点:博乐市南城街,精河县生态园、温泉县税务局家属院等地有栽培。

种质编号:BLZ-BLS-01-T-0294、BLZ-JH-01-T-0446、BLZ-WQ-01-B-0217。种质资源材料3份。

繁殖方式:播种繁殖、扦插繁殖或嫁接繁殖。嫁接应在春天发芽前,从母枝上取下一截健壮的枝条,然后剪去一些叶片,放在低温的地方贮藏,再嫁接。嫁接的时候要先将砧木离地面10cm处剪断,用薄膜带包扎。当新的梢长到10~15cm,全部剪除。后期的工作就是浇水和施肥,一定要定期做好每一个步骤,这样当年就可以开花 。

应用前景:在博州适生性表现良好,密丛耐修剪,是良好的绿篱材料,用于风景林、公园、庭院、草地和街道,可丛植、片植或作绿篱。

雪柳 *Fontanesia fortunei* Carr.

木犀科(Oleaceae

雪柳属 *Fontanesia* Labill.

种质类型:乡土栽培种。

形态特征:落叶灌木或小乔木;树皮灰褐色。枝灰白色,圆柱形,小枝淡黄色或淡绿色,四棱形或具棱角。叶片纸质,披针形、卵状披针形或狭卵形,先端锐尖至渐尖,基部楔形,全缘。圆锥花序顶生或腋生,花两性或杂性同株;花冠深裂至近基部,裂片卵状披针形。果黄棕色,倒卵形至倒卵状椭圆形,扁平,先端微凹,边缘具窄翅;种子具3棱。花期4—6月,果期6—10月。

生态习性:喜光,稍耐阴;喜肥沃、排水良好的土壤;喜温暖,亦较耐寒。

栽培地点:精河县生态园有栽培。

种质编号:BLZ-JH-01-T-0464。种质资源材料1份。

繁殖方式:播种繁殖。

应用前景:开花季节白花满枝,宛如白雪,为优良观花灌木,也是非常好的蜜源植物;可在庭院中孤植观赏,亦可作防风林的树种。

东北连翘 *Forsythia mandshurica* Uyeki.

木犀科 Oleaceae

连翘属 Forsythia Vahl

种质类型:乡土栽培种。

形态特征:落叶灌木;树皮灰褐色。小枝开展。叶片纸质,宽卵形、椭圆形或近圆形,先端尾状渐尖、短尾状渐尖或钝,基部为不等宽楔形、近截形至近圆形,叶缘具锯齿。花单生于叶腋;花冠黄色,先端钝或凹。果长卵形,先端喙状渐尖至长渐尖,开裂时向外反折。花期5月,果期9月。

生态习性:喜光,有一定程度的耐阴性;喜温暖、湿润气候,也很耐寒;耐干旱瘠薄,怕涝;不择土壤,在中性、微酸或碱性土壤均能正常生长,生命力和适应性都非常强。

栽培地点:精河县生态园有栽培。

种质编号:BLZ-JH-01-T-0461。种质资源材料1份。

繁殖方式:常采用播种、分株和扦插进行繁殖。秋季采种,次年春季播种,播种前要进行催芽,打破种子休眠。

应用前景:在博州适生性表现较好,可用作公园、庭院、绿地广泛栽培的观赏树种。

三刺皂荚 *Gleditsia triacanthos* Linn.

豆科 Leguminosae

皂荚属 *Gleditsia* Linn.

种质类型:乡土栽培种。

形态特征:落叶乔木或小乔木;枝灰色至深褐色;刺粗壮,圆柱形,常分枝,多呈圆锥状。叶为一回羽状复叶;小叶(2)3~9对,纸质,卵状披针形至长圆形，先端急尖或渐尖，顶端圆钝，具小尖头。花杂性，黄白色，组成总状花序；花瓣4枚，两性花。荚果带状，劲直或扭曲，果肉稍厚，两面臌起；果瓣革质，褐棕色或红褐色，常被白色粉霜；种子多颗，长圆形或椭圆形。花期3—5月，果期5—12月。

生态习性：喜光，有一定程度的耐阴性；喜温暖、湿润气候，也很耐寒；耐干旱瘠薄，怕涝；不择土壤，在中性、微酸或碱性土壤均能正常生长，生命力和适应性都非常强。

栽培地点：博乐市党校绿地，精河县生态园有栽培。

种质编号：BLZ-BLS-01-B-0035、BLZ-JH-005-T-0456。种质资源材料2份。

繁殖方式：播种繁殖，也能采用嫁接或插条繁殖。10月份采种，装袋干藏。播种时间在3月下旬至4月上旬。条播，条距40cm左右，将种子均匀撒入播种沟内。播种前苗床要灌透水，并经常保持土壤湿润。播撒后覆盖干土2cm，一般7d左右出苗。发芽率40%左右。

应用前景：树形优美，叶和荚果观赏性好，是城乡园林绿化的优良树种，也作绿篱和行道树。荚果含有29%的糖分，为牲畜所喜食。木材坚实，纹理较粗，颇耐用，为建筑、车辆、支柱等用材。

紫穗槐 *Amorpha fruticosa* Linn.

豆科 Leguminosae

紫穗槐属 *Amorpha* Linn.

种质类型：乡土栽培种。

形态特征：落叶灌木，丛生。小枝灰褐色。叶互生，奇数羽状复叶，小叶卵形或椭圆形，先端圆形，锐尖或微凹，基部宽楔形或圆形，上面无毛，下面有白色短柔毛，具黑色腺点。穗状花序常一个至数个顶生或枝端腋生，花有短梗；旗瓣心形，紫色，无翼瓣和龙骨瓣；雄蕊10枚，下部合生成鞘。荚果下垂，微弯曲，顶端具小尖，棕褐色，表面有凸起的疣状腺点。花、果期5—10月。

生态习性：耐寒、耐旱、耐瘠薄，耐水湿和轻度盐碱，抗风沙性、抗逆性强。

栽培地点：博乐市南城街绿地，精河县公园，温泉县财政局等地有栽培。

种质编号：BLZ-BLS-04-T-0297、BLZ-JH-01-B-0369、BLZ-WQ-01-B-0209。种质资源材料3份。

繁殖方式：可用种子繁殖及进行根萌芽无性繁殖。萌芽性强，根系发达，每丛可达20~50根萌条，平茬后一年生萌条高达1~2m，2a开花结果。

应用前景：是优良的绿化观赏树种，在博州表现良好，冠丛大，枝条直立开展，叶色鲜绿，适生性和观赏性都较强。枝叶可作绿肥、家畜饲料；茎皮可提取栲胶，枝条编制篓筐；果实含芳香油，种子含油率10%，可作油漆、甘油和润滑油之原料。栽植于河岸、河堤、沙地、山坡及铁路沿线，有护堤防沙、防风固沙的作用。蜜源植物。

刺槐 *Robinia pseudoacacia* Linn.

豆科 Leguminosae

刺槐属 *Robinia* Linn.

种质类型：乡土栽培种。

形态特征：落叶乔木；树皮灰褐色至黑褐色，浅裂至深纵裂。小枝灰褐色，幼时有棱脊，具托叶刺。羽状复叶长10~25(40)cm；小叶2~12对，常对生，椭圆形、长椭圆形或卵形。总状花序腋生，下垂，花多数，芳香；花冠白色，各瓣均具瓣柄。荚果褐色，或具红褐色斑纹，线状长圆形，花萼宿存，有种子2~15粒；种子褐色至黑褐色。花期4—6月，果期8—9月。

生态习性：喜光，不耐阴，萌芽力和根蘖性都很强，在土层深厚、肥沃、疏松、湿润的壤土、沙质壤土及含盐量在0.3%以下的盐碱性土上都可以正常生长，在积水、通气不良的黏土上生长不良，甚至死亡。对水分条件很敏感，在地下水位过高、水分过多的地方生长缓慢，易诱发病害，造成植株烂根、枯梢甚至死亡。有一定的抗旱能力。

栽培地点：精河县生态园、大河沿子镇阿合奇农场，温泉县税务局等地有栽培。

种质编号：BLZ-JH-01-B-0391、BLZ-JH-02-T-0514、BLZ-WQ-01-B-0236。种质资源材料3份。

繁殖方式：播种繁殖，根段催芽繁殖。果荚皮变硬呈干枯状，即为成熟，应适时采种。荚果出种率为10%~20%，种子千粒重约为20g，发芽率为80%~90%。种子皮厚而坚硬，播前必须进行催芽处理。过早播种易遭受晚霜冻害，所以播种宜迟不宜早，畦床条播或大田式播种均可。一般采用大田式育苗，开沟条播，行距30~40cm，沟深1.0~1.5cm，沟底要平，深浅要一致；将种子均匀地撒在沟内，然后及时覆土厚1~2cm，并轻轻镇压。从播种到出苗6~8d，播种量60~90kg/hm^2。

应用前景：本种根系浅而发达，易风倒，适应性强，为优良固沙保土树种。多为四旁绿化和零星栽植，习见为行道树。材质硬重，抗腐耐磨，宜作枕木、车辆、建筑、矿柱等多种用材；生长快。萌芽力强，是速生薪炭林树种。优良的蜜源植物。

国槐 *Sophora japonica* Linn.

豆科 Leguminosae

槐属 Sophora Linn.

种质类型：乡土栽培种。

形态特征：乔木；树皮灰褐色，具纵裂纹。当年生枝绿色，无毛。羽状复叶，小叶4~7对，对生或近互生，纸质，卵状披针形或卵状长圆形。圆锥花序顶生，常呈金字塔形，花冠白色或淡黄色，旗瓣近圆形，具短柄，有紫色脉纹，先端微缺，基部浅心形，翼瓣卵状长圆形，龙骨瓣阔卵状长圆形。荚果串珠状，种子间缢缩不明显，种子排列较紧密；种子卵球形，淡黄绿色，干后黑褐色。花期7—8月，果期8–10月。

生态习性：喜光，不耐阴，萌芽力和根蘖性都很强，在土层深厚、肥沃、疏松、湿润的壤土、沙质壤土及含盐量在0.3%以下的盐碱性土上都可以正常生长，在积水、通气不良的黏土上生长不良，甚至死亡。对水分条件很敏感，在地下水位过高、水分过多的地方生长缓慢，易诱发病害，造成植株烂根、枯梢甚至死亡。有一定的抗旱能力。

栽培地点：精河县大河沿子镇阿合奇农场有栽培。

种质编号：BLZ-JH-02-T-0515。种质资源材料1份。

繁殖方式：播种、压条繁殖。

应用前景：树冠优美，花芳香，是行道树和优良的蜜源植物。配植于公园、建筑四周、街坊住宅区及草坪上，宜门前对植或列植，或孤植于亭台山石旁。也可作工矿区绿化之用。是防风固沙、用材及经济林兼用的树种，是城乡良好的遮阴树和行道树种，对二氧化硫、氯气等有毒气体有较强的抗性。花和荚果入药，有清凉收敛、止血降压作用；叶和根皮有清热解毒作用，可治疗疮毒。木材供建筑用。

细枝岩黄耆 *Hedysarum scoparium* Fisch. et Mey

豆科 Leguminosae

岩黄耆属 *Hedysarum* Linn.

种质类型：乡土栽培种。

形态特征：半灌木。茎直立，多分枝，茎皮亮黄色，呈纤维状剥落。茎下部叶具小叶7~11对，上部的叶通常具小叶3~5对，最上部的叶轴完全无小叶或仅具1枚顶生小叶；小叶片灰绿色，线状长圆形或狭披针形。总状花序腋生，花少数，花冠紫红色，旗瓣倒卵形或倒卵圆形，翼瓣线形，龙骨瓣通常稍短于旗瓣。荚果2~4节，种子圆肾形。花期6—9月，果期8—10月。

生态习性：抗寒、抗旱、抗风沙、耐热、耐瘠薄能力很强，喜生于沙区荒漠生境。

栽培地点：精河县沙丘道班有引种栽培。

种质编号：BLZ-GH-005-T-0402。种质资源材料1份。

繁殖方式：播种繁殖。

应用前景：本种具有重要的经济价值，西北地区普遍用作优良固沙树种，可直播或飞播造林；幼嫩枝叶为优良饲料，骆驼和马喜食；木材为经久耐燃的薪炭；花为优良的蜜源；种子为优良的精饲料和油料。

金银木 *Lonicera maackii* (Rupr.) Maxim.

忍冬科 Caprifoliaceae

忍冬属 *Lonicera* Linn.

种质类型：乡土栽培种。

形态特征：落叶灌木；幼枝、叶两面脉上、叶柄、苞片、小苞片及萼檐外面都被短柔毛和微腺毛。叶纸质，形状变化较大，通常卵状椭圆形至卵状披针形，顶端渐尖或长渐尖，基部宽楔形至圆形。花芳香，生于幼枝叶腋，花冠先白色后变黄色，唇形，筒长约为唇瓣的1/2，内被柔毛。果实暗红色，圆形；种子具蜂窝状微小浅凹点。花期5—6月，果熟期8—10月。

生态习性：适应性很强，对土壤和气候的要求并不严格，以土层较厚的沙质壤土为最佳。

栽培地点：精河县生态园，温泉县税务局绿地等地有栽培。

种质编号：BLZ-JH-01-T-0451、BLZ-WQ-01-B-0238。种质资源材料2份。

繁殖方式:种子或扦插繁殖。10—11月种子充分成熟后采集,干藏,播种前要进行种子催芽,种子开始萌动时即可播种。苗床开沟条播,播种量为5g/m²,覆土约1cm。播后20~30d可出苗,出苗时适时间苗;当苗高4~5cm时定苗,苗距10~15cm。一般多用秋末硬枝扦插,插前用ABT1号生根粉溶液处理10~12h;翌年3—4月萌芽抽枝。也可在6月中下旬进行嫩枝扦插,管理得当时成活率也较高,也可以秋季选取一年生健壮饱满枝条进行硬枝扦插。剪取插条长15~20cm,插后适当遮荫保湿,待根系足壮后移植于圃地。

应用前景:春天可赏花闻香,秋天可观红果累累。金银木是优良的蜜源树种。在园林中,常将金银木丛植于草坪、山坡、林缘、路边或点缀于建筑周围,观花赏果两相宜。此外茎、皮可制人造棉。花可提取芳香油。种子榨成的油可制肥皂。

红王子锦带 *Weigela florida* cv. "Red Prince"

忍冬科 Caprifoliaceae

锦带花属 *Weigela* Thunb.

种质类型:乡土栽培种。

形态特征:落叶灌木;幼枝稍四方形;树皮灰色。叶矩圆形、椭圆形至倒卵状椭圆形,顶端渐尖,基部阔楔形至圆形。花单生或成聚伞花序生于侧生短枝的叶腋或枝顶;花冠紫红色或玫瑰红色,裂片不整齐,开展。果实顶有短柄状喙,疏生柔毛;种子无翅。花期4—6月。

生态习性:阳性树种,耐阴,生态幅度大,抗性强,耐寒;萌蘖力强,生长迅速;喜深厚、湿润且腐殖质丰富的土壤,怕水涝。栽于背风向阳处,花数增多。

栽培地点:精河县生态园,博乐市城区主干道等地有栽培。

种质编号:BLZ-JH-01-T-0463、BLZ-BLS-01-T-0292。种质资源材料2份。

繁殖方式:播种、扦插、分株或压条等多种方法繁殖。播种通常在4月中下旬进行室内盆播,一般用于大量育苗。锦带花种粒细小,不易采收,应于10月果实成熟后及时采收,脱粒风干后净种收藏。扦插分为硬枝扦插和半木质化扦插两种。硬枝扦插时，常用一年生成熟枝条，剪成15cm~20cm插穗进行露地扦插。半木质化扦插于6—7月进行，剪取半木质化顶枝作插穗，可使用生根粉促进生根。分株宜在早春萌动前进行。压条繁殖最好在6月上中旬生长期进行。

应用前景：红王子锦带在博州适生性表现较好，花朵繁密而艳丽，花期长，红花点缀于绿叶中，甚为美观。可孤植于庭院的草坪之中，也可丛植于路旁，树形格外美观，具有很高的观赏价值。

金叶莸 *Caryopteris* Linn.

马鞭草科 Verbenaceae

莸属 Caryopteris

种质类型：乡土栽培种。

形态特征：落叶阔叶灌木，株高50~60cm，小枝圆柱形。单叶对生，叶长卵形、卵状披针形至长圆形，边缘具粗齿；二歧聚伞花序腋生，花萼杯状，花冠紫色或红色，顶端5裂，裂片全缘，雄蕊与花柱均伸出花冠管外。蒴果黑棕色，4瓣裂。花期7—8月，果期8—9月。

生态习性：喜光，也耐半阴，耐旱、耐热、耐寒，在-20℃的地区能够安全露地越冬，较耐瘠薄，在陡坡、多砾石及土壤肥力差的地区仍生长良好。

栽培地点：博乐市南城绿地，温泉县税务局等地有栽培。

种质编号：BLZ-BLS-012-T-0289、BLZ-WQ-01-B-0227。种质资源材料2份。

繁殖方式：播种或扦插繁殖，以播种繁殖为主。一般于秋季冷凉环境中进行盆播，也可在春末进行软枝扦插或至初夏进行绿枝扦插。金叶莸采用嫩枝扦插结合容器育苗进行培育，可缩短育苗周期。该树种繁殖较容易，贴近地面蔓生的枝条易产生不定根，形成新的植株。常采用半木质化枝条嫩枝扦插。采用嫩枝扦插结合容器育苗进行培育，当年即可定植，移栽成活率高达95%以上，定植栽培后无缓苗现象，生长迅速。

应用前景：观叶类，园林用途广，单一造型组团，或与红叶小檗、侧柏、桧柏、小叶黄杨等搭配组团，黄、红、绿色差鲜明，效果极佳。特别在草坪中流线型大色块组团，亮丽而抢眼，常常成为绿化效果中的点睛之笔。可作大面积色块及基础栽培，可植于草坪边缘、假山旁、水边、路旁，是良好的彩叶树种，是点缀夏秋景色的好材料。

五叶地锦 *Parthenocissus quinquefolia* (Linn.) Planch.

葡萄科 Vitaceae

地锦属 *Parthenocissus* Planch.

种质类型：乡土栽培种。

形态特征：木质藤本。小枝圆柱形，无毛。叶为掌状5小叶，倒卵圆形、倒卵椭圆形或外侧小叶椭圆形，顶端短尾尖，基部楔形或阔楔形，边缘有粗锯齿，上面绿色，下面浅绿色；花序假顶生形成主轴明显的圆锥状多歧聚伞花序；花瓣5枚，长椭圆形。果实球形，有种子1~4颗；种子倒卵形，顶端圆形，基部急尖成短喙。花期6—7月，果期8-10月。

生态习性：喜温暖气候，具有一定的耐寒能力，耐阴、耐贫瘠，对土壤与气候适应性较强，干燥条件下也能生存。在中性或偏碱性土壤中均可生长。

栽培地点：博乐市银监局小区，精河县大十字广场，温泉县税务局等地有栽培。

种质编号：BLZ-BLS-04-T-0180、BLZ-JH-01-B-0415、BLZ-WQ-01-B-0226。种质资源材料3份。

繁殖方式：播种、扦插、压条繁殖。

应用前景：优良的城市垂直绿化树种。

火炬树 *Rhus typhina* Linn.

漆树科 Anacardiaceae

盐肤木属 *Rhus* (Tourn.) Linn.

种质类型：乡土栽培种。

形态特征：落叶小乔木。高达12m。柄下芽。小枝密生灰色绒毛。奇数羽状复叶，小叶19~23(11~31)对，长椭圆状至披针形，长5~13cm，缘有锯齿，先端长渐尖，基部圆形或宽楔形，上面深绿色，下面苍白色，两面有绒毛，老时脱落，叶轴无翅。圆锥花序顶生、密生绒毛，花淡绿色，雌花花柱有红色刺毛。核果深红色，密生绒毛，花柱宿存、密集呈火炬形。花期6—7月，果期8—9月。

生态习性：喜温暖气候，具有一定的耐寒能力，耐阴、耐贫瘠，对土壤与气候适应性较强，干燥条件下也能生存。在中性或偏碱性土壤中均可生长。

栽培地点：博乐市银监局小区，精河县生态园，温泉县税务局家属院等地有栽培。

种质编号：BLZ-BLS-01-T-0182、BLZ-JH-01-B-0382、BLZ-WQ-01-B-0212。种质资源材料3份。

繁殖方式：种子繁殖。

应用前景：观叶、观果树种，宜丛植、群植，是点缀风景、造园的优良彩叶树种。随着季相变化而变色，是绿化、美化、彩化、净化的垂直绿化好材料。火炬树根系较浅，水平根发达，蘖根萌发力强，是一种很好的护坡、固堤及封滩固沙的树种。雌花序及果穗鲜红，夏秋缀于枝头，极为美丽；秋叶变红，十分鲜艳，是理想的水土保持和园林风景造林用树种。在博州适生性表现较好，点植、丛植或造景观赏，应用广泛。

红瑞木 *Swida alba* Opiz

山茱萸科 Cornaceae

梾木属 *Swida* Opiz

种质类型：乡土栽培种。

形态特征：灌木，高达3m；树皮紫红色；叶对生，纸质，椭圆形，稀卵圆形，先端突尖，基部楔形或阔楔形，边缘全缘或波状反卷，上面暗绿色，下面粉绿色，被白色贴生短柔毛。伞房状聚伞花序顶生，较密，宽3cm，被白色短柔毛；花瓣4枚，卵状椭圆形，先端急尖或短渐尖，上面无毛，下面疏生贴生短柔毛；核果长圆形，微扁，成熟时乳白色或蓝白色，花柱宿存；核棱形，侧扁，两端稍尖呈喙状。花期6—7月；果期8—10月。

生态习性：耐寒，喜湿润、半阴及肥沃土壤，生命力强，适应性广。

栽培地点：在精河县生态园，温泉县哈夏林场等地有栽培。

种质编号：BLZ-JH-01-B-0386、BLZ-WQ-01-B-0200。种质资源材料2份。

繁殖方式：用播种、扦插和压条法繁殖。播种时，种子应沙藏后春播。扦插可选一年生枝，秋冬沙藏后，于翌年3—4月扦插。压条可在5月将枝条环割后埋入土中，生根后在翌春与母株割离分栽。

应用前景：在博州适生性表现较好，红瑞木秋叶鲜红，小果洁白，落叶后枝干红艳，是少有的观茎植物，也是良好的切枝材料。多丛植于草坪上或与常绿乔木相间种植，红绿相映。因根系发达，又耐潮湿，也可植于河边、湖畔、堤岸等处。

石榴 *Punica granatum* Linn.

石榴科 Punicaceae

石榴属 *Punica* Linn.

种质类型：乡土栽培种。

形态特征：落叶灌木或乔木。枝顶常成尖锐长刺，幼枝具棱角，无毛，老枝近圆柱形。叶通常对生，纸质，矩圆状披针形，顶端短尖、钝尖或微凹，基部短尖至稍钝，上面光亮，侧脉稍细密。花大，1~5朵顶生；花瓣通常大，红色、黄色，顶端圆形。浆果近球形，直径5~12cm，通常为淡黄褐色或淡黄绿色，有时白色，稀暗紫色。种子多数，钝角形，红色至乳白色，肉质的外种皮供食用。

生态习性：耐寒，喜湿润、半阴及肥沃土壤，生命力强，适应性广。

栽培地点：在温泉县农家小院有栽培。

种质编号：BLZ-WQ-01-B-0300。种质资源材料1份。

繁殖方式：种子繁殖。

应用前景：石榴是一种常见果树，中国南北都有栽培，以江苏、河南等地种植面积较大，并培育出一些较优质的品种，其中江苏的水晶石榴和小果石榴都是较好的。果皮入药，称石榴皮，味酸涩，性温，功能涩肠止血，治慢性下痢及肠痔出血等症，根皮可驱绦虫和蛔虫。树皮、根皮和果皮均含多量鞣质（20%~30%），可提制栲胶。叶翠绿，花大而鲜艳，故各地公园和风景区常种植以美化环境。

附录一：

博尔塔拉蒙古自治州林木种质资源名录

1.银杏科 Ginkgoaceae

1.银杏属 Ginkgo Linn.

银杏 *Ginkgo biloba* Linn.

2.松科 Pinaceae

2. 云杉属 Picea A. Dietr.

雪岭云杉 *Picea schrenkiana* Fisch et Mey.

红皮云杉 *Picea koraiensis* Nakai

青海云杉 *Picea crassifolia* Kom.

3.落叶松属 Larix Mill.

日本落叶松 *Larix katmpferi*(Lamb)Carr.

4.松属 Pinus Linn.

樟子松 *Pinus sylvestris* Linn. var. mongolica Litv.

油松 *Pinus tabulaeformis* Carr

3.柏科 Cupressaceae

5.圆柏属 Juniperus Linn.

欧亚圆柏 新疆圆柏 叉子圆柏 *Juniperus sabina* Linn.

圆柏 桧 刺柏 中国圆柏 *Juniperus chinensis* Linn.

塔柏 *Juniperus chinensis* Pyramidalis

杜松 *Juniperus rigida* Sieb. et Abh.

丹东桧柏 *Juniperus chinensis* Linn.

铺地柏 *Juniperus procumbens*(Endl.)Iwata et Kusaka

新疆方枝柏 *Juniperus pseudosabina* Fisch. et Mey.

6.侧柏属 Platycladus Spach

侧柏 *Platycladus orientalis*(Linn.)Franco

4.麻黄科 Ephedraceae

7.麻黄属 Ephedra Linn.

膜果麻黄 *Ephedra przewalskii* Stapf

木贼麻黄 *Ephedra equisetina* Bge

蓝枝麻黄 *Ephedra glauca* Rgl.

中麻黄 *Ephedra intermedin* Schrenk et Mey.

单子麻黄 *Ephedra monosperma* Gmel.ex C.A.Mey.

5.杨柳科 Salicaceae

8.杨属 Populus Linn.

胡杨 *Populus euphratica* Oliv.
欧洲山杨 *Populus tremula* Linn.
密叶杨 *Populus talassica* Kom.
新疆杨 *Populus alba* Linn. var. pyramidalis Bge.
钻天杨 *Populus nigra* Linn. var. italica(Moench)Koehne
箭杆杨 *Populus nigra* Linn. var. thevestina(Dode)Bean
小叶杨 *Populus simonii* Carr.
加拿大杨 *Populus canadensis* Moench
黑杨 *Populus nigra* Linn.
美洲黑杨 *Populus deltoides* Marsh.
青杨 *Populus cathayana* Rehd.
小青杨 *Populus pseudosimonii* Kitag
俄罗斯杨 *Populus russkii* Jabl.
银白杨 *Populus alba* Linn.
107生杨 *Populus tomentosa*‘107’
银×新杨 *Populus alba* × *P. alba* var. Pyramidalis

9.柳属 Salix Linn.

白柳 *Salix alba* Linn.
伊犁柳 *Salix iliensis* Rgl.
垂柳 *Salix babylonica* Linn.
旱柳 *Salix matshudana* Koidz
馒头柳 *Salix matsudana* f. umbraculifera Rehd.
龙爪柳 *Salix matshudana* var. tortuosa(Vilm.)Rehd.
金丝垂柳 *Salix alba* ‘Tristis’ × Salix aureo-pendula CL.
竹柳 美国竹柳 *Salix ‘zhuliu’*
蒿柳 *Salix viminalis* Linn.
蓝叶柳 *Salix capusii* Franch.
吐兰柳 *Salix turanica* Nas.
天山柳 *Salix tianschanica* Rgl.
米黄柳 *Salix michelsonii* Goerz ex Nas
齿叶柳 *Salix serrulatifolia* E.Wolf
疏齿柳 *Salix serrulatifolia* var.subintegrifolia Ch.Y.Yang
耳柳 *Salix aurita* Linn.
黄花柳 Salix caprea Linn.
谷柳 *Salix taraikensis* Kimura.
银柳 *Salix argyracea* E. Wolf
线叶柳 *Salix wilhelmsiana* M.B.
鹿蹄柳 *Salix pyrolifolia* Ledeb.
毛枝柳 *Salix dasyclados* Wimm.
戟柳 *Salix hastata* Linn.

灌木柳 *Salix saposhnikovii* A.Skv.

萨彦柳 *Salix ajanensis* Nas.

油柴柳 *Salix caspica* Pall.

6.核桃科 Juglandaceae

10.核桃属 Juglans Linn.

核桃 *Juglans regia* Linn.

核桃楸 *Juglans mandshurica* Maxim.

11.枫杨属 Pterocarya Kunth.

枫杨 *Pterocarya stenoptera* C. DC

7.桦木科 Betulaceae

12.桦木属 Betula Linn.

天山桦 *Betula tianschanica* Rupr.

白桦 *Betula platyphylla* Suk

疣枝桦 *Betula pendula* Roth.

小叶桦 *Betula microphylla* Bge.

艾比湖小叶桦 *Betula microphylla* Bge var.ebi-nurica C.Y.Yang.

8.榛科 Corylacaea Linn.

13.榛属 Corylus L

榛子 *Corylus heterophylla* Fisch. ex Trauv.

9.壳斗科 Fagaceae

14.栎属 Quercus Linn.

夏橡 *Quercus robur* Linn.

蒙古栎 *Quercus mongolica* Fisch. ex Ledeb

10.榆科 Ulmaceae

15.榆属 Ulmus Linn.

白榆 *Ulmus pumila* Linn.

倒榆 垂榆 *Ulmus pumila* Linn.var. pendula（Kirchn.）Rehd.

圆冠榆 *Ulmus densa* Litv.

欧洲大叶榆 *Ulmus laevis* Pall.

黄榆 *Ulmus macrocarpa* Hance

裂叶榆 *Ulmus laciniata*(Trautv.)Mayr.

长枝榆 *Ulmus pumila* '*Changzhiyu*'

中华金叶榆 Ulmus pumila 'Jingyeyu'

11.桑科 Moraceae

16.无花果属 Ficus Linn.

无花果 *Ficus carica* Linn.

17.桑属 Morus Linn.

白桑 *Morus alba* Linn.

鞑靼桑 *Morus alba* Linn. var. tatarica(Linn.)Ser.

黑桑 *Morus nigra* Linn.

12. 蓼科 Polygonaceae

18. 木蓼属 Atraphaxis Linn.

绿叶木蓼 *Atraphaxis laetevirens*(Ledeb.)Jaub. et Spach

扁果木蓼 *Atraphaxis replicate* Lam. 8

拳木蓼 *Atraphaxis compacta* Ledeb.

刺木蓼 *Atraphaxis spinosa* Linn.

沙木蓼 *Atraphaxis bracteata* A. Los.

19. 沙拐枣属 Calligomim Linn.

红皮沙拐枣 *Calligonum rubicundum* Bunge

泡果沙拐枣 *Calligonum junceum*(Fisch. et Mey.)Litv.

白皮沙拐枣 *Calligonum leucocladum*(Schrenk)Bge.

精河沙拐枣 *Calligonum ebi-nurcum* Ivanova ex Soskov

乔木状沙拐枣 *Calligonum arborescens* Litv.

13. 藜科 Chenopodiaceae

20. 盐爪爪属 Kalidium Moq.

尖叶盐爪爪 *Kalidium cuspidatum* (Ung.-Sternb.) Grub.

盐爪爪 *Kalidium foliatum*(Pall.)Moq.

里海盐爪爪 *Kalidium caspicum* (Linn.) Ung.-Sternb.

圆叶盐爪爪 *Kalidium schrenkianum* Bge.ex Ung,-Sternb

21. 盐节木属 Halocnemum Bieb.

盐节木 *Halocnemum strobilaceum*(Pall.)Bieb.

22. 盐穗木属 Halostachys C. A. Mey.

盐穗木 *Halostachys caspica*(M. B.)C. A. Mey.

23. 驼绒藜属 Ceratoides(Tourn.)Gagnebin

驼绒藜 *Ceratoides latens*(J. F. Gmel.)Reveal et Holmgren.

心叶驼绒藜 *Ceratoides ewersmanniana*(Stschegl. ex Losinsk.)Botsch. et Ikonn.

24. 地肤属 Kochia Roth

木地肤 *Kochia prostrata*(Linn.)Schrad

灰毛木地肤 *Kochia prostrata* (Linn.) Schrad. var. canescens Moq.

25. 碱蓬属 Suaeda Forsk.

小叶碱蓬 *Suaeda microphylla*(C. A. Mey.)Pall.

26. 猪毛菜属 Salsola Linn.

松叶猪毛菜 *Salsola laricifolia* Turcz. ex Litv.

木本猪毛菜 *Salsola arbuscula* Pall.

27. 梭梭属 Haloxylon Bge.

梭梭 *Haloxylon ammodendron*(C. A. Mey.)Bge.

白梭梭 *Haloxylon persicum* Bge. ex Boiss. et Buhse

28. 戈壁藜属 Iljinia Korov.

戈壁藜 *Iljinia regelii*(Bge.)Korov.

29. 假木贼属 Anabasis Linn.

无叶假木贼 *Anabasis aphylla* Linn.

短叶假木贼 *Anabasis brevifolia* C. A. Mey.

白垩假木贼 *Anabasis cretacea* Pall.

盐生假木贼 *Anabasis salsa*（C.A.Mey.）Benth

14. 毛茛科 Ranunculaceae

30. 铁线莲属 Clematis Linn.

西伯利亚铁线莲 *Clematis sibirica*(Linn.)Mill.

粉绿铁线莲 *Clematis glauca* Willd.

东方铁线莲 *Clematis orientalis* Linn.

准噶尔铁线莲 *Clematis songarica* Bge.

15. 小檗科 Berberidaceae

31. 小檗属 Berberis Linn.

黑果小檗 *Berberis heteropoda* Schrenk

全缘叶小檗 *Berberis integerrima* Bunge

伊犁小檗 *Berberis iliensis* M.Pop

红果小檗 *Berberis nummularia* Bunge

紫叶小檗 *erberis thunbergii* var. atropurpurea Chenault

16. 山柑科 Capparidaceae

32. 山柑属 Capparis Linn.

山柑 *Capparis spinosa* Linn.

17. 虎耳草科 Saxifragaceae

33 茶藨属 Ribes Linn.

小叶茶藨 *Ribas heteotrichum* C. A. Mey.

黑果茶藨 *Ribes nigrum* Linn.

高茶藨 *Ribes altissimum* Turcz.

红花茶藨 *Ribes atropurpureum* C.A.Mey.

天山茶藨 *Ribes meyeri* Maxim.

香茶藨 *Ribes odoratum* Wendl.

18. 蔷薇科 Rosaceae

34. 绣线菊属 Spiraea Linn.

金丝桃叶绣线菊 兔儿条 *Spiraea hypericifolia* Linn.

大叶绣线菊 *Spriaea hypericifolia* Linn.

日本绣线菊 *Spiraea japonica* Linn. f.

35. 珍珠梅属 Sorbaria(Ser.)A. Br. ex Aschers.

珍珠梅 东北珍珠梅 *Sorbaria sorbifolia*(Linn.)A. Br.

36. 风箱果属 Physocarpus(Cambess.)Maxim.

金叶风箱果 *Physocarpus opulifolius* var. luteus'Jingye'

紫叶风箱果 *Physocarpus opulifolius* var. luteus'ziye'

37. 栒子属 Cotoneaster B. Ehrhart.

梨果栒子 *Cotoneaster roborowskii* Pojark

少花栒子 *Cotoneaster oliganthus* Pojark.

异花栒子 *Cotoneaster allochrous* Pojark.

黑果栒子 *Cotoneaster melanocarpus* Lodd

多花栒子 *Cotoneaster muitiflorus* Bge.

大果栒子 *Cotoneaster megalocarpus* M.Pop.

38. 山楂属 Crataegus Linn.

红果山楂 *Crataegus sanguinea* Pall.

黄果山楂 *Crataegus chlorocarpa* Lenne et. C. Koch Append.

准噶尔山楂 *Crataegus songorica* C. Koch.

山楂 *Crataegus pinnatifida* Bge.

39. 花楸属 Sorbus Linn.

天山花楸 *Sorbus tianschanica* Rupr.

40. 梨属 Pyrus Linn.

杜梨 *Pyrus betulaefolia* Bge.

秋子梨 *Pyrus ussuriensis* Maxim.

小秋子梨 *Pyrus ussuriensis* Maxim.

苹果梨 *Pyrus* Linn.

41. 苹果属 Malus Mill.

大海棠果 *Malus spectabilis*(Willd.)Borkh.

海棠果 *Malus spectabilis*(Willd.)Borkh.

北美海棠 *Malus micromalus 'American'*

王族海棠 *Malus spetabilis Royalty.*

红宝石海棠 *alus micromalus cv. "Ruby"*

樱桃苹果 *Malus cerasifera* Spach.

山荆子 *Malus baccata*(Linn.)Borkh.

新帅苹果 *Malus pumila* Mill.

新冠苹果 *Malus pumila* Mill.

冬苹果 *Malus pumila* Mill.

黄元帅 *Malus pumila* Mill.cv.jinguan

红元帅 *Malus domestica*

秋梨木 *Malus robusta* Rehd

红星 *Malus pumila* Mill.

晚红星 *Malus pumila* Mill.

红肉苹果 *Malus niedzwetzkyana* Dieck.

寒富 *Malus pumila* Mill.

红富士 *Malus pumila* Mill.

脆心一号 *Malus pumila* Mill.

国光 *Malus pumila* Mill.

新红 *Malus pumila* Mill.

42. 悬钩子属 Rubus Linn.

树莓 *Rubus idaeus* Linn.

43. 金露梅属 Pentaphylloides Ducham.

金露梅 *Pentaphylloides fruticosa*(Linn.)O. Schwarz

小叶金露梅 *Pentaphylloides parvifolia* (Fisch.ex Lehm.)Sojak.

44. 沼委陵菜属 Comarum Linn.

白花沼委陵菜 *Comarum salesovianum*(Steph.)Asch. et Gr.

45. 蔷薇属 Rosa Linn.

宽刺蔷薇 *Rosa platyacantha* Schrenk

落花蔷薇 弯刺蔷薇 *Rosa beggeriana* Schrenk

腺齿蔷薇 *Rosa albertii* Rgl.

玫瑰 *Rosa rugosa* Thunb.

多刺蔷薇 *Rosa spinosissima* Linn.

黄刺玫 *Rosa xanthina* Lindl.

疏花蔷薇 *Rosa laxa* Retz.

腺毛蔷薇 *Rosa fedtschenkoana* Rgl

多花蔷薇 *Rosa multiflora* Thumb

尖刺蔷薇 *Rosa. oxyacantha* M. Bieb

伊犁蔷薇 *Rosa. silverhjelmii* Schrenh

月季 *Rosa chinensis* Jacq.

白玉堂 *Rosa multiflora* Thunb. var. albo-plena Yü et Ku

46. 桃属 Amygdalus Linn.

山桃 *Amygdalus davidiana*(Carr.)C. de Vos

桃 *Amygdalus persica* Linn.

毛桃 *Amygdalus persica* Linn.

榆叶梅 *Amygdalus triloba*(Lindl.)Ricke

春密(早熟)*Amygdalus persica* Linn.

春瑞 *Amygdalus persica* Linn.

小黄桃 *Amygdalus persica* Linn.

甜春雪 *Amygdalus persica* Linn.

出围 *Amygdalus persica* Linn.

夏之梦 *Amygdalus persica* Linn.

红甘露 *Amygdalus persica* Linn.

大白桃(八月)*Amygdalus persica* Linn.

中华福桃(八月)*Amygdalus persica* Linn.

中华寿桃 *Amygdalus persica* Linn.

金秋圣(十月)*Amygdalus persica* Linn.

霜红(十一月)*Amygdalus persica* Linn.

润红 *Amygdalus persica* Linn.

油桃 *Prunus persica* var. nectarina Maxim.

中蟠桃 *Amygdalus persica* Linn. var. compressa (Loud.) Yü et Lu

蟠桃 *Amygdalus persica* Linn. var. compressa (Loud.) Yü et Lu

47. 杏属 Armeniaca Mill.

杏 *Armeniaca vulgaris* Lam.

西伯利亚杏 *Armeniaca sibirica*(Linn.)Lam.

48. 李属 Prunus Linn.

李 *Prunus salicina* Lindl.

紫叶李 *Prunus cerasifera* Ehrh. f. atropurpurea(Jacq.)Rehd.

欧洲李 *Prunus domestica* Linn.

樱桃李 *Prunus cerasifera* Ehrhart

49. 樱桃属 Cerasus Mill.

灌木樱桃 *Cerasus fruticosa* (Pall.) G. Woron.

天山樱桃 *Cerasus tianschanica* Pojark

紫叶矮樱 *Prunus × cistena* N. E. Hansen ex Koehne

50. 稠李属 Padus Mill.

欧洲稠李 稠李 *Padus avium* Mill.

紫叶稠李 *Padus virginiana 'Canada Red'*

19. 豆科 Leguminosae

51. 锦鸡儿属 Caragana Fabr.

白皮锦鸡儿 *Caragana leucophloea* Pojark

柠条锦鸡儿 *Caragana korshinskii* Kom.

鬼箭锦鸡儿 *Caragana jubata*(Pall.)Poir.

52. 棘豆属 Oxytropis DC.

温泉棘豆 *Oxytropis spinifer* Vass

53. 盐豆木属 Halimodendron Fisch. ex DC.

铃铛刺 *Halimodendron halodendron*(Pall.)Voss.

54. 皂荚属 Gleditsia Linn.

三刺皂荚 *Gleditsia triacanthos* Linn.

55. 岩黄耆属 Hedysarum Linn.

细枝岩黄耆 花棒 *Hedysarum scoparium* Fisch. et Mey.

56. 紫穗槐属 Amorpha Linn.

紫穗槐 *Amorpha fruticosa* Linn.

57. 刺槐属 Robinia Linn.

刺槐 洋槐 *Robinia pseudoacacia* Linn.

58. 槐属 Sophora Linn.

国槐 *Sophora japonica* Linn.

59. 骆驼刺属 Alhagi Gagneb.

骆驼刺 *Alhagi sparsifolia* Shap

20. 白刺科 Nitrariaceae

60. 白刺属 Nitraria Linn.

西伯利亚白刺 *Nitraria sibirica* Pall.

唐古特白刺 *Nitraria tangutorum* Bobr.

21.芸香科 Rutaceae

61.黄檗属 Phellodendron Rupr.

黄檗 *Phellodendron amurense* Rupr.

22.漆树科 Anacardiaceae

62.盐肤木属 Rhus Linn.

火炬树 *Rhus typhina* Linn.

23.卫矛科 Celastraceae

63.卫矛属 Euonymus Linn.

桃叶卫矛 *Euonymus bungeanus* Maxim.

24.槭树科 Aceraceae

64.槭树属 Acer Linn.

复叶槭 *Acer negundo* Linn.

茶条槭 *Acer ginnala* Maxim.

尖叶槭 *Acer platanoides* Linn.

元宝枫 *Acer truncatum* Bunge

25.无患子科 Sapindaceae

65.文冠果属 Xanthoceras Bge.

文冠果 *Xanthoceras sorbifolia* Bge.

26.鼠李科 Rhamnaceae

66.枣属 Ziziphus Mill.

酸枣 *Ziziphus jujuba* var. spinosa(Bge.)Hu ex H. F. Chow

骏枣 *Ziziphus jujuba 'Junzao'*

赞新枣 *Ziziphus jujuba 'Zanxin'*

梨枣 *Ziziphus jujuba*

金利源大枣 *Ziziphus*

67.鼠李属 Rhamnus Linn.

新疆鼠李 *Rhamnus songorica* Gontsch

药鼠李 *Rhamnus cathartica* Linn.

27.葡萄科 Vitaceae

68.地锦属 Parthenocissus Planch.

五叶地锦 *Parthenocissus quinquefolia*(Linn.)Planch.

69.葡萄属 Vitis Linn.

葡萄 *Vitis vinifera* Linn.

马奶子 *Vitis vinifera*

克瑞森 *Vitis vinifera*

红葡萄 *Vitis vinifera*

葡萄107 *Vitis vinifera*

绿葡萄 *Vitis vinifera*

玫瑰香 *Vitis vinifera*

绿珍珠 *Vitis vinifera*

白葡萄 *Vitis vinifera*

玻璃翠 *Vitis vinifera*

红提子 *Vitis vinifera 'Red Globe'*

夏黑 *Vitis vinifera*

金手指 *Vitis vinifera*

红地球 *Vitis vinifera*

奥古斯特 *Vitis vinifera*

淑女红 *Vitis vinifera*

信农乐 *Vitis vinifera*

28. 柽柳科 Tamaricaceae

70. 水柏枝属 Myricaria Desv.

鳞序水柏枝 *Myricaria squamosa* Desv.

宽苞水柏枝 *Myricaria bracteata* Royle

71. 琵琶柴属 Reaumuria Linn.

琵琶柴 *Reaumuria soongorica*(Pall.)Maxim.

72. 柽柳属 Tamarix Linn.

多枝柽柳 *Tamarix ramosissima* Ldb.

短穗柽柳 *Tamarix laxa* Willd.

长穗柽柳 *Tamarix elongata* Ledeb.

刚毛柽柳 *Tamarix hispida* Willd.

多花柽柳 *Tamarix hohenackeri* Bge.

细穗柽柳 *Tamarix leptostachys* Bge.

密花柽柳 *Tamarix arceuthoides* Bge.

中亚柽柳 *Tamarix androssowii* Litv

29. 胡颓子科 Elaeagnaceae

73. 胡颓子属 Elaeagnus Linn.

尖果沙枣 *Elaeagnus oxycarpa* Schlecht.

74. 沙棘属 Hippophae Linn.

大沙枣 *Elaeagnus oxycarpa* Schlecht.

沙棘 *Hippophae rhamnoides* Linn.

中亚沙棘 *Hippophae rhamnoides* Linn. subsp. trukestanica Rousi.

蒙古沙棘 *Hippophae rhamnoides* Linn. subsp. mongolica Rousi

俄罗斯大果沙棘 *Hippophae rhamnoides* Linn. subsp. Russia

大果沙棘 *Hippophae rhamnoides*

30. 石榴科 Punicaceae

75. 石榴属 Punica Linn.

石榴 *Punica granatum* Linn.

31. 山茱萸科 Cornaceae

76. 梾木属 Swida Opiz

红瑞木 *Cornus alba* Linn.

32. 杜鹃花科 Ericaceae

77. 越橘属 Vaccinium

蓝莓(北陆) *Vaccinium ulginosum* Linn.

蓝莓(伯克利) *Vaccinium ulginosum* Linn.

33. 白花丹科 Capparaceae

78. 补血草属 Limonium Mill.

簇枝补血草 *Limonium chrysocomum* (Kar. et Kir.) Kuntze var. chrysocomum

大簇补血草 *Limonium chrysocomum* (Kar. et Kir.) Kuntze var. semenowii (Herd) Peng.

矮簇补血草 *Limonium chrysocomum* (Kar. et Kir.) Kuntze var. sedoides (Regel) Peng.

34. 木犀科 Oleaceae

79. 白蜡树属 Fraxinus Linn.

披针叶白蜡 *Fraxinus lanceolata* Borkh.

新疆小叶白蜡 *Fraxinus sodgiana* Bge.

美国白蜡 *Fraxinus americana* Linn.

毛白蜡 *Fraxinus pennsylvanica* March.

花曲柳 *Fraxinus rhynchophylla* Hance

80. 连翘属 Forsythia Vahl.

东北连翘 *Forsythia mandshurica* Uyeki

81. 丁香属 Syringa Linn.

红丁香 *Syringa villosa* Vahl.

紫丁香 *Syringa oblata* Lindl.

白丁香 *Syringa oblata* Lindl. var. alba Rehder

暴马丁香 *Syringa amurensis* Rupr.

小叶丁香 *Syringa pubescens* Turcz

82. 女贞属 Ligustrum Linn.

水蜡 *Ligustrum obtusifolium* Sieb. et Zucc.

83. 雪柳属 Fontanesia Labill.

雪柳 *Fontanesia fortunei* Carr.

35. 夹竹桃科 Apocynaceae

84. 罗布麻属 Apocynum Linn.

罗布麻 *Apocynum venetum* Linn.

85. 白麻属 Poacynum Baill.

大叶白麻 *Poacynum hendersonii* (Hook. f.) Woodson

36. 旋花科 Convolvulaceae

86. 旋花属 Convolvulus Linn.

刺旋花 *Convolvulus tragacanthoides* Turcz.

鹰爪柴 *Convolvulus gortschakovii* Schrenk

37. 马鞭草科 Verbenaceae

87. 莸属 Caryopteris L.

金叶莸 *Caryopteris×clandonensis* '*Worcester Gold*'

38. 唇形科 Labiatae

88. 新塔花属 Ziziphora Linn.

芳香新塔花 *Ziziphora clinopodioides* Lam

89. 百里香属 Thymus Linn.

阿尔泰百里香 *Thymus altaicus* Klok. et Shost

拟百里香 *Thymus proximus* Serg.

90. 神香草属 Hyssopus Linn.

硬尖神香草 *Hyssopus cuspidatus* Boriss.

39. 茄科 Solanaceae

91. 茄属 Solanum

光白英 *Solanum kitagawae* Schonbeck-Temesy

92. 枸杞属 Lycium Linn.

黑果枸杞 *Lycium ruthenicum* Murr.

黑果枸杞(青海)*Lycium ruthenicum* Murr.

枸杞 *Lycium chinense* Mill.

宁夏枸杞 *Lycium barbarum* Linn.

中国枸杞 1401 *Lycium chinense* Mill.

宁杞 7 号 *Lycium barbarum* 'Ningqi-7'

扁果枸杞 *Lycium barbarum* 'bianguo'

蒙杞 0901 *Lycium barbarum* 'mengqi-0901'

精杞 1201 *Lycium barbarum* 'qingqi-1201'

宁杞 1 号 *Lycium barbarum* 'Ningqi-1'

精杞 1 号 *Lycium barbarum* 'qingqi1'

精杞 1202 *Lycium barbarum* 'qingqi-1202'

蒙杞扁果 *Lycium barbarum* 'mengqi-bianguo '

精杞 4 号 1005 *Lycium barbarum* 'qingqi4'

精杞 1203 *Lycium barbarum* 'qingqi-1203'

精杞 1204 *Lycium barbarum* 'qingqi-1204'

精杞 5 号 0502 *Lycium barbarum* 'qingqi5'

精杞 1205 *Lycium barbarum* 'qingqi-1203'

大叶圆果 1206 *Lycium barbarum* 'daye-yuanguo'

精杞 2 号 *Lycium barbarum* 'qingqi2'

黄果枸杞 *Lycium barbarum* 'huangguo'

白刺枸杞 *Lycium barbarum* 'baici'

宁杞 4 号 *Lycium barbarum* 'Ningqi-4'

精杞 3 号 0601 *Lycium barbarum* 'qingqi-3'

蒙杞 1 号 *Lycium barbarum* 'mengqi-1'

精杞 1101 *Lycium barbarum* 'qingqi-1101'

精杞 1018*Lycium barbarum* 'qingqi-1018'

宁菜 1 号 *Lycium barbarum* 'Ningcai-1'

宁杞5号 *Lycium barbarum* 'Ningqi-5'
宁杞7号 *Lycium barbarum* 'Ningqi-7'
精杞0802 *Lycium barbarum* 'jingqi-0802'
精杞0803 *Lycium barbarum* 'jingqi-0803'
精杞0804 *Lycium barbarum* 'jingqi-0804'
精杞6号 *Lycium barbarum* 'jingqi6'
精杞7号 *Lycium barbarum* 'jingqi7'
梨果 *Lycium barbarum* 'liguo'
大麻叶 *Lycium barbarum* 'damaye'
小麻叶 *Lycium barbarum* 'xiaomaye'
精杞1207*Lycium barbarum* 'jingqi-1207'
紫枸杞 *Lycium* sp1.
黄枸杞 *Lycium* sp2.
白枸杞 *Lycium* sp3.
黄枸杞 *Lycium* sp4.
雪青枸杞 *Lycium* sp5.

40. 紫葳科 Bignoniaceae

93. 梓树属 Catalpa Scop.
梓树 *Catalpa ovata* G. Don.
黄金树 *Catalpa speciosa* Warder. ex Engelm.

41. 忍冬科 Caprifoliaceae

94. 忍冬属 Lonicera Linn.
小叶忍冬 *Lonicera microphylla* Willd. ex Roem. et Schult.
刚毛忍冬 *Lonicera hispida* Pall. ex Roem. et Shult.
金银木 *Lonicera maackii*(Rupr.)Maxim.
阿尔泰忍冬 *Lonicera caerulea* Linn.var. altaica Pall.
截萼忍冬 *Lonicera altmannii* Rgl.
异叶忍冬 *Lonicera heterophylla* Decne
新疆忍冬 *Lonicera tatarica* Linn.

95. 锦带花属 Weigela Thunb
红王子锦带 *Weigela florida 'Red Prince'*

42. 菊科 Compositae

96. 亚菊属 Ajania Poljak.
灌木亚菊 *Ajania fruticulosa*(Ldb.)Poljak.

97. 绢蒿属 Seriphidium(Bess.)Poljak.
戈壁绢蒿 *Seriphidium nitrosum* var. gobicum

98. 蒿属 Artemisia Linn.
毛莲蒿 *Artemisia vestita* Wall.
银叶蒿 *Artemisia argyrophylla* Ledeb
伊赛克蒿 *Artemisia isskkulensis* Poljak

共计42科98属373种。其中乡土树种26科58属159种;引进树种39科96属214种。

附录二：

博尔塔拉蒙古自治州林木种质资源调查人员名单

新疆维吾尔自治区林业规划院：

唐素英　鲁乙伯　张新鹰　姜瑞芳　肖苗

石河子大学：

任姗姗　杜珍珠

新疆林业科学院：

杜研

博州地区种苗站：

郭江平　米尔夏提·坎吉

博乐市：

刘建平　阿依古丽　牟宗江　阿不都外力　康建军　欧友　艾斯哈提·吾甫尔

精河县：

王伟　赵玉玲　孙红兵　王刚

温泉县：

刘林业　朱满江　焦永福

参考文献

1. 中国科学院新疆综合考察队，中国科学院植物研究所．新疆植被及其利用[M]. 北京：科学出版社，1978：172-190

2. 中国植被编辑委员会．中国植被[M]. 北京：科学出版社，1980

3. 杨昌友．新疆树木志[M]. 北京：中国林业出版社，2010

4. 新疆植物志编辑委员会．新疆植物志（第1卷）[M]. 乌鲁木齐：新疆科技卫生出版社，1992

5. 新疆植物志编辑委员会．新疆植物志（第2卷第1分册）[M]. 乌鲁木齐：新疆科技卫生出版社，1994

6. 新疆植物志编辑委员会．新疆植物志（第2卷第2分册）[M]. 乌鲁木齐：新疆科技卫生出版社，1995

7. 新疆植物志编辑委员会．新疆植物志（第3卷）[M]. 乌鲁木齐：新疆科学技术出版社，2011

8. 新疆植物志编辑委员会．新疆植物志（第4卷）[M]. 乌鲁木齐：新疆科学技术出版社，2004

9. 新疆植物志编辑委员会．新疆植物志（第5卷）[M]. 乌鲁木齐：新疆科技卫生出版社，1999

10. 新疆森林编辑委员会．新疆森林[M]. 新疆人民出版社，中国林业出版社，1990

11. 李锡文．中国种子植物区系统计分析[J]. 云南植物研究，1996，18（4）：363-384

12. 潘伯荣，尹林克．中国干旱荒漠区珍稀濒危植物资源的综合评价及合理利用[J]. 干旱区研究，1991，12（3）：29-39

13. 沈冠冕．新疆经济植物及其利用[M]. 新疆科学技术出版社，2010

14. 赵可夫．中国盐生植物[M]. 科学出版社，1999，19：611-613

15. 王荷生，张镱锂．中国种子植物特有属的生物多样性和特征[J]. 云南植物研究，1994，16（3）：209-220

16. 张立运，海鹰．《新疆植被及其利用》专著中未曾记载的植物群落类型 Ⅰ．荒漠植物群落类型[J]. 干旱区地理，2002，25（1）：84-89

17. 冯缨，严成，尹林克，等．新疆植物特有种及其分布[J]. 西北植物学报，2003，23（2）：263-273

18. 郗金标．新疆盐生植物[M]. 北京：科学出版社，2006

19. 尹林克，王兵．新疆珍稀濒危特有高等植物[M]. 乌鲁木齐：新疆科学技术出版社，2006

20. 新疆维吾尔自治区林业厅．新疆维吾尔自治区重点保护野生植物名录（第一批），2007

21. 潘晓玲．新疆种子植物属的区系地理成分分析[J]. 植物研究，1999，19（3）：249- 258

22. 苗昊翠，黄俊华，胡俊，等．新疆野生观赏植物资源利用现状及发展前景[J]. 北方园艺，2008，总311（5）：128-131

23. 王健，尹林克，侯翼国，等．新疆野生观赏植物[M]. 新疆科学技术出版社，2012

24. 国家重点保护野生植物名录(第一批)[J]. 植物杂志,1999,25(5):4-11

25. 米吉提·胡达拜尔地,徐建国. 新疆高等植物检索表[M]. 乌鲁木齐:新疆大学出版社,2000

26. 张立运,潘伯荣. 新疆植物资源评价及开发利用[J]. 干旱区地理,2000,23(4):331-336

27. 崔大方,廖文波,张宏达. 新疆种子植物科的区系地理成分分析[J]. 干旱区地理,2000,23(4):323-330

28. 冯缨,潘伯荣. 新疆特有种植物区系及生态学研究[J]. 云南植物研究,2004,26(2):183-188

29. 新疆维吾尔自治区人民政府. 新疆年鉴2014[M]. 新疆年鉴社.2014年, 132.

30. 张加延,周恩. 中国果树志. 李卷. 北京:中国林业出版社,1998年2月

31. 新疆维吾尔自治区林业厅. 新疆维吾尔自治区重点保护野生植物名录(第一批),2007

32. 新疆维吾尔自治区林木种苗管理总站. 新疆林木良种(第1册)[M]. 北京:中国林业出版社,2015

33. 新疆维吾尔自治区林木种苗管理总站. 新疆林木良种(第2册)[M]. 北京:中国林业出版社,2015

34. 新疆维吾尔自治区林木种苗管理总站. 新疆林木良种(第3册)[M]. 北京:中国林业出版社,2015